The Study on the Formation Mechanism of the Tourists' Environmentally Responsible Behavior Intentions

旅游者环境责任行为意愿形成机理研究

柳红波／著

中国财经出版传媒集团
经济科学出版社
Economic Science Press

图书在版编目（CIP）数据

旅游者环境责任行为意愿形成机理研究/柳红波著.
—北京：经济科学出版社，2021.10
ISBN 978-7-5218-2760-6

Ⅰ.①旅… Ⅱ.①柳… Ⅲ.①游客-环境保护-社会责任-研究 Ⅳ.①X32

中国版本图书馆CIP数据核字（2021）第167111号

责任编辑：周国强
责任校对：王苗苗
责任印制：王世伟

旅游者环境责任行为意愿形成机理研究
柳红波 著
经济科学出版社出版、发行 新华书店经销
社址：北京市海淀区阜成路甲28号 邮编：100142
总编部电话：010-88191217 发行部电话：010-88191522
网址：www.esp.com.cn
电子邮箱：esp@esp.com.cn
天猫网店：经济科学出版社旗舰店
网址：http://jjkxcbs.tmall.com
固安华明印业有限公司印装
710×1000 16开 18印张 2插页 330000字
2021年10月第1版 2021年10月第1次印刷
ISBN 978-7-5218-2760-6 定价：98.00元
（图书出现印装问题，本社负责调换。电话：010-88191510）

前　言

随着人民生活水平的不断提高，旅游成为人民美好生活的重要组成部分，庞大的旅游需求推动了中国旅游市场持续高速增长。中国西北地区凭借深厚的历史文化底蕴和优美的自然风光成为重要的旅游目的地，近年来旅游产业发展迅速，并逐渐成为区域经济主导产业或首位产业。但随着游客数量的大幅增加以及对环境不负责任行为造成了旅游目的地环境污染、资源破坏和生态退化，对西北地区旅游可持续发展造成巨大威胁和挑战，为西北地区发挥国家生态屏障功能和保障全球生态安全埋下隐患。另外，生态文明建设要求正确处理经济发展和生态环境保护的关系，坚决摒弃损害或者破坏生态环境的发展模式。因此，西北地区既要凭借丰富的旅游资源满足人民美好生活需要、实现旅游经济快速增长，同时又不能以牺牲生态环境为代价换取旅游经济增长，更要发挥好国家生态屏障和保障全球生态安全的重要功能，如何使多重目标协调发展、协同共生是西北地区社会经济可持续发展面临的核心问题。

当前世界可持续发展正遭受着诸多环境问题的威胁，其中大多数环境问题都源自人类行为，可以通过对人类环境行为的规范管理得到改善。幸运的是，研究者已经发现不少旅游者在旅游过程中会自发表现出环境责任行为。旅游者环境责任行为是指旅游者主动减少对自然资源的利用，或使自身对环境负面影响最小化，以及促进自然资源可持续利用和生态环境可持续发展的行为。旅游者环境责任行为为旅游产业发展和生态环境保护协同共生提供了可行路径。但国内关于旅游者环境责任行为相关研究成果相对较少，目前主要以简单应用为主，旅游者环境责任行为形成机制尚不明朗；另外，旅游者环境责任行为是一个高度情境化构念，其在不同文化情境、不同区域的适用性有待进一步探索和检验。

因此，本书将较为成熟的计划行为理论和价值-信念-规范理论进行了全面整合，并将独具中国文化特色的人地和谐观和预期情感因素纳入整合模型，构建了旅游者环境责任行为意愿形成机理模型；同时选择甘肃省张掖七彩丹霞景区作为实证研究区域，旨在通过实证研究揭示旅游者环境责任行为意愿形成机理，并为实证区域提供管理启示。本研究有助于丰富旅游者环境责任行为理论体系，揭示旅游者环境责任行为意愿影响因素和形成机制，拓展计划行为理论与价值-信念-规范理论应用范畴，并为制定旅游者环境责任行为规范、培育旅游者环境责任行为和景区环境管理提供建议和治理对策。

本书围绕着研究问题和研究主题，对环境责任行为、旅游者环境责任行为和生态旅游者进行了文献综述，全面掌握了国内外研究现状，同时通过研究内容和研究方法对比分析对目前研究不足和未来研究方向有了清晰的认识，明确了本研究的切入点。同时通过对理论梳理和分析，最终确定理性行为理论、计划行为理论和价值-信念-规范理论为本研究的主要理论基础，其中运用价值-信念-规范理论及情感因素扩展模型形成了环境价值观→生态世界观→评价对象不利后果→减少威胁感知能力→预期情感→环保行为责任感→旅游者环境责任行为意愿因果链关系；运用计划行为理论将旅游者环境责任行为态度、主观规范和感知行为控制整合进因果链关系，构建了旅游者环境责任行为意愿形成机理模型。

研究以张掖七彩丹霞景区为实证研究区域开展数据收集、模型检验和应用分析，通过大量梳理相关研究变量测量量表以及严格筛选题项，设计出科学初始调查问卷，通过预调研和数据分析对部分变量和测量题项进行了删除及修改，在修正理论模型的基础上形成了正式问卷。采用随机抽样和现场面对面发放和回收问卷的形式，共采集到有效问卷733份，受访旅游者社会人口统计学特征显著，覆盖了不同细分群体，问卷数据具有较好代表性。通过因子分析发现，旅游者环境价值观由生物价值观、利己价值观、利他价值观和人地和谐观四个维度构成；旅游者环境责任行为意愿包括环境遵守行为意愿和环境促进行为意愿两个维度；其余各变量均具有良好建构效度。

研究通过结构方程模型检验了旅游者环境责任行为意愿形成路径机理，研究发现旅游者人地和谐观和生物价值观分别对生态世界观具有显著正向影响，且人地和谐观的影响程度大于生物价值观；而旅游者利己价值观和利他价值观对生态世界观影响不显著。生态世界观对评价对象不利后果具有显著正向影响，评价对象不利后果对减少威胁感知能力、环境责任行为态度和主观规范均具有显著正向影响；减少威胁感知能力不仅直接显著正向影响环保行为责任感，同时通过预期情感间接影响着环保行为责任感，环保行为责任感对环境促进行为意愿和环境遵守行为意愿均有显著正向影响；环境责任行为态度显著正向影响环境遵守行为意愿，但对环境促进行为意愿影响不显著；主观规范不仅对环保行为责任感有着显著正向影响，同时对环境促进行为意愿和环境遵守行为意愿均有显著正向影响。最后结合质性访谈资料对模型路径机理进行了原因分析，并提出了管理启示。

研究将计划行为理论和价值－信念－规范理论进行了全面整合，结合中国文化情境将人地和谐观纳入环境价值观范畴，为了弥补情感因素不足将预期情感纳入整合模型，构建了旅游者环境责任行为意愿形成机理理论模型，具有理论创新价值；同时选择西北地区旅游景区开展实证研究，对于西北地区旅游产业可持续发展，以及发挥国家生态屏障功能和保障全球生态安全具有重要现实意义。

目　　录

| 第一章 |

绪　　论

第一节　研究背景与问题提出

一、研究背景

（一）全球旅游经济增长和西北旅游产业快速发展

首先，全球旅游经济稳步上涨。尽管全球经济复杂多变、经济下行压力持续，但依然抵挡不住全球人民的旅游热情，旅游业已连续第7年超过全球经济增速，成为全球增长最快的行业经济体（柯素芳，2018）。2019年1月16日，世界旅游城市联合会与中国社会科学院旅游研究中心共同发布了《世界旅游经济趋势报告（2019）》（以下简称“报告”）。报告显示，2018年全球旅游总人次达121.0亿人次，增速为5.0%；全球旅游总收入达5.34万亿美元，相当于全球GDP的6.1%。报告显示，2018年全球旅游呈现三足鼎立格局，欧洲、美洲、亚太三大板块占据绝对主体地位，欧洲和美洲板块比例持续下降，亚太板块比例显著上升；从国别来看，中国旅游总收入排名全球第二，仅次于美国。报告预测，2019年全球五大区域旅游发展渐趋明显，亚洲增长、欧洲下滑，亚太旅游投资规模、增速均列各大洲前茅（崔晶，2019）。

其次，中国旅游市场高速增长。旅游是发展经济、增加就业和满足人民日益增长的美好生活需要的有效手段，旅游业是提高人民生活水平的重要产业。旅游具有拉动经济和保障民生的双重功能，一方面，旅游是经济转型升级重要推动力、生态文明建设重要引领产业和打赢脱贫攻坚战的重要生力军（沈仲亮，2017）。另一方面，随着人民生活水平的不断提高，旅游已经逐渐成为人民美好生活的重要组成部分，成为人民提升幸福感的重要途径。2018年国内旅游市场持续高速增长，入出境旅游市场稳中有增，出境旅游市场平稳发展。2018 年全国国内旅游人数达到 55. 39 亿人次，比上年增长 10. 8%；入出境旅游人数 2. 91 亿人次，比上年增长 7. 8%；全国旅游总收入达到 5. 97 万亿元，比上年增长 10. 5%，自 2012 年起已经连续七年占据全球总收入前五名（武媛媛，2019）。2018 年全国旅游业对 GDP 的综合贡献为 9. 94 万亿元，占 GDP 总量的 11. 04%。旅游直接就业 2826 万人，旅游直接和间接就业 7991 万人，占全国就业总人口的 10. 29%（郭航，2019）。

最后，西北旅游产业快速发展。在“一带一路”倡议下，中国西北地区独特的自然景观和丰富的历史文化资源成为其融入“丝绸之路经济带”的优势资源，旅游产业成为优势产业（郭爱君等，2014）。特别是多国联合申报的“丝绸之路：长安—天山廊道的路网”列入世界遗产名录，西北地区成为著名的世界旅游目的地，为丝绸之路沿线区域和国家遗产旅游发展开创了新局面。数据显示，陕西 2018 年接待国内外游客 6. 302532 亿人次，旅游总收入达到 5994. 66 亿元，分别同比增幅达到 20. 54% 和 24. 54%（伍策、高峰，2019）。新疆 2018 年接待国内外游客 1. 5 亿人次，同比增长 40. 09%；实现旅游总收入 2579. 71 亿元，同比增长 41. 59%（任江，2019）。青海 2018 年接待国内外游客 4197. 46 万人次，同比增长 20. 7%；旅游总收入达到 466. 30 亿元，同比增长 22. 2%（青海省统计局，2019）。宁夏 2017 年接待国内外旅游者 3103. 16 万人次，同比增长 21. 73%；实现旅游总收入 277. 72 亿元，同比增长 20. 41%（张雪梅，2018）。甘肃 2018 年接待旅游人数为 3. 02 亿人次，同比增长 26. 38%；旅游综合收入 2060. 1 亿元，同比增长 30. 37%。甘肃文化旅游产业占比已达到全省 GDP 的 7%，文化旅游产业成为甘肃十大生态产业中的首位产业（张栎，2019）。

（二）旅游活动对西北地区生态环境造成威胁和挑战

首先，旅游活动造成全球气候变暖和生态退化。尽管旅游产业发展取得了良好的经济效益和社会效益，但造成的生态环境危害不容小觑。根据世界旅游组织的调查显示，从旅游活动中排放的温室气体大约占总温室气体的5%，但随着时间的推移，到 2035 年温室气体将增加 150%（Lee et al.，2013）。温室气体能够改变气候，由于旅游过程中大多数活动需要直接燃烧矿物能源，或间接需要耗费汽油、煤和天然气生成的电能，能源消耗过程中排放温室气体造成了气候变化。同时有研究显示，旅游目的地的能源消耗一般大于相似规模社区的能源消耗，旅游过程中的住宿、旅行和娱乐活动均产生能源消耗，排放大量温室气体。另外，旅游吸引物、滑雪目的地和主题公园均需使用大量的机械，会对目的地能源产生大量需求。航空旅行是旅游能源消耗的主要部分，发展中国家和岛屿旅游目的地主要依靠飞机转移旅游者，能源消耗更为严重（Dwyer et al.，2010）。除了排放温室气体造成的全球变暖，各类旅游机构在追求旅游经济效益的过程中会造成环境退化，具体表现为过度拥挤、产生废弃物、野生动植物消耗、植被损坏和人权问题，以及不公平的贸易行为（Su and Swanon，2017）。此外，旅游者会有意或无意做出破坏生态环境的行为，这些行为包括收集动植物标本、采摘花朵、打扰野生动植物栖息地和环境污染（He et al.，2018）。

其次，旅游活动造成中国资源破坏和环境危害。随着人们生活水平的不断提高，旅游活动成为人民美好生活的重要组成部分。大规模的旅游活动以及对环境的不负责任行为破坏了自然资源，造成了生态危机。研究显示，2000 年以后“人”与“地”之间物质循环和能量转换的广度和深度都大大超越历史时期，人地关系进入全面紧张时期，“人”开始有意无意地成为独立于自然环境之外的影响自然过程的一种新生的重要力量（刘毅，2018）。有报告研究显示，中国 22% 的自然保护区因开展生态旅游而造成破坏，有 11% 出现旅游资源退化，目前我国有超过 80% 的自然保护区都在开展旅游活动，旅游活动对自然保护区构成了巨大威胁（鲁小波、陈晓颖，2018）。在杭州花海滨江江边公园，一些游客为了寻找更好的拍摄角度，无视花田周围的围栏，直接踩进或者躺在花草中拍摄，造成花田大面积损毁（杨劲松，2018）。在厦门中非世野野生动物园，游客见鳄鱼久不动弹，投掷石块试探，致使鳄鱼受伤出血（杨劲松，2018）。河北游客在未经九寨沟国家级自然保护区管理机构允许的情况下，违规徒步穿越自然保护区的实验区，破坏保护区生态环境（沈仲亮，2018）。3 名攀岩爱好者将 26 枚膨胀螺栓钉打入世界自然遗产三清山巨蟒峰岩柱，破坏了地质地貌遗迹；另有 3 名驴友在太白山国家自然保护区内的大爷海野游（徐万佳，2018）。旅游者在旅游活动过程中的种种不当行为破坏了旅游资源，对自然生态环境造成严重危害。

最后，旅游活动导致西北生态破坏和环境污染。西北大部分地区属干旱、半干旱地区，生态脆弱、水土流失严重，但其深厚的历史文化底蕴和优美的自然风光使西北地区成为重要的旅游目的地，旅游发展所带来的人地交互逐渐增加，特别是旅游活动规模持续扩大，和谐人地关系面临新的挑战。2018 年 7 月 30 日，一则“4 万人游，天空之镜变垃圾场”的视频引起人们对青海茶卡盐湖环境污染的广泛关注，从视频中看到游客随手丢弃的塑料鞋套横陈在景区走廊上，景区清洁人员正急忙将塑料鞋套夹入垃圾桶中，景区广播也在呼吁游客将废弃鞋套丢入垃圾桶内，然而地上被丢弃的鞋套仍在不断增加（徐万佳，2018）。无独有偶，同作为丝路旅游线上的张掖七彩丹霞景区也未能幸免，2018 年 8 月 13 日，一位游客不顾工作人员和其他游客的提示和劝止，执意翻越张掖丹霞国家地质公园栈道护栏，进入内部踩在保护区地表拍照（安浩，2018）；2018 年 8 月 28 日，不负责任游客踩踏张掖七彩丹霞地貌岩体的抖音短视频在网络热传，四名青年游客走在七彩丹霞地貌岩体的表面，并声称“我破坏了六千年的（原始地貌），踩一脚要恢复 60 年”，据报道显示拍摄视频地点属张掖七彩丹霞景区未开发的特级保护区，经专家鉴定游客踩踏特别严重的彩色丘陵部分保护层已被完全破坏，无法修复（王晓琛，2018）。旅游者数量的快速增长和对环境不负责任行为对自然景观造成了严重威胁，为西北地区国家生态屏障功能发挥埋下隐患。

（三）可持续旅游是西北生态文明建设的价值诉求

首先，可持续旅游是推进全球经济增长和社会发展重要力量。可持续发展是在 20 世纪后半叶人类连续遭受到世界性的环境事件，资源短缺、全球变暖、生态退化、荒漠化严重、人口剧增、社会公平以及金融海啸等背景下出现的，它指既满足当代人的需求，又不对后代人满足其需求的能力构成危害的发展，强调人道主义目标的生态系统平衡（Shaker，2015）。但随着大众旅游的兴起，旅游活动对自然生态环境产生不可逆的负面影响，为了实现旅游发展与生态环境保护的双赢，可持续发展理念被运用到旅游情境中。可持续旅游是指既考虑到当前和未来旅游活动的影响，也同时满足旅游者、东道主社区、产业和环境需求的最优使用环境资源的旅游（Maxim，2016）。旅游业是增长最快的社会经济领域之一，目前占全球 GDP 总量约 10%、就业总量约 9%、全球贸易约 6%（鄢光哲，2016）。旅游的巨大经济贡献使很多国家和地区过多关注旅游经济效应，忽视了旅游产业发展的综合效应。目前旅游业发展引领全球经济增长，尤其是在国际经济形势不景气的状态持续、经济复苏缓慢的背景下，旅游发展对世界经济的拉动作用更为明显。然而，要达到经济增长的目标，不仅要关注财富的增加，更要关注社会就业的扩大，生活水平不断改善，也要关注社会财富分配的公平，让更多弱势群体脱离贫困，这对发展中国家来说尤为重要（张广瑞，2017）。与此同时，联合国将 2017 年确定为国际可持续旅游发展年，主题为“可持续旅游：推动发展的力量”，赋予了可持续旅游推动世界全面发展的重要作用，可持续旅游的影响绝不止经济领域，它将在减少贫穷人口、促进环境保护和人类和平方面扮演重要的角色。

其次，中国旅游产业发展必须遵循生态文明建设原则和规律。生态文明是中华民族发展的千年大计，必须树立和践行“绿水青山就是金山银山”的理念，坚持保护环境的基本国策，像对待生命一样对待生态环境。生态文明建设将可持续发展提升到绿色发展高度，生态文明建设与经济建设、文化建设、政治建设、社会建设并列为五大建设（彭珂珊，2016）。旅游活动开展离不开自然资源和良好的生态环境，不仅旅游者游览的对象是自然资源，而且整个休闲旅游活动过程中的吃、住、行、游、购、娱无不与自然界发生各种联系（杨雅莉等，2018）。自然界是获取生产资料的源泉，保护自然资源就是保护旅游业的本底。因此，旅游产业发展过程中要实现人与自然的和谐共生，人类必须遵循自然规律，按照自然规律进行旅游资源开发和旅游产品设计，个体应该尽可能不扰乱生态环境的平衡或将自身行为对环境的负面影响最小化，坚守生态文明建设与确保全球生态安全的初衷。同时在新时代中国特色社会主义生态文明建设的时代要求下，旅游活动应该倡导生态文明旅游观，加大践行绿色旅游观念，反对任何形式的环境破坏行为和过度利用资源的不当行为。同时将旅游生态文明宣传与可持续旅游行为相结合，提升旅游群体的环保理念和生态意识（向宝惠，2016）。

最后，旅游业生态文明建设是西北地区永续发展的必由之路。加快生态文明建设，为人民创造良好生产生活环境，为构建人类命运共同体，为全球生态安全和保护好人类赖以生存的地球家园做出贡献。中国西北地区自然资源和旅游资源丰富，具备发展旅游产业的天然优势，但西北大部分地区具有水资源匮乏、植被覆盖率低、沙漠戈壁面积大、土地沙漠化、盐渍化和草原退化等特征，是典型的生态脆弱区。所以西北地区既要凭借丰富的自然资源和旅游资源实现旅游经济快速增长，同时也要发挥好国家生态屏障和全球生态安全的重要功能，如何使二者协调发展、协同共生是西北地区社会经济可持续发展的核心议题。因此，促进旅游业生态文明建设，旅游开发建设和旅游活动必须尊重自然、顺应自然和保护自然（刘剑虹、尹怀斌，2018），旅游产业发展只有遵循自然规律才能有效防止在开发利用自然上走弯路，只有当旅游过程中人类向自然的索取能够与人类向自然的回馈相平衡时，旅游者才能和自然界和谐相处，协同进化。尤其是对以优美的自然环境为核心旅游吸引物的西北地区旅游目的地而言，维持旅游者活动与自然生态之间平衡，体现开放包容，促进旅游经济发展与生态保护的和谐共生，对于西北地区实现社会经济可持续发展至关重要。

二、研究问题的提出

在“一带一路”倡议和全域旅游发展背景下，西北地区丰富的旅游资源成为其融入“丝绸之路经济带”的优势资源，旅游产业成为西北地区社会经济发展的优势产业。因此，西北地区各级政府均将旅游产业作为战略性支柱产业和首位产业予以大力支持，近年来旅游产业发展速度较快，经济效益和社会效益较为显著。但随着旅游者数量的快速增长和对环境不负责任行为的频繁出现，旅游活动对生态环境所带来的负面影响逐渐显现，一系列环境问题成为建设美丽中国的拦路虎，并威胁着西北国家生态屏障作用的顺利发挥，对西北地区社会经济可持续发展带来巨大挑战。

当前世界可持续发展正遭受着诸多环境问题的威胁，其中大多数环境问题都源自人类行为，可以通过对人类环境行为的规范管理得到改善。目前，解决旅游经济发展与旅游目的地或景区环境保护的常规做法是通过监控发展规模，限制游客流量和通过旅游收入反哺生态环境保护等方法，但这些方法在实践中遇到了很大挑战，景区开发者往往过度追求经济效益而违背生态保护原则，导致旅游生态环境遭受不可逆的破坏。同时限制客流导致部分游客丧失游览权利，受到伦理道德层面的口诛笔伐。幸运的是，随着环境心理学、休闲行为学的不断发展，研究者发现不少旅游者在旅游过程中会自发表现出环境责任行为，为旅游目的地环境管理提供了新契机。

环境责任行为是指可持续发展或减少自然资源的使用，或者主动对环境的负面影响最小化等行为，包括劝说他人放弃环境不友好行为，循环利用和重复使用废弃物（Pan and Liu，2018）。因此，正确认识旅游者环境责任行为形成机理，不仅是景区或旅游目的地进行旅游者环境管理的必要前提，更是以优美自然环境为主要旅游吸引物的西北地区发挥生态屏障功能的重要基础。环境责任行为作为环境心理学中的重要构念，部分学者已将环境责任行为引入旅游情境，为旅游景区或目的地环境可持续发展做出了重要贡献。但旅游者环境责任行为等相关研究课题尚未引起国内研究者的广泛关注，相应研究成果较为缺乏（何学欢等，2017），旅游者环境责任行为形成机制尚不明确。另外，旅游者环境责任行为是一个高度情境化构念，其在中国文化情境下的适用性有待进一步探索和检验。

基于以上西北地区实践背景和旅游者环境责任行为研究现状，本书主要围绕以下问题开展研究：

第一，作为旅游目的地或景区可持续发展的重要推手，旅游者环境责任行为意愿的影响因素有哪些？其形成机理如何。

第二，将独具中国文化元素的变量加入旅游者环境责任行为意愿形成机理模型，通过中国本土情境的实证研究，检验其在旅游者环境责任行为意愿形成机理中扮演的角色和作用。

第三，旅游管理部门如何有效利用中国情境下旅游者环境责任行为意愿形成机理，提出有针对性的行为培育措施和治理机制，促进西北地区旅游可持续发展和生态文明建设。

第二节　研究目的与研究意义

一、研究目的

旅游者环境责任行为作为旅游目的地和自然景区可持续发展的重要手段，在中国生态文明建设背景下具有重要的现实意义。但目前旅游者环境责任行为研究成果多基于西方文化情境，中国本土化研究较少，特别是结合中国西北生态脆弱地区和地质地貌遗迹类旅游景区实证研究成果鲜见。基于以上考虑，本研究目的如下：

（一）深入探索旅游者环境责任行为意愿影响因素与形成机理

旅游者环境责任行为意愿研究是目前的热点问题，但现有研究尚不全面。本书以计划行为理论和价值－信念－规范理论的全面整合为出发点，按照价值、信念、情感、态度、规范和行为意愿的传导关系，深入研究了从价值观到行为意愿的连续因果关系。同时在明确旅游者环境责任行为意愿影响因素的基础上，按照社会心理学基本原理，通过认知因素和情感因素预测行为意愿，较为全面揭示了旅游者环境责任行为意愿形成机理。

（二）检验中国本土变量在环境责任行为意愿中的作用与地位

现有旅游者环境责任行为研究成果多基于西方文化背景，而国内研究多采用直接引用国外理论和变量开展研究，忽视了中西文化差异，降低了研究成果的现实指导价值。本书以国内外使用较为成熟的理论为基础，将独具中国文化特色的变量——人地和谐观作为价值观维度之一纳入概念模型，并结合中国文化情境进行实证研究，检验人地和谐观在中国文化情境下的适用性，明确中国本土变量在旅游者环境责任行为意愿中的作用与地位。

（三）立足西北地区开展环境责任行为实证研究并提出新对策

中国西北地区是国家生态屏障和全球生态安全的重要组成部分，所以保证其社会经济可持续发展具有重大的现实意义。基于旅游者环境责任行为研究较少选择中国西北地区进行实证的实际，本书以西北地区旅游业快速发展及旅游发展带来的生态环境挑战为背景，在构建理论模型的基础上选择西北地区地质地貌类旅游景区开展实证研究，通过揭示旅游者环境责任行为影响因素和形成机理，进而提出培育旅游者环境责任行为、旅游目的地或景区环境治理的新对策。

二、理论意义

（一）丰富旅游者环境责任行为构念的理论框架与知识体系

模型整合是理论发展的重要手段，本书创新性地将计划行为理论与价值－信念－规范理论进行全面整合，同时在环境价值观构念中增加了中国本土化变量——人地和谐观维度，并将预期情感因素纳入整合模型，从认知、情感和意愿全面揭示旅游者环境责任行为形成机理，提高了模型的解释力，从而丰富了旅游者环境责任行为研究的理论框架与知识体系。

（二）揭示旅游者环境责任行为意愿的影响因素与形成机理

本书在价值－信念－规范理论基础和计划行为理论基础上，构建了旅游者环境责任行为意愿形成机理概念模型。在假设价值、信念、情感、规范和态度等因素影响旅游者环境责任行为的前提下，检验了生物价值观/利他价值观/利己价值观/人地和谐观→生态世界观→评价对象不利后果→减少威胁感知能力→预期情感→环保行为责任感→旅游者环境责任行为意愿的因果机制，以及和环境责任行为态度、主观规范对环境责任行为的直接效应，全面揭示了旅游者环境责任行为意愿形成机理。

（三）检验计划行为理论与价值－信念－规范理论应用范畴

首先，本书将行为学较为成熟的计划行为理论，环境心理学较为成熟的价值－信念－规范理论运用到旅游者环境责任行为情境，并检验了二者的适用性；其次，通过增加人地和谐观对价值－信念－规范理论进行扩展，对理论进行中国本土化过程中验证了适用性；最后，以发挥国家生态屏障功能和现有实证研究成果尚未涉及为出发点，选择中国西北地区地质地貌类旅游景区进行实证研究，拓展了案例研究区域和研究对象，扩大了旅游者环境责任行为理论的外部效度。

三、实践意义

（一）为制定旅游者环境责任行为规范提供可靠依据

通过旅游者环境责任行为形成机理研究，分析环境价值观、生态世界观、评价对象不利后果、减少威胁感知能力、环境责任行为态度、主观规范、环保行为责任感对旅游者环境责任行为意愿的传导机制，进而从旅游者价值观培养、端正环境信念和持有正确的环境态度等方面制定旅游者环境责任行为规范，从而引导旅游者在旅游活动过程中表现出环境责任行为。

（二）为西北旅游目的地环境管理提供精准治理对策

通过旅游者环境责任行为形成机理的实证研究，根据西北地区地质地貌遗迹类旅游景区旅游者环境责任行为影响因素的作用机理，有针对性地从增强认知和强化情感两个角度促使环境责任行为意愿的发生。具体而言，分别从旅游者环境教育、旅游解说系统优化、旅游目的地社会营销、不负责任环境行为管理等方面为旅游目的地或景区环境管理提供精准治理对策。

第三节　研究内容与研究方法

一、研究内容

结合研究技术路线中的提出问题、理论研究、模型构建、实证研究和结论的逻辑框架，本书研究内容共八章。

第一章为绪论。本章结合研究背景提出了研究问题，围绕着研究问题明确了研究目的和研究意义。并以研究科学问题为导向，清晰界定研究内容，并介绍了研究方法。

第二章为文献综述。本章以研究问题为出发点，围绕着“环境责任行为”“旅游者环境责任行为”和“生态旅游者”三个关键词分别进行了中外文献综述，发现环境责任行为和旅游者环境责任行为主要集中在内涵概念、影响因素和影响机制等方面，生态旅游者研究主要集中类别划分、动机、行为特征、环境意识、环境教育等方面；最后在国内外研究综述的基础上，从研究内容和研究方法进行了异同对比，发现了目前研究存在的不足，为明确研究思路和科学研究设计奠定了基础。

第三章为旅游者环境责任行为意愿形成机理研究的理论基础。本章结合研究问题和研究现状，对理性行为理论、计划行为理论和价值－信念－规范理论进行了全面梳理与回顾，主要从理论的提出与内涵、在旅游领域的应用和在相关领域的应用展开。为了聚焦于研究问题，在旅游领域的应用又细分为简单应用、拓展应用和整合应用，在明确理论发展现状和趋势的同时，为本研究理论模型构建奠定了理论基础。

第四章为旅游者环境责任行为意愿形成机理模型构建与研究假设。本章首先基于价值－信念－规范理论和计划行为理论的研究趋势和旅游者环境责任行为研究的不足，整合计划行为理论和价值－信念－规范理论，并增加了人地和谐观和预期情感因素，构建了旅游者环境责任行为意愿形成机理模型。其次，结合计划行为理论、价值－信念－规范理论和相关研究文献，提出了环境价值观至旅游者环境责任行为意愿连续因果关系的研究假设。

第五章为旅游者环境责任行为意愿问卷设计与信度效度检验。本章首先从构建模型组成变量入手，分别明确了价值观、旅游环境责任行为意愿、预期情感因素，以及计划行为理论、价值－信念－规范理论所涉及变量的内涵、维度划分和测量题项，并结合访谈资料设计了初始问卷。其次，通过预调研和预测试对初始问卷的信度和效度进行检验，提出了初始量表修订建议，修正了理论模型，最终形成了正式问卷。

第六章为旅游者环境责任行为意愿形成机理模型检验与分析。本章首先对实证研究对象特征和研究区域区位特征及旅游发展概况进行了介绍，汇报了实证研究数据的收集过程和样本规模。其次，对正式问卷收集数据进行描述性统计分析，描述受访者社会人口学统计特征。再次，运用探索性因子分析和验证性因子分析对旅游者环境责任行为意愿影响因素维度进行划分，为模型检验做好铺垫。最后，采用结构方程模型对旅游者环境责任行为意愿形成机理模型进行拟合和优化，检验研究假设，明确了最终理论模型。

第七章为旅游者环境责任行为意愿形成机理研究结论与启示。本章首先分别从旅游者环境责任行为意愿形成机理总结本书的研究结论。其次，结合研究结论针对旅游发展实践提出启示。再次，总结本研究的创新之处。最后，在梳理研究局限性的基础上，针对局限性提出了未来研究展望，明确下一步深入探索的方向。

二、研究方法

本书结合研究问题和研究目的，采用定性研究与定量研究相结合的混合研究方法开展研究。定性研究方面，采用文献分析法对本研究所涉及的关键词和理论进行全面梳理，为量表开发和模型构建提供理论支持；采用深度访谈方法广泛收集定性资料，在验证定量研究理论模型合理性的同时为价值观、信念、情感、规范和行为意愿之间的因果关系提供定性解释。定量研究方面，采用问卷调查方法收集定量数据，为理论模型检验奠定基础；采用统计分析方法在检验量表信度和效度的基础上，验证旅游者环境责任行为意愿形成机理结构方程模型。

（一）定性研究方法

1. 文献分析方法

首先，本研究围绕着生态旅游者、环境责任行为和旅游者环境责任行为等关键词对相关文献进行了全面梳理和回顾，通过归纳分析确定了研究主题和研究思路。其次，针对本研究运用的理性行为理论、计划行为理论和价值-信念-规范理论相关文献进行了全面梳理和总结，明确了理论内涵、组成变量和影响机制；同时针对模型中扩展的人地和谐观和预期情感因素两个变量进行了系统梳理和归纳，为旅游者环境责任行为意愿形成机理模型构建与假设的提出奠定了基础。最后，结合研究假设和理论模型，对涉及变量的概念化、维度划分等相关文献进行了归纳和分析，为本研究问卷设计和理论模型检验做好了铺垫。

2. 深度访谈方法

首先，为了保证研究的科学性，本书坚持定量数据收集和定性资料收集相结合的方式进行。在通过定量研究的数据分析方法掌握因果关系机制的基础上，通过深度访谈力图达到较为深入揭示旅游者环境责任行为意愿形成机理背后的深层原因，为旅游者环境责任行为意愿培育寻求质性解释。其次，在调研过程中，围绕着环境责任行为和影响旅游者环境责任行为的环境价值观、环境信念、预期情感、环境责任行为态度、环保行为责任感开展深度访谈，在访谈过程中通过“追问”的形式揭示环境价值观、环境信念、预期情感、环境责任行为态度、环保行为责任感与环境责任行为之间的影响机制，以定量和质性互证的方式确保研究的科学性和结论的准确性。

（二）定量研究方法

1. 问卷调查法

首先，依据量表开发设计的基本原则，对旅游者环境责任行为意愿形成机理模型涉及变量的概念化、维度划分和测量题项进行了中外比较，同时结合国内外旅游者环境责任行为已有实证研究结果和访谈资料，设计了本研究的初始问卷。其次，为了确保旅游者环境责任行为意愿问卷的信度和效度，对问卷进行了预调研和预测试，通过归纳与统计分析对问卷中不符合中国文化情境、内涵相近或重复、不同题项之间相互矛盾，以及表述含糊不清或不恰当的题项予以删除，在保证问卷准确性和针对性的基础上确定了最终问卷。最后，通过科学的抽样方法对问卷进行了现场发放和回收，保证了问卷的回收率和有效率，为实证研究及科学检验假设模型奠定了基础。

2. 统计分析方法

首先，对旅游者环境责任行为意愿形成机理问卷调查数据进行描述性统计分析，通过分析收集数据的社会人口统计学特征，确保研究样本的多样性和全面性。其次，采用探索性因子分析（EFA）和验证性因子分析（CFA）对旅游者环境价值观、环境信念、预期情感、环保行为规范、环境责任行为态度和旅游者环境责任行为意愿进行分析，提炼各变量公因子及维度。最后，采用结构方程模型方法，整合计划行为理论与价值－信念－规范理论并构建了旅游者环境责任行为意愿形成机理概念模型，并对模型路径进行显著性检验。

| 第二章 |

文献综述

第一节　环境责任行为研究综述

一、国外环境责任行为研究综述

（一）环境责任行为内涵概念的研究综述

国外关于环境责任行为研究有几种类型不同但意义相似的提法。分别为环境责任行为（environmentally responsible behavior）、环境显著行为（environmentally significant behavior）、亲环境行为（pro-environmental behavior）和生态行为（ecological behavior）等。博登和谢蒂诺（Borden and Schettino，1979）首先提出环境责任行为概念，并指出环境责任行为主要用于评价态度和行为之间的关系。西维科和亨格福德（Sivek and Hungerford，1990）认为环境责任行为是指个体或群体为减少自然资源利用，或促进自然资源可持续利用而采取的一系列行为。斯坎内尔和季福德（Scannell and Gifford，2010）认为环境责任行为是指对环境损害最小化和促进环境保护的行为。亲环境行为用于检验基于调查结果解释环境保护行为的社会心理因素，它是指个体有意识地对自然和构建世界的负面影响最小化的行动（Kollmuss and Agyeman，2002）。米勒等（Miller et al.，2015）认为亲环境行为是指保护环境或人类活动对环境负面影响最小化的任何行动，包括一般的日常实践和特定的户外情境。班伯格和莫斯（Bamberg and Moser，2007）认为亲环境行为是指利己（追求个人自身健康风险最小化的策略）和关注他人、下一代、其他物种和整个生态系统（阻止空气污染可能导致的他人健康和全球气候变化的风险）的混合行为方式。环境显著行为是指能够改变来自环境的材料和能源的可用性，或者改变生态系统动力结构或生物圈的程度（Stern，2000）。凯瑟和威尔森（Kaiser and Wilson，2004）认为生态行为是一种亲社会行为，包括垃圾清除、水和能源保护、消费行为生态意识、志愿参与自然保护活动和使用生态汽车。在环境责任行为维度和类型划分方面，最初将环境责任行为划分为6个维度28个题项，6个维度分别为公民行为、教育行为、财务行为、法律行为、实践行为和说服行为（Smith-Sebasto and D'Costa，1995）。凯瑟（Kaiser，1998）将环境责任行为划分为亲社会行为、生态垃圾处理、水资源保护、生态消费行为、垃圾抑制、环境志愿者行动、生态交通工具选择7个维度。斯特恩（Stern，1999）从社会运动的视角对环境责任行为进行解构，将环境责任行为划分为激进的环境行为、公共领域的非激进行为、私人领域的环境行为和环境政策支持。科斯泰特等（Kerstetter et al.，2004）将环境责任行为作为单维变量。瓦斯科和科布林（Vaske and Kobrin，2001）使用4个一般行动（学习如何解决环境问题、和他人谈论环境话题、和父母谈论环境话题和尽量说服朋友采取负责任的行动）和3个特殊行动（尽量参加社区清扫工作、选择可回收材料减少垃圾和洗碟子时关闭水龙头来节约用水）来测量环境责任行为。

（二）环境责任行为理论构建的研究综述

斯特恩（Stern，2000）发展了一个关于环境显著行为的先进理论框架，研究讨论了环境显著行为的定义，并对行为进行分类和分析其原因；同时评价了环境保护主义理论，特别是聚焦于价值-信念-规范理论；最后评估了环境关注和行为之间的关系，以及总结说明决定环境显著行为和能有效改变它们的影响因素。海因斯等（Hines et al.，1986）指出尽管目前关注环境行为的信息非常丰富，但激发个体采取环境责任行为的影响变量尚不明确，文章采用元分析法试图揭示这一内在问题。通过搜集过去的实证研究成果以及进行元分析发现，与环境责任行为相关联的变量为知识话题、行为策略知识、控制点、语言承诺和个体责任感，最后提出了预测环境行为模型。也有学者指出环境责任行为的一致性和不一致性问题体现在不同环境责任行为的相关性，除了不同环境责任行为是替代品或至少其中一个完全有特质条件决定，对行为一致的渴望应该导致环境责任行为正相关。然而这种相关性可能会因为特殊情况和测量误差的影响而减弱，同时它对行为之间的感知差异和对环境负责任行为的道德重要性具有调节作用。这些假设通过对丹麦普通购物者的商场拦截调查得到验证并被证实（Thøgersen，2004）。斯蒂格和威尔克（Steg and Vlek，2009）认为环境质量主要依靠人类行为方式，作者在回顾环境心理学对于促进亲环境行为贡献的基础上提出了一个总体框架，包括识别行为并改变、检查了行为背后的主要因素、设计和应用干预措施改变行为和减少环境影响、评价了干预措施的影响等。韩等（Han et al.，2019）主要研究顾客负责任巡游产品的决策过程，使用规范激活模型（NAM），同时整合了价值 - 态度 - 行为理论中的认知层次、情感过程和规范程序，并检验非绿色替代吸引物的调节效应。实证研究结果显示，提出理论模型框架优于原始规范激活模型，个人规范具有显著的中介效应，个体规范和社会规范在意愿建立时扮演了主要的角色。另外，非绿色替代吸引物在决定意愿时的调节作用也得到了验证。韩和炫（Han and Hyun，2017a）整合了计划行为理论和规范激活理论研究了博物馆情境下的环境责任行为，实证发现整合模型预测力强于单个模型，行为态度中介着后果意识与博物馆环境责任行为倾向，问题意识、责任归因、个人规范和博物馆环境责任行为倾向形成显著的因果链条，个人规范也中介着主观规范和博物馆环境责任行为倾向，感知行为控制则直接影响博物馆环境责任行为倾向。

（三）环境责任行为影响因素的研究综述

1. 环境认知与环境知识对环境责任行为的影响

莫布里等（Mobley et al.，2010）指出通常有假设认为拥有环境知识和关心环境的个体更会表现出环境责任行为。基于这一假设，研究者使用网页调查进行了研究。研究者首先根据是否阅读了三本经典环境书籍（《瓦尔登湖》《沙乡年鉴》《寂静的春天》）与环境责任行为关联的可能性，并将阅读活动概念化为环境知识的体验和资源。研究假设阅读书籍比人口统计学特征（性别、教育和政治取向）、一般环境态度和关注特定环境风险对环境责任有更强烈的预测能力。实证研究结果显示阅读环境书籍与环境责任行为的预测能力比人口背景和一般环境态度都要强烈，环境意识是更强的预测者。基尔本和皮克特（Kilbourne and Pickett，2008）的研究主要检查物质主义、环境信念、环保意识和环境行为之间的关系。实证研究结果显示物质主义对环境信念具有负面效应，同时环境信念对环境意识和环境责任行为具有显著正向影响，模型如图 2－1 所示。

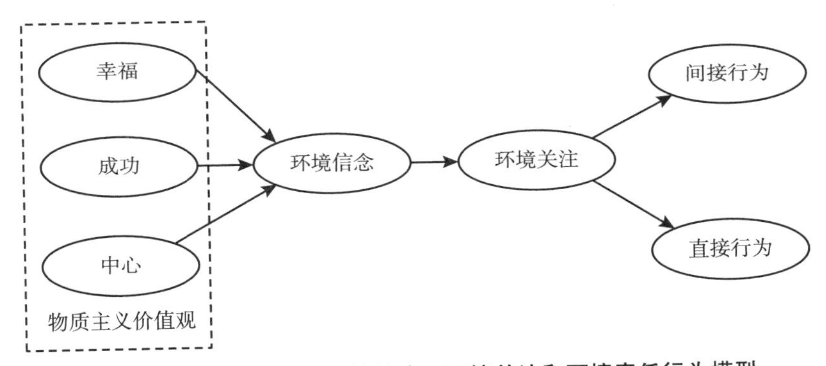

图 2－1　物质主义影响环境信念、环境关注和环境责任行为模型

资料来源：Kilbourne and Pickett，2008。

托格森（Thøgersen，2009）的研究主要聚焦于环境理想行为规范如何内化并融入人的认知和目标结构。通过两个调查研究，测量了主观社会规范和个体特定行为（购买有机或可回收食品）规范，以及自我报告行为和个人表现出行为的原因和动机。相关联的数量和类型差异依靠强有力的个体规范和两类嵌入个体认知结构的规范差异。随着真正低成本行为（许多情境下的循环利用）的局部异议，环境责任行为似乎是被内在的和整合的（个人）规范引导。富基（Fujii，2006）调查研究了环境意识、节俭态度、行为容易感知对四种不同类型（如减少电、气、汽车使用和垃圾）亲环境行为规定意愿之间的关系。结构方程实证研究显示：感知易用性会影响所有亲环境行为，环境意识仅影响垃圾减少行为，节俭态度对于电、气减少具有显著正向影响；对于汽车使用的减少，环境意识和节俭态度均对其没有显著影响。布恩科

（Buunk，1981）从认知角度预测行为，通过调查研究效用、知识和效能感对环境责任行为的影响，发现知识是最主要的影响因素，它能解释25%方差，其次是效能感和效用。恩哲勒（Enzler，2013）分析了考虑未来结果与环境友好行为之间的关系，考虑未来结果反映个人是被短期奖励或长期目标所驱动。通过因子分析发现考虑未来结果分为反映关注即时利益和关注未来结果两个方面，在影响环境行为方面二者不存在显著差异。最终结果显示考虑未来结果能显著影响亲环境行为，并被环境关注部分中介。萨达查尔等（Sadachar et al.，2016）主要探索和环境责任服装消费相关的几个关键变量，包括环境保护主义、物质主义和适合服装产品的环境问题知识。通过验证性因子分析和结构方程模型得到一个假设模型，模型解释了58%的环境责任服装消费行为的变化。环境服装知识正向影响环境保护主义，反过来环境保护主义显著正向影响环境责任服装消费行为。相反地，环境服装知识没有显著影响物质主义，同时物质主义对环境责任服装消费行为不存在显著相关。

2. 社会认同与环境情感对环境责任行为的影响

斯坎内尔和季福德（Scannell and Gifford，2010）认为地方依恋和亲环境行为的关系并不清楚，为了深入研究该问题，研究者将地方依恋划分为2个维度：公民的和自然的；通过社区居民的实证研究结果显示，当控制镇、居住时间长度、性别、教育和年龄，发现地方依恋的自然维度而非公民维度能够预测亲环境行为，同时研究发现地方依恋理论中的公民和自然两个维度是独立的。瓦斯科和科布林（Vaske and Kobrin，2001）主要研究个体日常生活中对于当地自然资源的依恋如何影响环境责任行为；首先研究者将环境责任行为划分为4个一般的和3个特殊的行为，将地方依恋划分为地方依赖（功能型依恋）和地方认同（情感依恋）2个维度。通过结构方程模型的实证研究结果显示：地方认同在地方依赖和环境责任行为之间具有中介作用，地方依赖影响地方认同，地方认同与环境责任行为显著相关。曾特等（Zint et al.，2014）评价了水资源教育体验项目对环境责任行为各影响因素的影响特征，实证研究结果显示参与水资源教育体验项目的学生在生态知识、生态问题、生态行动、个体控制点和行为意向方面得分显著高于未参与项目者，参与者对于特定的环境行动的得分高于未参与者；结果证实水资源教育体验项目能够增加环境责任行为。劳伦斯（Lawrence，2012）主要研究了大学生参观校园自然区域和与参观相关的地方认同和环境责任行为之间的关系。研究发现大学生参观校园自然区域主要是课程需要，同时住在学校内和年轻也是主要原因，参观次数较多的专业主要为环境研究、人文学科和艺术学科。同时发现地方认同和环境责任与参观频次有关，也与课程需要密切相关。地方认同在课程参观需要和环境行为之间具有中介作用，但对参观频次的影响没有中介作用。莫斯和克莱因赫克尔科滕（Moser and Kleinhückelkotten，2017）指出早期研究造成环境显著行为主要驱动因素出现矛盾结果。意愿导向研究强调了动机方面的重要性，同时影响导向研究更关注人们的社会经济地位，研究者从两种研究视角调查了亲环境行为分离角色。实证研究结果显示人们环境自我认同是亲环境行为的主要预测变量，环境自我认同在预测真实行为影响时扮演着模糊的角色。而环境影响最好的预测者是人们的收入水平，同时拥有高亲环境自我认同的个体会表现出生态负责任的方式，但他们着重强调较小生态利益的行为。布里克和莱（Brick and Lai，2018）发现近年环境问题意识增长较快，但处理环境问题的个体行为研究停滞不前，进而指出社会认同可能是解决这一缺陷的手段。研究者使用明确的和含蓄的环境保护认同来预测自我报告环境行为和政策偏好。通过元分析发现明确的认同和含蓄的认同有适度关联，明确的认同强烈并唯一的预测亲环境行为和政治偏好，含蓄认同不能预测两个中的任何一个。多诺等（Dono et al.，2010）主要检验环境激进主义、亲环境行为和社会认同之间的关系。通过大学生的实证研究结果显示：社会认同和环境行为之间有显著关系，仅有环境行为中的公民成分能显著预测环境激进主义，社会认同和环境激进主义之间是间接关系。

3. 内在动机与外在动机对环境责任行为的影响

塔贝内罗和埃尔南德斯（Tabernero and Hernández，2012）检验了过去环境行为、自我调控机制（自我效能、满意度、目标）以及内在和外在动机与环境责任行为的关系。根据156名大学生的实证研究发现，动机变量与环境责任行为显著相关，自我效能通过内在动机影响着环境责任行为，内在动机扮演着中介作用，而外在动机直接影响着环境责任行为。奥斯巴迪斯顿和谢尔顿（Osbaldiston and Sheldon，2003）使用了一个前瞻性设计和结构方程模型程序来检验人们本质上表现出环境行为的过程。根据自我决定理论进行预测，参与者感知到实验者的自我支持对内在动机具有较大影响，同时内在动机影响自我选择环境目标绩效，目标绩效进而影响未来意愿；另外内在动机对未来意愿具有直接效应。岩田（Iwata，2002）通过问卷调查和因子分析，采用多元回归分析同时研究环境责任行为的六个预测因素，发现仅有自设乐观主义和全球环境保护的接受牺牲意愿对环境责任行为具有显著影响，其他四个（逃避、解决问题、预期解决方案和感知效能）不显著。维尔夫等（Werff et al.，2013）指出人们在缺乏外部激励的情况下表现出环境友好行为是因为存在内部动机，进而提出环境自我认同影响着亲环境行为的假设。通过三个实证研究显示：环境自我认同和某人亲环境行为的内在动机责任（道德责任感）相关，转而影响亲环境行为。与假设一致，基于内在动机的责任在环境自我认同和环境友好行为之间具有中介作用，从而指出强烈的环境自我认同可能是提高亲环境行为的合理方式。斯坦霍斯特和克洛克纳（Steinhorst and Klöckner，2017）指出金钱奖励会降低亲环境行为的表现，但目前尚不清楚它是否破坏了有利于亲环境行为的内在动机。研究者研究了相对于环境框架信息而言，金钱框架信息是如何影响亲环境的内在动机、意愿和行为。通过对德国能源供应商的节约潜力（金钱框架）和二氧化碳（环境框架）对比的实证研究。发现和控制组相比，两种框架均显著正向影响长期的节约用电意愿，但没有行为的改变。金钱框架没有减少前环境内在动机，但仅有环境框架提高了亲环境的内在动机，并对意愿有中介效应。因此，当提高长期亲环境行为没有连续的金钱利益时环境框架行为干预可能受偏爱。否则，两个框架战略同样有效。格雷夫斯和萨基斯（Graves and Sarkis，2018）使用了领导力和动机理论，发展了一个促进员工亲环境行为理论模型，通过结构方程模型的实证研究结果显示管理者具有伟大环境变革性领导力的员工会表现出较高的内外部动机，员工环境价值观也和他们的内外部动机正向相关；同时，员工价值观调节着领导力和动机，当员工具有强烈的环境价值观时领导力感知最高程度影响着内在动机。当员工具有强烈的环境价值观时环境变革领导力在推进员工内部动机发挥着最主要的效应，员工内部动机显著和自我报告亲环境行为正向相关，模型如图 2 –2 所示。

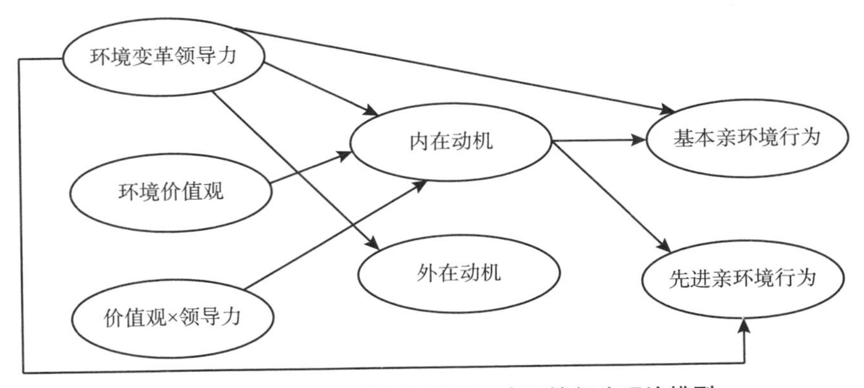

图 2-2 领导力、动机促进员工亲环境行为理论模型

资料来源：Graves and Sarkis，2018。

(四) 环境责任行为形成机制的研究综述

韩等（Han et al.，2018a）在目标导向行为模型的基础上，使用问题意识、情感承诺和非绿色替代吸引物对其进行了深化。实证研究结果显示：愿望是一个重要的中介变量，对意愿有强烈的影响；同时假设模型对访问者亲环境意愿有足够的解释力，当情感承诺水平高、非绿色替代吸引物感知低时愿望在决定意愿时被放大。奥卢因卡（Oluyinka，2011）研究检验了乱丢垃圾态度是否在个体属性（利他和控制点）和环境责任行为之间具有中介作用。通过尼日利亚伊巴丹城市居民的实证研究，发现各个变量具有独立性，且个体属性对乱丢垃圾态度和环境责任行为具有显著影响，同时发现乱丢垃圾态度在个体特征和环境责任行为关系之间具有中介效应。艾伦和费朗（Allen and Ferrand，1999）根据格勒提出的“环境责任行为能被利他中的一种‘主动关怀’成分激活”的假设，来验证主动关怀在环境责任行为和个体自我肯定之间的中介作用。研究结论发现与 Geller 模型基本一致。研究中对主动关怀进行了间接测量，主动关怀在个体控制和环境责任行为关系之间扮演着中介作用。拉希玛等（Rahimah et al.，2018）提出了一个从死亡焦虑和个体社会责任视角探索绿色消费行为的框架。实证研究结果显示消费者死亡焦虑影响消费者绿色购买态度，然后通过环境意识和亲环境行为的中介作用影响绿色购买意愿；个体社会责任被发现是提高消费者环境意识的前因变量，最终影响绿色购买态度和意愿。控制权被发现能激发死亡焦虑对绿色意识和亲环境行为的影响，同时它削弱了个体社会责任和环境意识之间的关系。岩田（Iwata，2001）主要研究自愿朴素生活方式、享乐主义和反唯物主义如何影响环境责任行为。通过实证研究显示：自愿朴素生活方式由两个因子组成，分别是打算长期使用的仔细购物态度和自足导向态度；多元回归分析发现打算长期使用的仔细购物态度和对环境责任行为的积极态度对环境责任行为具有重要贡献。金等（Kim et al.，2018）以韩国济州岛为研究对象，采用认知 - 情感 - 态度 - 行为模型检验旅游者环境知识、环境情感和自然友好关系对亲环境行为的影响。实证研究结果显示：环境情感被环境知识的 2 个维度（主观和客观）显著影响，另外环境情感显著正向影响自然友好关系，亲环境行为被环境情感和自然友好关系显著正向影响，模型如图 2 - 3 所示。

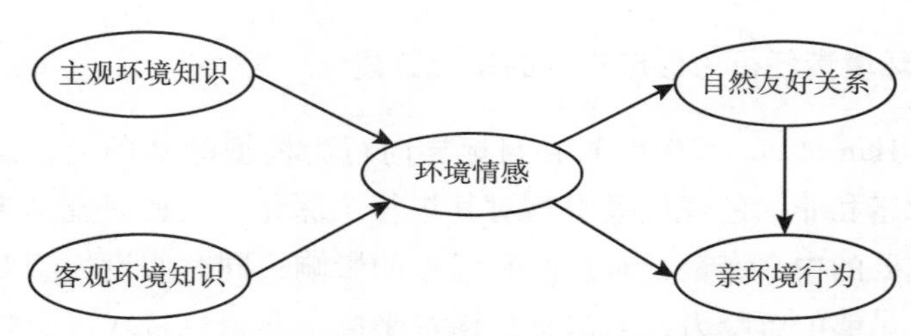

图 2 - 3　旅游者认知 - 情感 - 态度和亲环境行为模型

资料来源：Kim et al.，2018。

二、国内环境责任行为研究综述

（一）环境责任行为模型构建研究综述

武春友和孙岩（2006）指出环境行为与环境态度的研究一直是环境社会学关注焦点。在界定环境行为与环境态度概念的基础上，指出环境行为和环境态度未来研究发展趋势是加强对有关概念的界定和测度研究、加强对中介变量和调节变量的研究、探讨环境态度与环境行为的双向作用关系和加强对不同文化背景、不同经济条件、不同区域的群体的研究。马丹（2008）研究了环境知觉、环境态度和环境行为之间的关系，发现环境知觉是人对环境的直接认识和直接感受，它是形成环境态度的基础；环境态度则是人们对环境的有用性和价值的评价，以及对人与环境关系的基本认知，其建立在环境伦理准则基础之上，比知觉有更强烈的意识；而环境行为是环境知觉和环境态度的最终表现和衡量标准。王建国和杜伟强（2016）指出绿色消费对于社会环境可持续发展至关重要，文章运用行为推理理论研究了消费者绿色消费的影响机制。实证研究结果表明，绿色消费行为意向不受价值观影响，但受态度的显著影响，情境因素调节着态度、行为合理性和绿色消费行为意向之间的关系，积极的绿色消费态度受实施绿色消费理由的影响，导致绿色消费行为规避则源自拒绝绿色消费理由。何玮和高明（2017）将满意度作为中间变量，在乡村旅游情境下构建了旅游者感知价值对环境责任行为影响的结构方程模型，探究旅游型新农村价值提升路径。结果显示：旅游者感知价值中的成本和社会 2 个维度仅通过满意度间接影响环境责任行为；而管理服务、体验和资源价值对环境责任行为呈显著的正相关。洪和朴（Hong and Park，2018）检验了一套地区属性对个体亲环境行为的影响，实证研究结果显示：环境态度、环境支付意愿、客观和主观环境知识和环境威胁感知均提高了个体亲环境行为水平；另外在地区层面，环境预算、行政执法和经济发展显著正向影响居民亲环境行为，同时环境污染有负面影响。特别是地区经济发展水平和行政执法不仅直接影响行为，而且通过控制个体变量水平间接影响行为。何学欢等（2018）基于公平理论和关系质量理论构建了旅游地居民感知公平（程序公平、分配公平、互动公平）对旅游地居民环境责任行为形成机理的整合模型；其中关系质量（社区满意、社区认同）为中介变量，环境关注为调节变量。实证研究结果显示，旅游地居民感知公平是关系质量的前因变量，关系质量在感知公平与居民环境责任行为之间具有中介效应，模型如图 2－4 所示。

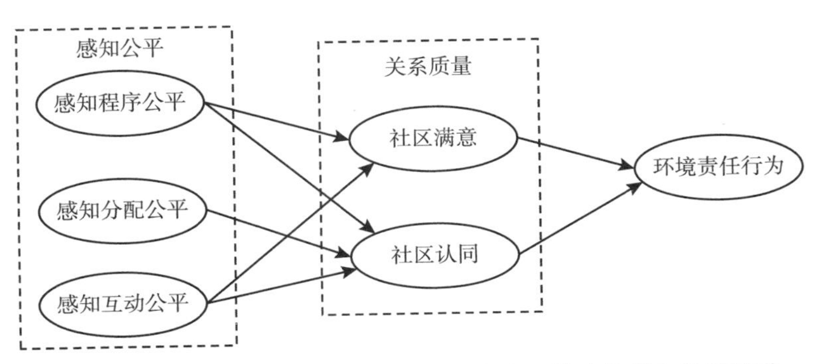

图 2－4　旅游地居民感知公平、关系质量与环境责任行为关系模型

资料来源：何学欢等，2018。

房等（Fang et al. ，2018）通过对中国台湾地区中部40岁上下农民的问卷调查，发现年轻农民亲环境行为受个体规范的直接影响，个体和社会规范通过感知行为控制间接影响亲环境行为；相对地，年长农民的亲环境行为受社会规范直接影响，个体规范通过感知行为控制产生间接影响。魏静等（2018）认为民众作为能源的最终消费者，应积极承担环境保护的社会责任。文章运用多项Probit模型，实证研究验证了责任感与收入水平相关性假设，即影响环境责任感与责任厌恶心理变化的重要因素是收入水平，收入对受访者环境责任感具有显著正向影响，即收入越高，越愿意额外支付更高的环境单价；收入对东、中、西部三大地区受访者的有效责任感都具有显著的正向影响，相对于参照组，在选择最高支付时，收入对责任感的影响最为显著。此外，性别、年龄与是否关心环境对有效责任感有显著负向影响，受教育年限对有效责任感呈显著正向影响。

（二）环境责任行为影响因素研究综述

1. 环境责任行为综合影响因素研究

芈凌云（2011）围绕着行为能力类因素、行为意愿类因素、家庭特征因素、人口统计因素和外部情境因素共同作用的角度构建了城市居民低碳化能源消费行为的理论模型。实证研究发现城市居民低碳能源消费行为主要受低碳行为能力和低碳行为意愿共同作用的影响；宣传教育、政策法规、社会规范、产品的技术成熟度、经济成本、目标与信息反馈等外部情境结构因素对居民低碳能源消费行为具有显著调节效应，但对不同行为的调节方向和强度有显著差异；同时舒适偏好、环境价值观、自我效能感、从众心理、感知行为控制和低碳相关知识大部分通过低碳行为意愿和低碳行为能力间接作用于实际行为。段和盛（Duan and Sheng，2017）基于社会认知理论研究了环境知识向亲环境行为的转化。实证研究结果发现居住环境知识对私人亲环境行为的影响强于专业环境知识，专业环境知识仅对公共亲环境行为有贡献。此外，仅居住环境污染感知在解释私人亲环境行为时产生了额外方差，同时居住和自然环境污染感知均显著影响公共亲环境行为。结构方程模型结果显示居住环境污染中介着居住环境知识和两类环境行为，专业环境知识仅对公共亲环境行为具有直接效应。黎建新和王璐（2011）将消费者环境责任行为划分为绿色购买行为、环境抵制行为、循环消费行为、资源节约行为和消费垃圾分类和资源回收行为；环境态度、环境知识、行为后果感知、行为能力和环境责任感等内部因素对消费者环境责任行为具有显著影响；经济因素、情境因素和社会规范则是影响消费者环境责任行为的外部因素。孙岩（2006）将我国居民环境行为划分为4个维度，分别为生态管理、消费行为、说服行为和公民行为；在确定环境知识、环境价值观、环境态度、生活经验、个性变量和情境因素作为居民环境行为影响变量的基础上，构建了整体模型并进行了实证研究。李文娟（2006）对武夷山市居民环境保护行为的数据进行实证检验，结果显示，参与性环境保护行为主要受环境知识、环境态度、经济发展水平、性别、受教育程度以及群体/他人压力等因素的影响，其中群体/他人压力对其影响最为显著；日常性环境保护行为则仅受群体/他人压力变量的影响。杨冉冉（2016）将城市居民绿色出行行为划分为调整型绿色出行行为和促进型绿色出行行为。随后构建了城市居民绿色出行行为驱动机理理论模型。通过实证研究表明，出行者心理认知是行为意愿的前置变量，而行为意愿是绿色出行行为的前置变量，出行者心理认知通过行为意愿间接影响绿色出行行为；出行偏好、出行特性、社会参照规范和制度技术情境对行为意愿对于绿色出行行为之间的关心具有显著调节效应，但对促进型绿色出行行为和调整型绿色出行行为的调节方向和调节强度方面存在显著差异。

2. 环境价值观对环境责任行为的影响研究

刘贤伟和吴建平（2013）检验了大学生环境关心、环境价值观和亲环境行为的关系，并考察了环境关心在环境价值观和亲环境行为之间的中介作用。实证研究结果表明：女性大学生环境关心水平显著高于男性大学生，相较于其他民族，蒙古族大学生环境关心水平更高。利己价值观和利他价值观对私领域亲环境行为和公共领域亲环境行为均有显著正向直接影响；环境关心完全中介着生态圈价值观和私领域亲环境行为，部分中介着利己价值观和私领域亲环境行为。王国猛等（2010）检验了环境态度在个人价值观对消费者绿色购买行为影响中的缓冲作用。研究结果发现个人价值观、环境态度与绿色购买行为两两之间存在显著正相关；个人价值观对环境态度有显著正向影响，环境态度对绿色购买行为有显著正向影响；个人价值观对绿色购买行为具有显著驱动作用，环境态度是个人价值观与绿色购买行为之间的缓冲变量。杨智和董学兵（2010）将价值观影响绿色消费行为的作用机理与计划行为理论相整合，构建了价值观对绿色消费行为影响机理的作用模型，其中物质主义和集体主义为自变量，态度、信念、个人规范、主观规范影响行为意愿，行为意愿影响行为，自信度在态度和行为意愿之间扮演着调节作用，感知行为控制既直接影响行为意愿，也直接影响行为。陈平等（2012）验证了环境价值观对居民绿色消费行为之间的关系。实证研究结果显示：环境价值观各维度对居民绿色消费行为具有显著影响，其中利他价值观和生态价值观均显著正向影响着居民绿色消费行为，而利己价值观对居民绿色消费行为具有显著负向影响。幺桂杰（2014）将传统儒家价值观分为环境关爱、群体性和面子观 3 个维度，将环保行为分为直接环保行为和间接环保行为，随后构建了传统儒家价值观对中国人环保行为影响机制模型。实证研究发现群体性维度既对直接环保行为具有显著正向影响，也对间接环保行为具有显著正向影响；环境关爱维度不仅显著正向影响着直接环保行为，也显著正向影响着间接环保行为中的说服行为，但对社会行动具有显著负向影响。面子观维度显著正向影响着间接环保行为，但对直接环保行为中资源节约行为的具有负向影响。个人责任感不仅显著正向影响着直接环保行为，同时也显著正向影响着间接环保行为。张梦霞（2005）构建了基于道家文化价值观动因的消费者购买行为分析模型。研究结果显示，道家文化价值观可以划分为崇尚自然与和谐自然 2 个维度，道家文化价值观度量体系能够有效地诠释绿色购买模式。王建明和吴龙昌（2016）根据结构方程模型，分析道家价值观视阈下的家庭节水行为及其响应机制。实证研究结果发现在 TPB 拓展模型的三因素中，整体上态度（包括价值认知、积极情感和消极情感 3 个维度）的影响作用最大，其次为感知行为控制，主观规范的影响作用最小；道家价值观可以有效激发节水态度 3 个维度，从而对响应家庭节水行为发挥着基础性作用。古典等（2018）指出物质主义较稳定地负向预测个体的亲环境态度、公领域亲环境行为以及私领域亲环境行为中的资源回收和节约行为。私领域亲环境行为中的绿色消费在发达国家和发展中国家间存在不一致。基于环状价值观模型和价值 – 信念 – 规范理论，物质主义可以同时影响亲环境态度及行为，也能通过亲环境态度影响行为。王建明和赵青芳（2017）构建了价值观 – 情感 – 行为模型，探索以环境尊敬感、环境亲近感和环境愤怒感三个情感变量为中介变量情境下道家价值观对循环回收行为的作用机制。结果发现，遵从“天人合一”伦理规范的道家价值观对环境亲近感、环境尊敬感和环境愤怒感具有显著正向影响，从而对循环回收行为产生显著的影响效应；在人口统计变量中，年龄、收入和学历均对价值观－情感－行为模型具有显著的调节作用，模型如图2－5所示。

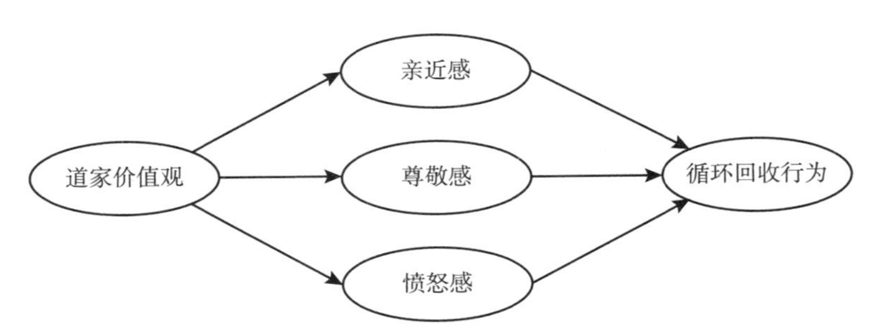

图2－5　价值观、情感和循环回收行为模型

资料来源：王建明、赵青芳，2017。

3. 态度情感对环境责任行为的影响研究

温文正（2013）研究了海洋环境知识、保护海洋环境态度及行为模式的关系。实证研究结果显示：学生到高中阶段时，学习海洋环境的陈述性知识有明显成果；地区性推广海洋环境教育的情景性差异，影响学生海洋环境知识、保护海洋环境态度和保护海洋环境行为。洪学婷等（2018）指出国内关于旅游体验对环境态度和行为影响的纵向追踪研究较为缺乏。通过对自然旅游地黄山的实证研究发现旅游体验对旅游者环境态度基本没有影响；旅游体验对旅游者环境行为存在显著影响。短期影响表现为特定地点环境责任行为中的教育、身体和法律行动显著改善，一般环境责任行为中教育、说服、身体、消费和法律行动显著改善；长期影响表现为特定地点环境责任行为中的消费、身体行动、教育和一般环境责任行为中的消费、身体、法律行动显著改善。环境行为的改变主要是通过旅游体验中的认知和情感刺激引起的，包括集体自豪感、环境知识、预期愧疚、自我效能、负面后果认知、环境解说等因素。柳红波等（2017）指出环境责任行为作为行为主体自觉保护环境的重要形式受到越来越多的关注，并以张掖国家湿地公园为研究区域，对居民的休闲场所依恋和环境责任行为的关系进行了实证研究。结果显示：情感性场所依恋对居民主动型环境责任行为有显著正向影响，功能性场所依恋显著正向影响着居民遵守型环境责任行为。张永强等（2018）采用分层回归的方法实证分析了农民绿色消费各个意识维度对其消费行为的影响。研究结果显示，农民绿色消费不同意识维度对消费行为影响的力度和方向存在差异，绿色消费意识结构中的责任观念与环保知识之间存在正向交互效应，在绿色消费意识－诱致性因素－绿色消费行为模型中，不同变量对消费行为的影响机制存在显著差异。杨奎臣和胡鹏辉（2018）采用“中国综合社会调查”数据，研究了社会公平感、主观幸福感和亲环境行为之间的关系。研究发现：一是亲环境行为包括私域亲环境行为和公域亲环境行为两个方面，公共性体现在公域亲环境行为之中。二是社会公平感对公域亲环境行为有显著正向影响，对私域亲环境行为无显著影响；主观幸福感对私域亲环境行为有显著正向影响，但对公域亲环境行为无显著影响。三是男性实施公域亲环境行为的可能性更大，而女性实施私域亲环境行为的可能性更大。四是尽管教育和媒体使用对社会公平感和主观幸福感的影响存在差异，但均直接对亲环境行为产生显著正向影响。黄蕊等（2018）指出居民亲环境行为是生态文明建设能否成功的根本保证。以半干旱区的实证研究表明：环境认知、榜样效应是影响居民亲环境行为的重要因素，且正向影响居民亲环境行为；环境敏感度、社交媒体、环境状况、政府行为评价、受教育程度与职业等因素对居民亲环境行为均有正向影响。彭雷清等（2016）基于广州市样本，利用生态价值观的调节作用，揭示了低碳消费态度、环境态度对低碳消费意愿的影响机制。实证结果显示，消费者环境态度和低碳消费态度均是低碳消费意愿的前因变量。生态价值观显著调节着低碳消费态度与低碳消费意愿，而对环境态度与低碳消费意向之间的关系没有调节作用。

（三）环境责任行为企业情境研究综述

李小聪（2016）通过对资源型企业高管的深度访谈，运用扎根理论，探索性构建了资源型企业绿色行为驱动因素模型，影响因素主要有绿色行为态度、绿色行为规范和绿色行为知觉 3 个主范畴，以及对应的 14 个子范畴，并探讨了驱动因素模型中主范畴的作用方向和路径。王乾宇和彭坚（2018）主要研究 CEO 绿色变革型领导与企业绿色行为之间的关系。实证研究结果显示：一是 CEO 绿色变革型领导正向预测企业绿色行为；二是高管团队的环境责任文化在 CEO 绿色变革型领导与企业绿色行为之间起部分中介作用；三是高管团队的环保激情气氛在 CEO 绿色变革型领导与企业绿色行为关系之间扮演着部分中介作用，且这种效应强于环境责任文化。盛科荣（2010）指出企业环境责任行为受到企业所处的社会环境、资产基础和主营业务、组织方式的制约，以及企业环境责任行为结果的反馈影响。接着对壳牌环境责任行为的经济机理进行了剖析，研究表明，公众的期待和维权行为在壳牌面向可持续发展业务方式的转变过程中发挥着积极作用，同时壳牌从环境责任行为中获得了丰厚的回报，这为壳牌的环境责任行为提供了持续的激励。芦慧等（2016）在剖析亲环境行为内涵的基础上，将企业员工亲环境行为划分为公领域亲环境行为和私领域亲环境行为两种结构类型，通过调研分析目前企业员工亲环境行为的现状及特征，为企业规范环境价值体系、提升员工亲环境行为表现提供理论基础。冯忠垒等（2015）按照环境、主体和行为三方互动的社会认知论观点，社会网络情境下的企业绿色行为可以理解为社会网络、管理者认知与企业绿色行为三方交互作用的结果。根据社会认知论关于环境、人的能动性和观察学习的具体观点，分析管理者认知、网络嵌入和企业绿色行为之间的相互影响关系，进而构建了管理者认知、社会网络与企业绿色行为之间的三方互动模型，从中进一步得到企业绿色行为形成的静态和动态机制。张丽霞（2017）以生态文明为视角，选取生态环境与经济发展矛盾突出的内蒙古地区为研究对象，运用 PRA 法对呼和浩特市、包头市、鄂尔多斯市、赤峰市 30 家外资企业进行调查，运用统计分析得出结论：一是遵守法律法规是外资企业承担基本企业环境责任的主要原因；二是提升企业品牌形象是外资企业承担中级企业环境责任的主要原因；三是获取企业高端经营合法性是外资企业承担高级企业环境责任驱动的主要原因。李祝平（2013）指出消费者对企业环境责任行为的认知维度是企业进行有效市场细分与沟通的重要依据。文章从企业环境责任行为的界定与分类入手，用多维尺度分析方法刻画了消费者对企业环境责任行为的认知图式，并用语义差异量表分析法验证了消费者对企业环境责任行为的认知维度包括行为动机、与生产相关性 2 个维度。贺爱忠等（2013）分析了零售企业绿色认知和绿色情感对绿色行为的影响机理，通过实证研究发现：一是零售企业绿色认知和绿色情感对绿色行为具有显著正向影响，并且零售企业绿色情感部分中介着绿色认知对绿色行为的正向影响；二是零售企业资源环境知识和资源环境感知均对零售企业环境保护行为具有显著正向影响，同时企业资源环境情感在企业社会责任意识对企业环境保护行为、资源节约行为的显著正向影响中具有完全中介作用。

三、国内外环境责任行为研究对比

（一）环境责任行为研究内容对比

首先，国内外对环境责任行为研究内容相同点主要体现在：第一，国内外环境责任行为研究重点基本一致。环境责任行为是环境可持续发展的重要手段，研究环境责任行为的影响因素和揭示环境责任行为的形成机制是发挥环境责任行为作用的前提条件，国内外研究均注重从认知、情感和具体情境等方面探索其对环境责任行为的影响，同时运用计划行为理论、规范激活理论研究环境责任行为的形成机制，为环境责任行为作用的顺利发挥奠定了基础。第二，国内外环境责任行为研究范围基本一致。由于环境责任行为属于行为学和环境心理学的范畴，针对环境问题和环境可持续发展遇到的各种困境，将环境责任行为作为解决此类问题的重要手段受到国内外学者的一致认同。目前国内外环境责任行为研究内容主要集中在环境责任行为影响因素、理论模型构建和环境责任行为形成机制或影响机制等方面，国内外研究范围基本一致。第三，国内外环境责任行为研究规范基本一致。基于环境责任行为对实践的重要指导意义和价值，国内外环境责任行为多采用理论模型构建与案例区域实证研究相结合的方式展开，力争厘清多个变量对环境责任行为的驱动机制和影响机制，为解决社会实践提供更多理论依据。第四，国内外环境责任行为应用方向基本一致。国内外环境责任行为应用领域较为相似，主要集中于绿色消费行为，家庭节水、节电、节能行为，日常生活绿色行为和亲环境行为等诸多方面，对于解决环境问题、节约能源具有重要的实践指导价值。

其次，国内外对环境责任行为研究内容不同点主要体现在：第一，国内外环境责任行为研究理论发展方面存在差异。国外研究首先着眼于构建研究框架和理论模型，然后通过实证研究验证理论模型并不断完善理论；国内理论研究成果较少，直接引用国外理论者较多，理论发展和构建模型方面明显滞后。第二，国内外环境责任行为研究驱动因素方面存在差异。国外对环境责任行为的驱动因素研究主要从个体特性、态度、社会认同、地方情感、自尊、归属感、个人控制和动机等方面展开；国内研究环境责任行为变量主要从环境态度、价值观、环境知识、生活经验、情感因素、活动涉入和社会人口特征等方面展开，但针对中国本土文化情境的实证研究较为缺乏，进而降低了研究成果的实践指导价值。另外，研究内外动机对环境责任行为的影响是国外研究的一大亮点。第三，国内外环境责任行为研究内涵概念方面存在差异。国外将环境责任行为概念的界定与测量作为环境责任行为深入研究的基础和前提，其研究成果较为丰富；国内研究更注重环境责任行为的直接应用，对概念缺乏深入探讨，这与国外有明显差异。第四，国内外环境责任行为研究应用情景方面存在差异。国外环境责任行为研究情景较为广泛，居民、大学生、游客和企业等均为环境责任行为研究的对象。国内研究成果中涉及企业环境责任行为的研究成果较多，说明环境责任行为概念最先受到企业管理研究者的重视，同时通过分析发现旅游者环境责任行为研究将是未来研究的热点。

（二）环境责任行为研究方法对比

首先，国内外对环境责任行为研究方法相同点主要体现在：第一，国内外环境责任行为研究范式基本一致。由于国内外环境责任行为研究主要集中于环境责任行为影响因素和影响机制等方面，注重于探索变量之间的因果关系，所以主要使用实证主义范式开展研究。研究成果多以理论模型构建为基础，进而采用实证研究检验理论模型的拟合程度，进而对理论模型进行修正和发展。第二，国内外环境责任行为研究分析方法基本一致。环境责任行为研究主题决定了研究方法，基于实证主义范式，目前国内外对于环境责任行为的研究主要采用探索性因子分析、验证性因子分析、结构方程模型和多元回归等方法分析变量之间的关系，为厘清环境责任行为的影响因素和形成机制提供了科学方法。第三，国内外环境责任行为资料收集方法基本一致。由于国内外环境责任行为研究主要采用实证主义范式，聚焦于变量之间的因果联系，因而各变量的测量与变量之间因果关系的检验主要依靠定量数据，所以国内外研究成果在研究设计过程中主要通过自我报告的问卷调查方式收集定量数据。第四，国内外环境责任行为研究类型基本一致。由于国内外环境责任行为研究主要集中于环境责任行为影响因素和影响机制等方面，均出于环境保护诉求将环境责任行为作为结果变量开展研究，寻求影响环境责任行为的前因变量，注重于寻求变量之间的因果关系，故多采用解释性研究，而描述性和探索性研究较少。

其次，国内外对环境责任行为研究方法不同点主要体现在：第一，国内外环境责任行为研究方法运用广度存在差异。尽管国内外环境责任行为研究主题较为相似，但国外环境责任行为多使用定量研究，除了使用回归分析或结构方程模型分析数据之外，还使用元分析等方法；而国内研究中描述性研究较多，解释性研究较少且主要集中于企业管理情景。第二，国内外环境责任行为研究分析方法存在差异。国外环境责任行为研究在描述性统计分析的基础上，多使用因子分析、偏最小二乘法、结构方程模型和回归分析等方法进行数据分析；而国内研究方面主要使用了因子分析、聚类分析、判别分析、独立样本 T 检验、积差相关分析、典型相关分析、回归分析、结构方程模型和 Probit 模型等。第三，国内外环境责任行为研究方法运用深度存在差异。在环境责任行为影响机制研究过程中，国内研究主要以构建理论模型和检验为主，注重直接效应和中介效应的研究；而国外研究除了直接效应和中介效应研究，变量的调节效应也是重要的研究方向。第四，国内外环境责任行为研究可视分析方法存在差异。可视化分析软件为环境责任行为研究现状归纳、梳理研究成果规律与特征提供了重要手段；洪学婷和张宏梅（2016）借助可视化软件 Cite Space 工具，绘制了国外环境责任行为研究的共引期刊、共引作者、共引文献、共现关键词和突现词知识图谱，总结了国外环境责任行为研究基本规律，为国内环境责任行为研究指明了方向。

第二节　旅游者环境责任行为研究综述

一、国外旅游者环境责任行为研究综述

（一）旅游环境责任行为概念与内涵研究

环境责任行为概念的出现源于人们对环境问题的关注，亨格福德和佩顿（Hungerford and Peyton，1976）指出环境责任行为是指反映个体或群体对自

然环境关注的行动，目的是针对或处理环境问题。西维科和亨格福德（Sivek and Hungerford，1990）认为环境责任行为是指个体提倡可持续利用自然资源的行动，如果使用者表现出环境友好方式便能实现可持续。随着旅游活动的大量开展，游客和居民对旅游地带来的环境问题不断出现，开始有学者将环境责任行为构念引入旅游情境。雷基森（Ramkissoon，2013）针对亲环境行为在澳大利亚国家公园情境下进行了探索性因子分析，发现亲环境行为意愿分为2个维度，分别是低努力亲环境行为意愿和高努力亲环境行为意愿。旅游者亲环境行为包括为环境保护作出贡献，减少对自然资源的负面影响，以及在参与休闲活动中负责任的行为；特别是，旅游者在目的地的亲环境行为包括保护自然资源，尊重当地文化，以及减少对自然环境的干扰；同时没有履行亲环境行为的旅游者可能会通过诸如向野生动物喂食、翻转岩石和干扰动植物等方式损坏生态系统（Kim et al.，2018）。也有学者指出旅游者是可持续发展中未被开发的资源，可以通过旅游者环境责任行为解决旅游环境问题。环境责任行为是指倡导可持续发展或减少自然资源的使用，或者主动承担一些行为使对环境的负面影响最小化，包括劝说其他人放弃环境不友好行为，循环利用和重复使用垃圾（Pan and Liu，2018）。韩等（Han et al.，2019）认为消费者生态意识是指意识到世界面临环境问题越来越多（水和空气污染，全球变暖）的事实，开始寻求和逐渐选择环境友好企业提供的产品或服务，甚至愿意为此支付更多和接受一些不便的意愿。

（二）旅游者环境责任行为影响因素研究

1. 环境态度对旅游者环境责任行为影响研究

金和维勒（Kim and Weiler，2013）主要检验旅游者对于旅游者环境责任行为——收集化石的环境态度，并基于环境态度采用市场细分方法研究将旅游者分组归类，同时研究了各细分市场在人口统计学、态度和行为特征方面的差异。实证结果显示自然区域会吸引环境友好态度和负责任收集化石的游客；深入分析发现两类基于环境态度的细分市场在性别、年龄和现场解释模式存在明显差异，最后建议两个细分市场分别命名为“高环境态度”群体和“低环境态度”群体。宋等（Song et al.，2012）拓展了目标－导向理论模型，主要研究态度、积极预期情感、消极预期情感、主观规范和感知行为控制对欲望的影响，欲望转而影响行为意愿。实证研究结果发现：环境关注和消费者感知效能显著正向影响旅游环境友好行为，态度、主观规范、积极预期情感、过去行为频次和旅游环境友好行为显著正向影响欲望，进而影响行为意愿。感知行为控制仅影响行为意愿。韩等（Han et al.，2017b）调查了一种可持续旅游方式——骑行旅游的旅游者决策过程，通过扩展计划行为理论，增加个体规范和过去行为作为前因变量构建研究模型。实证研究结果显示：扩展模型优于原始计划行为理论模型，主观规范、对行为的态度和感知行为控制均对行为意愿有显著正向影响，个体规范在主观规范和行为意愿之间扮演着中介作用，过去行为对行为意愿影响不显著，模型如图2-6所示。

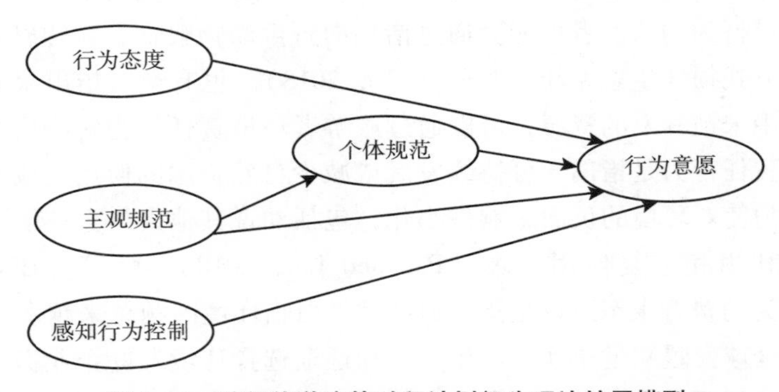

图2-6　骑行旅游决策过程计划行为理论扩展模型

资料来源：Han et al.，2017。

金等（Kim et al.，2018）以韩国济州岛为研究区域，使用认知-情感-态度-行为模型检验游客环境情感、环境知识和自然友好关系对亲环境行为的影响。实证研究结果显示：环境情感被环境知识的2个维度（主观和客观）显著影响，另外环境情感对自然友好关系有显著正向影响，亲环境行为被环境情感和自然友好关系显著正向影响。韩等（Han et al.，2018b）在计划行为理论基础上拓展了认知（绿色形象和环境意识）和情感（预期自豪和负罪情感）因素，来研究年轻旅游者在旅游目的地旅游过程中的垃圾减少行为。实证研究结果显示：绿色形象和环境意识不直接影响垃圾减少行为意愿，而通过行为态度间接影响；预期自豪情感、预期负罪情感和主观规范对垃圾减少行为意愿具有显著正向影响，感知行为控制对行为意愿影响不显著。普德尔和尼乌攀（Poudel and Nyaupane，2016）指出生态旅游对于目的地环境的影响很大程度依赖旅游者行为。他们使用理性行动方法探索了旅游者环境行为影响因素，结果显示旅游者环境行为变异可以被三个心理变量解释（环境态度、主观规范和感知行为控制），以及可以被年龄、持续时间和团队规模所解释。门萨（Mensah，2012）检查了阿克拉酒店国际旅游者的环境责任行为以及酒店游客环境教育、性别与环境责任行为之间的关系。实证研究结果显示3/4的受访者既没有被他们的酒店通知执行环境计划，也没有环境责任行为教育。另外，女性比男性有更强烈的环境责任行为，阿克拉的酒店应该建立环境教育，尤其应该将旅游中间商和女性作为环境责任行为教育的变革推动者。

2. 地方情感对旅游者环境责任行为影响研究

雷基森等（Ramkissoon et al.，2013a）主要研究了地方依恋二阶因子、地方满意度和游客低努力、高努力亲环境行为意愿之间的关系。实证研究发现，地方依恋具有二阶四维因子，分别是地方依赖、地方认同、地方情感和地方社会联结；地方依恋对公园游客高或低努力亲环境行为意愿具有显著正向影响，地方依恋显著正向影响着地方满意度；地方满意度显著正向影响着低努力亲环境行为意愿，对于高努力亲环境意愿具有显著负向影响。雷基森等（Ramkissoon et al.，2013b）指出地方依恋是一个由地方依赖、地方认同、地方情感和地方社会联结构成的多维构念，文章研究了地方依恋、地方满意度和亲环境行为意愿之间的关系。实证研究结果显示：地方依恋的4个维度显著影响着地方满意度，地方满意度和低努力亲环境行为意愿显著相关，地方情感和两种亲环境行为意愿均显著相关，地方认同和二者均不相关，低努力亲环境行为意愿和高努力亲环境行为意愿之间具有关联。程等（Cheng et al.，2018）主要研究解说服务质量、满意度、地方依恋和环境责任行为之间的关系。实证研究结果显示：解说服务质量直接正向影响满意度，满意度分别直接影响地方依恋和环境责任行为；同时，解说服务质量分别通过满意度间接影响地方依恋和环境责任行为，满意度在解说服务质量和地方依恋、解说服务质量和环境责任行为之间扮演着中介作用，地方依恋则直接影响环境责任行为，模型图如图2-7所示。

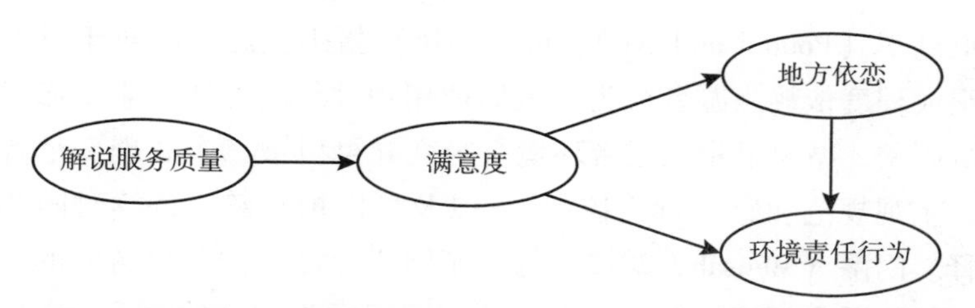

图2-7 遗产旅游地解说服务质量、满意度、地方依恋和环境责任行为关系模型

资料来源：Cheng et al.，2018。

3. 环境价值观对旅游者环境责任行为影响研究

费尔维泽等（Fairweather et al.，2005）以新西兰克赖斯特彻奇旅游者的生态意识为切入点，研究了旅游者生态响应与他们环境价值观的关系。结果发现295名游客中仅有20%能够回想起地方生态标签，仅有13%曾经听过一些旅游生态标志；然而，33%的旅游者有一些生态经历。通过聚类分析发现61%的受访者表现出生物价值观，39%表现出矛盾价值观但没有人类中心价值观；生物价值观旅游者旅游过程中更关注环境，相信新西兰需要生态标签，以及他们会选择绿色酒店。韩等（Han et al.，2017c）基于价值-信念-规范理论模型，开发出价值-信念-情感-规范模型来解释消费者巡游情境下亲环境决策过程的理论模型。实证研究结果显示：包含情感过程的连续框架优于原始的VBN模型和替代中介和调节模型；具体而言，生物价值观和利他价值观对生态世界观有显著正向影响，生态世界观→评价对象不利后果→减少威胁感知能力之间有显著的因果关系，减少威胁感知能力既直接影响着亲环境行为责任感，也通过预期自豪情感间接影响着亲环境行为责任感，亲环境行为责任感显著正向影响着牺牲意愿、购买意愿和口碑意愿。韩和炫（Han and Hyun，2017d）研究了博物馆情境下的旅游者亲环境行为，并提出博物馆旅游者鼓励亲环境行为模型包括认知变量、情感变量、牺牲意愿、自然关联和亲环境意愿。实证研究结果显示环境价值观、环境关注、环境知识和自我效能对积极预期情感有显著正向影响，环境价值观、环境知识和自我效能对消极预期情感有显著正向影响，积极预期情感、消极预期情感、牺牲意愿和自然关联均正向影响亲环境意愿，积极预期情感和消极预期情感在认知因素和亲环境意愿之间扮演着中介作用。叶等（Ye et al.，2017）发现个人价值观沿着两极价值观维度（自我增强对自我超越、公开改变对保守）如何影响年轻人旅游决策。实证研究结果显示：两组两极价值观维度都能预测态度、主观规范和感知行为控制。态度和感知行为控制显著影响行为意愿，但主观规范对行为意愿影响不显著。韩等（Han et al.，2018c）主要研究度假者对博物馆环境负责任的亲环境决策机制形成过程。研究使用并扩展了价值－信念－规范理论，将绿色产品使用满意度、绿色信任、过去绿色产品使用的频率作为预测因素。实证研究结果显示，生物价值观和利己价值观显著正向影响新环境范式，而利他价值观影响不显著，新环境范式显著正向影响后果意识，后果意识显著正向影响责任归属，责任归属显著正向影响道德规范，道德规范显著正向影响亲环境意愿，基本验证了原始 VBN 理论。同时，新增加的过去使用绿色产品频率不仅直接影响亲环境意愿，还以道德规范为中介变量间接影响亲环境意愿；绿色产品使用满意度不仅直接影响亲环境意愿，还以道德规范和绿色信任为中介变量，间接影响亲环境意愿，模型如图 2－8所示。

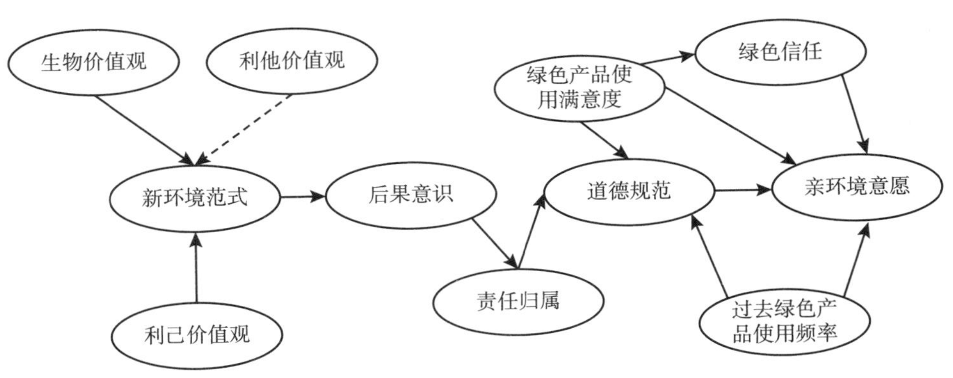

图 2－8　博物馆度假者生态友好决策过程模型

注：虚线表示路径不显著。
资料来源：Han et al.，2018。

（三）旅游者环境责任行为模型扩展研究

韩等（Han et al.，2019）的研究主要解释顾客负责任巡游产品的决策过程，使用规范激活模型（NAM），并整合了价值－态度－行为理论中的认知层次、情感过程和规范程序，以及检验在巡游情境下非绿色替代吸引物的调节作用。实证结果显示，提出的模型框架优于原始规范激活模型，个人规范具有显著的中介效应，个体规范和社会规范在意愿建立时扮演了很重要的角色。另外，非绿色替代吸引物在决定意愿时的调节作用也得到了验证。韩和韫（Han and Yoon，2015a）指出随着消费者对环境责任产品的青睐，绿色酒店经营变得越来越重要。研究主要调查顾客选择环境责任酒店意图的形成过程。通过整合几个重要变量（环境意识、感知效能、环境友好行为及声望）扩展了目标－导向行为（MGB）模型，用来解释顾客环境友好行为。实证研究结果显示假设理论框架对期望意图有较强的解释能力，包含的构念在酒店顾客决策过程中扮演重要角色；态度认同和欲望扮演了中介作用。原始目标－导向行为中已有的变量被重新定义。构建的新模型比目标－导向行为有更强的预测能力，准确说明了顾客环境友好购买行为。韩（Han，2015b）在考虑非绿色吸引力作为调节变量前提下通过整合计划行为理论和价值－信念－规范理论构建了理论框架。实证研究结果显示，环境保护意愿整合模型的预测能力优于现有理论模型；同时也发现后果意识和规范过程在形成意愿过程中的重要角色，后果意识和主观规范均在实证研究中扮演着中介作用。另外，通过检测发现非绿色替代吸引力具有显著调节作用，同时当顾客感受到替代物缺乏吸引力时态度、感知行为控制和道德责任在形成意愿过程中非常重要。韩等（Han et al.，2016a）试图在环境责任巡游情境下提出一个全面模型解释旅游者亲环境决策过程模型，通过整合目标－导向行为理论和规范激活模型提出了亲环境意愿形成过程的理论框架。实证研究结果显示整合模型比原始目标－导向行为模型和规范激活模型有更强的解释能力；具体而言，后果意识→责任归属→个体规范→行为意愿形成了完整的因果链条，欲望在主观规范、环境态度、感知行为态度、过去行为频率、积极预期情感、消极预期情感与行为意愿之间发挥着中介作用；消极预期情感对欲望有显著负向影响。克瓦特科夫斯基和韩（Kiatkawsin and Han，2017）整合了价值－信念－规范理论和弗鲁姆的期望理论，构建整合模型检验年轻团队旅游者亲环境行为意图。实证研究结果显示，整合模型比价值－信念－规范理论有更强的解释力。具体影响路径为，生物价值观和利他价值观显著正向影响新环境范式，利己价值观对新环境范式影响不显著。新环境范式显著正向影响后果意识和效价，按照价值－信念－规范理论形成后果意识→责任归属→亲环境个体规范→旅游亲环境行为意愿。期望理论中形成效价→手段→期望→旅游亲环境行为意愿影响机制。另外，效价和手段对亲环境个体规范有显著正向影响，后果意识对手段有显著正向影响，责任归属对期望有显著正向影响。韩（Han，2014）以规范刺激模型为基础，试图提出并检验参加环境责任大会意愿的预测模型。研究主要从两个方面提高规范刺激模型。一是将态度和社会规范合并作为意愿的前置变量，二是整合预期自豪情感和预期愧疚情感进入规范理论框架。实证研究结果显示：新建模型比原始规范激活理论和其他竞争模型的拟合指标更优。同时发现规范刺激模型作为一个序列模型解释能力更强，8 个变量之间的假设关系都得到验证支持，责任归因、预期情感和个人规范在模型中具有显著的中介效应。韩和炫（Han and Hyun，2017a）整合了计划行为理论和规范激活理论研究参观环境负责任博物馆意愿，实证发现整合模型预测能力强于原始计划行为理论模型和规范激活理论模型，行为态度中介着问题意识与参观环境负责任博物馆意愿，问题意识、责任归因、个体规范和参观环境负责任博物馆意愿形成显著的因果链条，个体规范显著中介着主观规范和参观环境负责任博物馆意愿，感知行为控制对参观环境负责任博物馆意愿具有直接显著影响，模型如图 2 -9 所示。

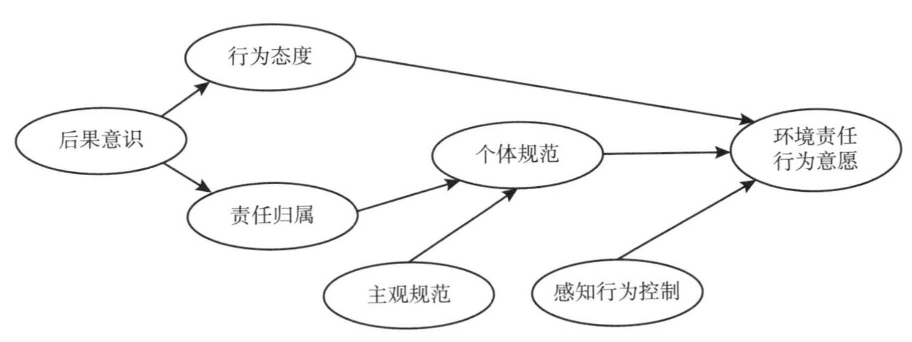

图 2 -9　参观环境负责任博物馆意愿模型

资料来源：Han and Hyun，2017。

二、国内旅游者环境责任行为研究综述

(一) 旅游环境责任行为概念与内涵研究

李等（Lee et al. ，2013a）认为旅游者环境责任行为是指个人采取行动

减少对家庭、工作或旅游目的地的负面环境影响。崔（Chiu，2014）指出生态旅游强调环境可持续发展，环境责任行为是一种重要的环境保护机制，旅游者环境责任行为有助于限制和避免生态环境破坏。在生态旅游情境下，环境责任行为是指当旅游者了解他们行为对环境的影响时，会遵守生态景区规范的行为。李等（Lee et al.，2013b）认为旅游者环境责任行为是指旅游者在目的地休闲旅游活动中，尽量减少环境影响，为环境保护和生态保育努力做出贡献，以及不打扰生态系统和生物圈的行为。同时结合社区旅游特征，将旅游者环境责任行为划分为一般环境责任行为和特定场所环境责任行为，一般环境责任行为包括公民行为、财政行为、物理行为和劝说行为；特定场所环境行为包括可持续行为、亲环境行为和环境友好行为。粟和斯旺森（Su and Swanson，2017）指出环境责任行为有利于资源和环境保护，能够促进自然环境的可持续发展。旅游者环境责任行为是指旅游者在旅游活动中能使自身可能对环境的各种不利影响最小化，以及致力于环境保护的行为。范钧等（2014）结合旅游度假区，将旅游者环境责任行为定义为在度假区特定情境下旅游者做出有利于度假区环境可持续发展的行为。并将旅游者环境责任行为作为单维度变量进行测量。余晓婷等（2015）指出游客环境责任行为是指游客在旅游过程中主动减少负面环境影响或促进资源可持续利用行为，引导和激发游客表现出环境责任行为不仅能够有效解决旅游发展过程中的生态环境困境，还有助于降低旅游地环境保护成本，并将游客环境责任行为作为单维变量对待。台湾生态旅游协会（2011）指出旅游者在目的地的责任行为应该包括欣赏原住民的生活方式和文化，提高居民福利、保护自然环境和对目的地负责任。柳红波（2016）指出旅游者环境责任行为是游客在旅游过程中的一种自觉的、主动的环保行为。程（Cheng，2018）指出环境责任行为是个体或群体直接或间接让环境受益的意向性行动，这种行动有助于旅游资源的保护。同时通过西安遗产旅游者的探索性因子分析，将旅游者环境责任行为划分为现场行为和现场外行为。李（Lee，2011）指出评估自然旅游者环境责任行为能帮助规划者在休闲背景下促使可持续发展，在借助前人研究成果基础上，运用公民行为、教育行为、循环回收行为、劝说行为和绿色消费行为测量环境责任行为，实证研究显示旅游者环境责任行为是一个单维构念。万基财等（2014）认为环保行为是个人或群体促进或导致自然资源可持续利用的一种行为，并将旅游者环保行为倾向划分为遵守型环保行为倾向和主动型环保行为倾向 2 个维度。邱宏亮（2017）指出现有旅游者环境责任行为（TERB）的测量工具主要基于西方文化背景，开发中国文化背景下的 TERB 量表，明确其维度结构意义重大。文章通过定性与定量研究相结合混合研究技术，构建并验证基于中国本土情境的 TERB 量表。研究发现 TERB 由节约型环保行为、消费型环保行为、遵守型环保行为和促进型环保行为 4 个维度构成的四维构念；随后通过数据检验，开发出由 18 个测量指标构成的 TERB 量表，同时相较于一阶四因子模型，二阶单因子模型是相对最优的 TERB 模型。夏赞才和陈双兰（2015）将生态旅游者环境负责任行为意向定义为生态旅游景区游客在旅游过程中表现出使其行为对环境负面影响最小化或使其行为有利于景区环境可持续发展的行为意愿。并通过探索性因子分析和验证性因子分析，将生态旅游者环境负责任行为意向划分为 4 个维度，分别为一般负责、知识支持、经济行动和主动保护。李秋成和周玲强（2014）指出环境友好行为是指人们减少自然资源利用，或促进自然资源可持续利用的行为。进一步发现环境友好行为意愿由环境维护行为意愿和环境促进行为意愿 2 个维度组成。罗文斌等（2017）指出游客环境责任行为是指游客基于个人责任感和价值观而主动采取的有利于旅游环境可持续发展的行为。并将环境责任行为分为保护促进行为和自我约束行为 2 个维度。朱梅（2016）指出旅游者生态文明行为是指为了实现人、自然和社会三方和谐共生和可持续发展，通过旅游消费活动生态化来维护旅游目的地生态系统完整性和稳定性的行为。窦璐（2016）指出旅游者环境负责行为是指旅游者做出的对当地生态环境负面影响最小、主动促进旅游地自然资源可持续利用的行为。张环宙等（2016）认为旅游者生态行为是指旅游者在旅游活动中自发减少自然资源消耗，以及促进资源可持续利用的一系列行为。并将旅游者生态行为意愿划分为低生态行为意愿和高生态行为意愿 2 个维度。

（二）旅游者环境责任行为影响因素研究

对于旅游者环境责任行为的影响因素研究是目前研究的热点问题。其中姚丽芬和龙如银（2017）依据扎根理论，通过编码构建了游客环保行为的影响因素理论模型。发现影响游客环保行为的主导因素是游客特征因素、游客环境态度因素、游客对景区的情感因素、游客习惯因素、社会因素、促进性条件等六项因素。

1. 环境态度对旅游者环境责任行为的影响研究

李和简（Lee and Jan，2015）的研究检查了我国台湾地区旅游者娱乐体验、环境态度和一般及特定场所环境责任行为之间的关系。实证研究显示旅游者娱乐体验和环境态度显著正向相关。环境态度和一般及特定场所旅游者行为显著正相关，并且对娱乐体验和环境责任行为有显著中介作用。张等（Cheung et al.，2017）指出观鸟是非常流行的基于自然的休闲活动，文章调查研究了中国观鸟旅游中休闲专业化对亲环境态度和生态责任行为的影响。实证研究结果显示观鸟专业化对亲环境态度有显著正向影响，观鸟专业化对生态责任行为有显著间接影响，其中亲环境态度扮演了中介作用。余晓婷等（2015）以台湾游客为例进行了实证研究，深入探讨了游客环境责任行为实施的复杂环境认知、态度、情感、意志的心理活动机制。实证研究发现，景区环境政策、景区环境质量、环境态度、亲近自然旅游动机和环境行为意向均对游客环境责任行为有显著直接影响；而环境知识则通过环境态度、环境行为意向间接影响着游客环境责任行为。柳红波（2018）将旅游者文化遗产态度划分为遗产关联度、遗产认同危机、遗产身份认同和遗产保留认同4个维度。通过嘉峪关关城实证研究发现，遗产保留认同显著正向影响着遗产保护行为，遗产认同危机显著负向影响着遗产保护行为；遗产身份认同和遗产关联度对遗产保护行为作用不显著。范香花等（2016）基于已有研究成果构建了居民环境友好行为形成机制模型。实证研究结果发现，居民环境知识对环境态度中的环境信念和环境敏感均有显著的正向影响，且环境知识对环境信念的影响程度大于对环境敏感的影响；居民环境信念和环境敏感均显著正向影响着环境友好行为，且环境友好行为受环境敏感影响程度大于环境信念，模型如图2-10所示。

彭晓玲（2010）以湖南武陵源风景名胜区旅游游客为研究对象，实证研究发现环境态度由4个因子组成，分别为生态关系、环境责任、游客意愿和居民福祉；环境行为由参与互动、积极参与、环境干扰、环境维护和后续保护5个因子构成。对环境态度进行聚类分析得到生态观光型、严格生态旅游型和一般生态旅游型3类游客。游客环境态度因子与环境行为因子存在显著差异，游客环境态度类群与环境行为存在显著性差异。马丹（2008）指出环境知觉是环境态度形成的基础；环境态度是人们对环境的价值、人与环境关

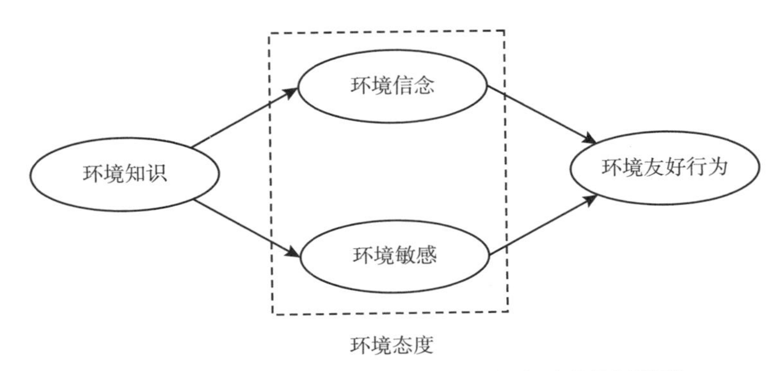

图 2－10　生态旅游地居民环境友好行为形成机制模型

资料来源：范香花等，2016。

系的基本认知，而环境行为是环境知觉和环境态度的最终表现和衡量标准。祁秋寅等（2009）将旅游者环境态度细分为环境情感、环境知识、环境责任和环境道德 4 个维度。研究发现，环境知识和环境情感显著正向影响着环境行为倾向；环境道德对环境行为倾向影响不大。夏凌云等（2016）运用结构方程模型检验了生态教育对游客环境行为倾向的影响，实证研究结果表明：一是以湿地环境知识对湿地环境态度具有显著正向影响，进而对游客环境行为倾向具有显著正向影响；二是湿地环境知识对游客景观感知具有显著正向影响，进而对游客环境行为倾向具有显著正向影响；三是游客教育程度显著正向影响着湿地环境知识，显著负向影响着景观感知和环境行为倾向；年龄显著正向影响着游客环境行为倾向，而游客居住地显著负向影响着游客环境行为倾向。黄炜等（2016）通过实证研究将游客环境态度划分为环境知识、环境信任、环境期待和环境伦理观 4 个维度，然后分析了游客环境态度与环境行为之间的关系，发现环境信任、环境知识均对环境行为具有显著正向影响，环境期待与环境行为呈负相关关系，环境伦理观与环境行为关系不显著。

2. 地方情感对旅游者环境责任行为的影响研究

程等（Cheng et al.，2013）研究了地方依恋、目的地吸引力与环境责任行为之间的关系。实证研究结果显示，来澎湖旅游者的情感和感觉（地方依恋）与环境责任行为显著正相关；海岛游客感知的旅游吸引力程度也与环境责任行为显著正相关。旅游者对海岛旅游目的地吸引力的水平越高，地方依恋程度越高，地方依恋在目的地吸引力和环境责任行为之间有显著的中介效应。李（Lee，2011）研究了游览湿地旅游者地方依恋、保护承诺、休闲涉入和环境责任行为之间的关系。实证研究发现：地方依恋、休闲涉入和保护承诺显著影响着环境责任行为，保护承诺在休闲涉入和环境责任行为之间、地方依恋和环境责任行为之间均有部分中介作用。范钧等（2014）构建了旅游地意象、地方依恋与旅游者环境责任行为结构方程模型。实证研究发现：景观意象、安全意象均对情感意象和地方认同有显著正向影响；设施意象显著正向影响着情感意象和地方依赖，情感意象对地方依赖具有显著正向影响，地方依赖显著正向影响着地方认同和旅游者环境责任行为，同时地方认同对旅游者环境责任行为有显著正向影响。地方依赖和地方认同在旅游地意向和旅游者环境责任行为关系之间发挥着中介作用。粟和斯旺森（Su and Swanson，2017）根据刺激－机体－响应框架，以情感和旅游目的地认同为中介变量，以首次访问或重游为调节变量，构建了旅游地社会责任和环境责任行为结构方程模型，并通过实证研究发现积极情感和旅游目的地认同在感知目的地社会责任和旅游环境责任行为有显著的中介作用，但仅有积极情感对旅游者目的地认同具有显著影响。相对于重游旅游者，首次到访旅游者目的地社会责任对旅游者目的地认同影响效应更为显著。李和奥（Lee and Oh，2018）指出滨海居民在保护滨海资源的过程中扮演着重要角色，文章试图验证两个重要因素（地方依恋和旅游发展态度）对居民环境责任行为的促进作用。实证研究结果显示地方认同完全中介着地方依赖与环境责任行为；旅游发展态度的 2 个维度，利益感知正向影响环境责任行为，关注感知中介着利益感知与环境责任行为。所以要提高环境责任行为，应该通过提供各种经济、社会文化和滨海休闲利益来提高地方认同。陈等（Chen et al.，2018）指出激发当地居民与潜在旅游者沟通的影响因素没有得到重视，文章基于环境心理学和相关旅游理论，主要研究两种沟通渠道背景下当地居民对目的地积极的口碑行为。根据地方依恋 2 个维度提出了在线口碑行为的两种类型（一对多和多对多），选择中国上海和澳大利亚悉尼进行了实证研究，发现上海一对多口碑渠道情境下，地方依恋对口碑行为没有显著影响；在悉尼一对多口碑渠道情境下，地方依恋中的地方记忆和地方期望 2 个维度在地方满意度和口碑行为之间扮演着中介作用。在上海多对多口碑渠道情境下，地方依恋中的社会联结和地方记忆维度在地方满意度和口碑行为之间扮演着中介作用；在悉尼多对多口碑渠道情境下，地方依恋中的社会联结和地方期望维度在地方满意度和口碑行为之间扮演着中介作用。程和吴（Cheng and Wu，2015）构建了包含环境知识、环境敏感性、地方依恋和环境责任行为的旅游可持续发展模型。实证研究结果表明：澎湖列岛有高水平环境知识的旅游者有更强的环境敏感性，海岛旅游者的环境敏感性和地方依恋正相关。旅游者对澎湖地方依恋程度感知与环境责任行为正相关。当旅游者对吸引物有很高的环境敏感性时，则更可能表现出环境责任行为。环境敏感性和地方依恋被发现在环境知识和环境责任行为之间发挥着显著的中介作用，模型如图2－11所示。

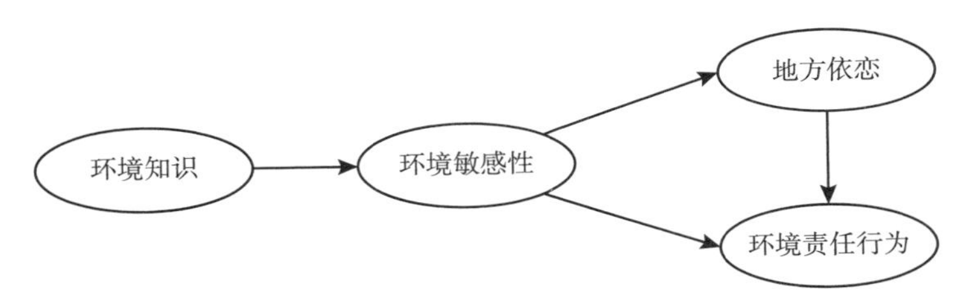

图2－11　环境知识、环境敏感性和地方依恋对环境责任行为影响模型

资料来源：Cheng and Wu，2015。

贾衍菊和林德荣（2015）基于地方理论构建了地方特征、个体特征和地方依恋对旅游者环境责任行为影响机制模型。实证结果显示：地方依恋显著正向影响着旅游者环境责任行为，同时地方依恋在地方特征与旅游者环境责任行为关系中充当中介作用。万基财等（2014）构建了九寨沟地方特质、旅游者地方依恋和环保行为倾向关系的结构方程模型。实证结果显示，地方特质的2个维度地方自然环境、地方社会环境均显著正向影响着地方认同和地方依赖，地方认同在地方特质与遵守型环保行为倾向之间具有中介作用，地方依赖在地方特质与主动型环保行为倾向之间具有中介作用。祁潇潇等（2018）构建了敬畏情绪、地方依恋和旅游者环境责任行为关系模型。实证研究显示，敬畏情绪显著直接影响着旅游者环境责任行为，地方依恋2个维度（地方依赖和地方认同）也在其中起部分链式中介作用，但敬畏情绪对地方认同的影响不显著，模型如图2－12所示。

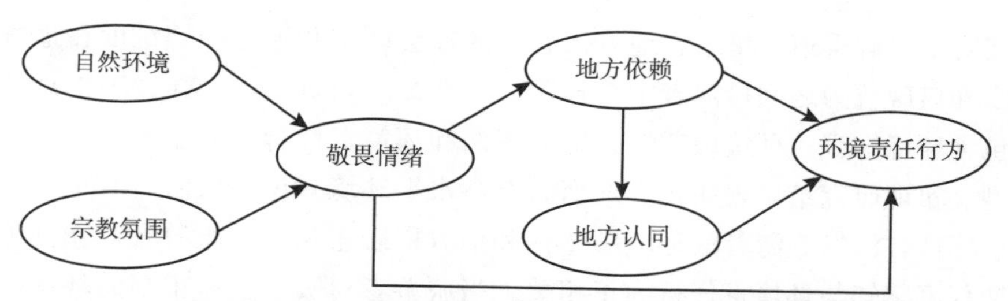

图 2-12 敬畏情绪、地方依恋对旅游者实施环境责任行为影响机理模型

资料来源：祁潇潇等，2018。

张圆刚（2019）构建了古村落旅游者怀旧情感、休闲涉入、地方依附和环境负责任行为之间的关系模型。实证研究结果显示：怀旧情感对休闲涉入、地方依附和环境负责任行为均具有显著正向影响，休闲涉入、地方依附均对环境负责任行为有正向影响，同时休闲涉入显著正向影响着地方依附。陈奕霏（2017）探索了社会环境特征、地方物理环境特征对旅游者环境责任行为的影响机制。实证研究显示：社会环境特征和地方物理环境特征均显著正向影响着游客地方依恋，地方依恋进而显著正向影响着环境责任行为。地方依恋在地方特征和环境责任行为关系中扮演着中介作用。苏勤和钱树伟（2012）构建了旅游涉入、旅游功能、旅游吸引力、地方感、遗产保护态度与遗产保护行为的结构关系模型，实证研究结果显示，地方感旅游涉入、旅游功能、旅游吸引力均显著正向影响着地方感，同时地方感对遗产保护态度及遗产保护行为均具有显著正向影响，地方感在其中扮演着中介作用。张安民和李永文（2016）发现游憩涉入对游客亲环境行为有显著正向影响，游憩涉入对游客地方依附有显著正向影响；地方依附在游憩涉入与游客亲环境行为之间起部分中介作用。贾衍菊等（2018）将地方依恋分为地方认同、地方依赖、地方情结和社会联结 4 个维度，构建了旅游目的地依恋、满意度和环境保护行为关系模型；实证研究结果显示：目的地依恋对游客满意度、游客一般环保行为与特定环保行为均具有显著正向影响；游客满意度对游客一般环保行为具有显著负向影响，但对特定环保行为具有显著正向影响，男性目的地依恋对一般环保行为的影响程度更为强烈。李文明等（2019）以环境教育感知和自然共情为中介变量构建了观鸟游客地方依恋与亲环境行为关系模型。地方依赖对环境教育感知、地方认同对自然共情具有显著正向影响；自然共情和环境教育感知均对亲环境行为有显著正向影响，其中自然共情的促进作用更强，同时发现环境教育感知对自然共情也具有显著正向影响，模型如图 2－13 所示。

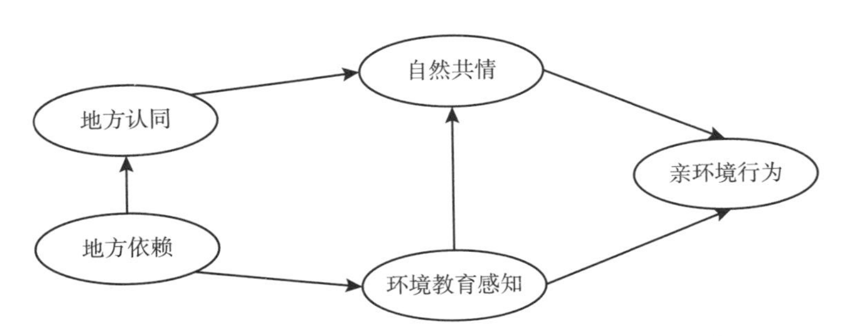

图 2－13　观鸟旅游游客地方依恋与亲环境行为模型

资料来源：李文明等，2019。

3. 环境价值观对旅游者环境责任行为影响研究

何等（He et al.，2018）主要检验了旅游者感知、关系质量和环境责任行为之间的关系。实证研究结果显示，目的地员工提供的感知服务质量显著正向影响价值感知、环境承诺和旅游者环境责任行为，价值感知正向影响旅游者满意度、环境承诺和旅游者环境责任行为，旅游者满意度和环境承诺完全中介着游客游览旅游目的地获得价值和环境责任行为。李等（Lee et al.，2010）指出绿色管理快速成为酒店取得竞争优势的战略工具，文章使用认知概念、情感和整体形象探索如何发展绿色酒店形象和品牌。实证研究发现认知形象元素（价值观和品质属性）对绿色酒店情感和整体形象能发挥正向影响。也发现情感形象正向影响绿色酒店整体形象；反过来，绿色酒店整体形象能有助于更有利的行为意愿。徐菲菲和何云梦（2016）认为环境伦理观是促进人与环境和谐发展的核心理念，对可持续旅游行为具有积极的指导作用。通过对中英文主流数据库期刊的文献回顾，结果表明：环境伦理观的概念体系主要包括环境道德、环境情感和环境信念三要素。对环境伦理观具有直接影响力的是价值观理论，社会文化因素、宗教因素、教育水平、媒体和广告影响、政策、国内和国际移民经历等因素也有一定的作用。余凤龙等（2017）指出价值观是影响旅游者消费心理和行为的重要因素。研究发现价值观与旅游消费行为关系集中在旅游者价值观内容与结构、价值观与旅游市场细分、价值观对旅游消费行为影响和中国旅游者价值观等方面。最后提出价值观与旅游行为关系研究应结合中国消费情境和社会现实，选择不同区域和消费群体开展研究，以增强价值观解释旅游消费行为的能力。张玉玲等（2017）以九寨沟与青城山－都江堰为案例地，采用便利抽样法搜集数据，依据空间距离和区域经济水平划分游客样本，并构建4个游客价值观驱动保护旅游地环境行为模型。不同模型比较分析发现：一是环境世界观、利他价值观与环保道德规范均对游客环保行为具有显著正向影响具有普遍性，在区域经济水平和空间距离方面不存在差异；二是利己价值观对游客环保行为的作用机理存在明显区域差异，区域经济水平对其具有增强作用，空间距离对其具有削弱作用。黄涛等（2018）从计划行为理论拓展角度构建了价值观对旅游者环境责任行为影响机理理论模型。实证研究结果显示，生态价值观、利他价值观对环境态度具有显著正向影响，环境态度既直接影响着环境责任行为，也通过环境行为意向间接影响着环境责任行为；主观规范和感知行为控制对环境行为意向有显著正向影响，环境行为意向直接影响着环境责任行为，模型如图2－14所示。

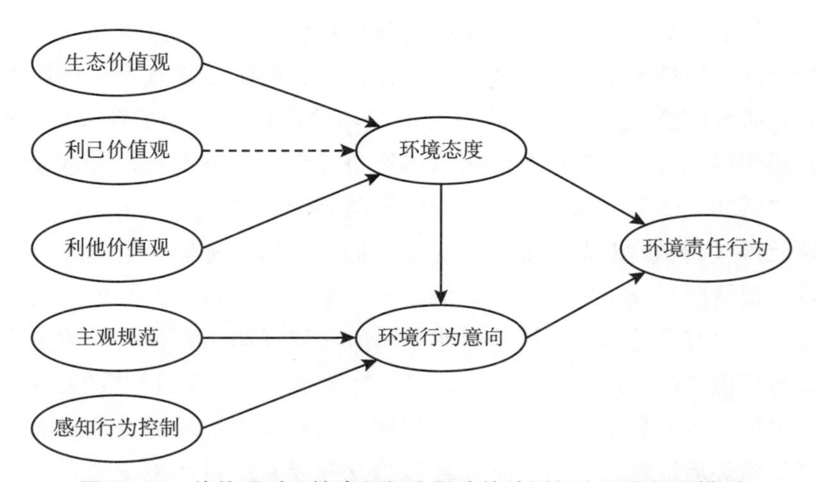

图2－14　价值观对环境责任行为影响的计划行为理论拓展模型

注：虚线表示路径不显著。

资料来源：黄涛等，2018。

张玉玲等（2014）探讨了九寨沟与青城山－都江堰自然灾害对四川居民保护旅游地生态环境行为影响的机理。通过多群组结构方程模型分析方法对调研数据进行定量研究。结果发现文化与自然灾害对居民旅游地生态环境行为有着显著的间接影响；受文化相似性影响两地具有完全相同的结构模型，而且两地居民生态环境信念、利他价值观和旅游地生态环境行为差异不显著；受区域差异性影响两地居民个人规范、日常环保习惯和灾害后果认知因子均值具有显著性差异，而且对应的路径系数九寨沟样本均大于青城山－都江堰样本。李玲（2016）整合了计划行为理论和价值观－态度－行为模型，构建了以绿色饭店知识为调节变量，包含生态价值观、态度、主观规范和感知行为控制与绿色饭店消费意愿关系的作用机制模型。实证结果显示：生态价值观、主观规范直接并通过态度间接影响顾客绿色饭店消费意愿，而且绿色饭店知识水平会调节上述关系。潘丽丽和王晓宇（2018）以价值－信念－规范理论和计划行为理论为基本理论，融合旅游活动特性，构建游客环境行为意愿影响因素模型，实证发现环境价值对主观规范有显著正向影响，主观规范对感知行为控制和特定环境态度均有显著正向影响，感知行为控制和特定环境态度均对环境行为意愿有显著正向影响，旅游地意象既显著正向影响着特定环境态度，也对环境行为意愿有显著正向影响。

4. 心理感知对旅游者环境责任行为的影响研究

窦璐（2016）构建了旅游者感知价值、旅游者满意度对环境负责行为的影响机制模型，实证研究表明，旅游者感知价值中的感知旅游服务质量、感知旅游资源质量及感知旅游活动体验不仅对环境负责行为具有直接显著正向影响，并以满意度为中介变量对环境负责行为具有间接正向影响；而感知旅游成本和感知旅游情感价值仅以满意度为中介变量间接影响着环境负责行为。周玲强等（2013）在对计划行为理论模型拓展的基础上，将地方依恋和感知行为效能整合进计划行为理论。实证研究发现，旅游者环境责任行为意愿不仅取决于其对自身得失的理性评估，还受地方依恋和感知行为效能因素的影响。特别是旅游者与景区之间建立的情感纽带和心理认同显著正向影响着环保行为态度和行为意愿，模型如图 2－15 所示。

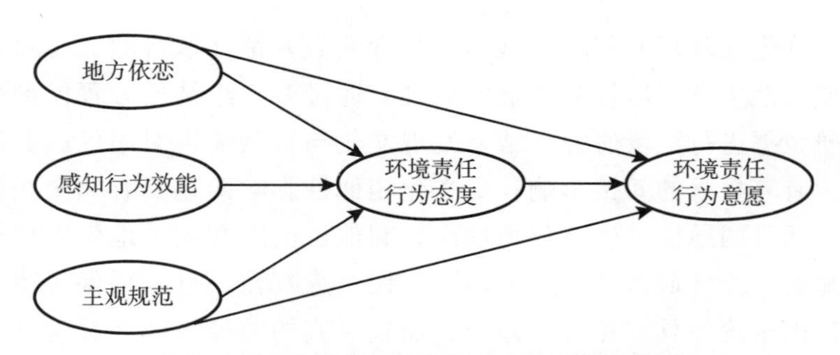

图 2-15　旅游者环境责任行为意愿整合模型

资料来源：周玲强等，2013。

梁明珠等（2015）试图通过游客的游憩冲击感知与环境态度，探求游憩冲击感知与环境态度之间的关系。实证研究发现游憩冲击感知包括社会环境冲击、生态环境冲击和设施管理冲击 3 个维度；环境态度由环境责任、环境情感、环境伦理和环境知识 4 个因子构成。研究发现，游客对南沙湿地公园的游憩冲击感知总体情况较好，且具有较高的环境态度水平。同时也发现，游客的生态环境冲击感知显著负向影响着环境情感；设施管理冲击感知对环境伦理、环境情感和环境知识具有显著负向影响。李秋成和周玲强（2015）基于环保行为的集体行动属性，探索了游客感知行为效能与环保行为意愿的关系，并检验了环保行为态度和地方依恋在上述关系中所起的中介与调节作用。结果显示：一是感知行为效能对旅游者环境维护意愿和环境促进意愿均具有直接正向影响；二是环保行为态度在感知行为效能与环保行为意愿之间起着中介作用；三是旅游者对景区的情感依恋愈强，感知行为效能对环保行为态度的正向影响就越强，进而对旅游者环保行为意愿产生了更大的正面效应。李超（2018）研究了旅游情境下游客低碳消费感知与低碳消费意愿之间的关系。实证研究结果显示：低碳产品的可选择性显著正向影响着感知价值，个人消费价值观既显著正向影响着感知信任，也对低碳消费意愿具有显著直接影响；感知收益、感知信任均对游客低碳消费意愿具有显著正向影响，感知成本则对游客低碳消费意愿具有显著负向影响。罗文斌等（2017）为了探索游憩冲击感知、游客社会责任意识对环境责任行为的作用机制，构建了游客游憩冲击感知—游客社会责任意识—游客环境责任行为结构方程模型。实证研究结果显示生态环境冲击感知对游客社会责任意识和环境保护促进行为均具有显著正向影响；游客冲突感知对游客社会责任意识具有显著负向影响，设施管理冲击感知对游客社会责任意识具有显著正向影响；游客社会责任意识在游憩冲击感知和环境自我约束行为关系之间具有中介作用，环境自我约束行为在游客社会责任意识与环境促进行为的影响关系中起中介作用。夏赞才和陈双兰（2015）主要探讨了游客感知价值对环境负责行为意向的影响机制。通过结构方程实证研究发现：一是生态旅游者环境负责行为意向包含一般负责、知识支持、经济行动和主动保护4个维度；生态旅游者感知价值包括环境价值、服务价值、成本价值、情感价值和功能价值5个维度。二是生态旅游者感知价值5个维度中只有功能价值对环境负责行为意向影响不显著，其中服务价值的作用最大，其次是成本价值和情感价值。何学欢等（2018）基于公平理论和关系质量理论构建了旅游地居民感知公平（程序公平、分配公平、互动公平）对旅游地居民环境责任行为形成机理的整合模型；其中关系质量（社区满意、社区认同）为中介变量，环境关注为调节变量。实证研究结果显示，旅游地居民感知公平是关系质量的前因变量，关系质量在感知公平与居民环境责任行为之间具有中介效应，而环境关注在关系质量对环境责任行为影响中调节作用不显著。

（三）旅游者环境责任行为模型扩展研究

粟等（Su et al.，2018）基于利益相关者理论和社会交换理论，发展出一个整合模型。模型主要研究目的地社会责任影响旅游影响（包括正面和负面影响）、整体社区满意度，以及直接或间接影响居民环境责任行为。实证研究结果显示目的地社会责任能够增强居民对旅游正面影响感知，提高整体社区满意度，并为居民环境责任行为做出贡献。但是目的地社会责任对旅游负面影响效应不显著，积极旅游影响和整体社区满意度在目的地社会责任和居民环境责任行为之间发挥着部分中介作用。黄雪丽等（2013）在文献研究和对旅游活动特点分析的基础上，提出了低碳旅游生活行为意愿、低碳旅游生活行为态度、主观规范、知觉行为控制、习惯、旅游中的情境、悠逸诉求可能影响低碳旅游生活行为的假设。随后在计划行为理论和价值-信念-规范理论整合的理论框架下构建了低碳旅游生活行为影响因素分析模型，其中利他主义→个人一般环境态度→低碳旅游生活行为态度形成因果链条，控制因素、日常低碳生活行为倾向、旅游中的情境和悠逸诉求直接影响着低碳旅游生活行为意愿和自诉的低碳旅游生活行为。葛米娜（2016）研究发现游客的态度既通过期望收益间接影响着行为意愿，也对行为意愿有着直接影响；主观规范仅通过预期收益影响行为意愿，游客的感知行为控制直接正向显著影响着行为意向，预期收益没有中介作用。张玉玲等（2014）以价值－信念－规范理论和规范激活模型以基础，探讨了文化与自然灾害对四川居民保护旅游地生态环境行为影响的机理。实证研究文化与自然灾害对四川居民保护旅游地生态环境行为有着显著的间接影响；灾难后果认知和利他价值观显著正向影响个人规范，个人规范显著正向影响保护旅游地生态环境行为，生态环境信念在利他价值观和生态环境行为之间发挥着中介作用。邱宏亮（2017）基于计划行为理论视角，引入道德规范与地方依恋，构建了出境游客文明旅游行为意向影响机制模型。实证研究结果表明：一是主观规范、感知行为控制、道德规范及地方依恋均通过行为态度间接影响出境游客文明旅游行为意向；二是主观规范不仅直接影响行为态度，且通过道德规范间接影响行为态度；三是行为态度是驱动出境游客文明旅游行为意向的最重要因素，模型如图 2－16 所示。

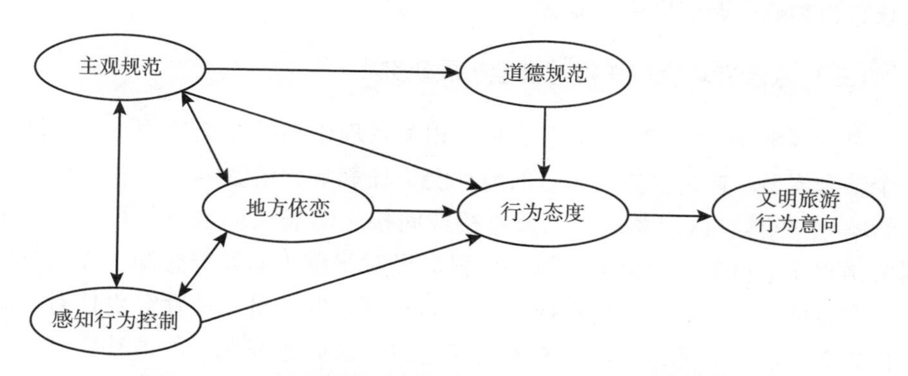

图 2－16　出境游客文明旅游行为意向计划行为理论拓展模型

资料来源：邱宏亮，2017。

李秋成（2015）从三个方面研究了人地、人际互动因素如何影响旅游者环境责任行为意愿。一是基于社会网络嵌入理念，研究了情感连带、群体规范、人际信任对旅游者环境责任行为意愿的影响。实证研究显示：除了人际信任对环境促进行为影响不显著之外，其余路径均显著；二是将情感连带、群体规范、人际信任纳入计划行为理论，研究发现三者除了直接影响环境责任行为意愿外，行为态度在三者与环境责任行为意愿之间发挥着中介作用；三是将主效应模型与规范激活模型进行了整合，实证研究结果显示，除了人际信任对后果意识影响不显著之外，三个变量对后果意识和责任归因均显著，后果意识既直接显著负向影响着道德义务，同时通过责任归属对道德义务具有显著间接影响，道德义务对环境责任行为意愿 2 个维度均有显著正向影响。邱宏亮（2016）基于计划行为理论，在引入道德规范的前提下构建了旅游者文明旅游行为意愿作用机制模型，探索了计划行为各变量及道德规范对旅游者文明旅游行为意愿的影响。实证研究结果显示：一是道德规范或行为态度在主观规范与旅游者文明旅游行为意愿之间发挥着中介作用；二是行为态度直接影响行为意愿；三是道德规范与感知行为控制对行为意愿均存在部分中介作用，且通过行为态度来实现；四是道德规范是驱动行为意愿的最重要因素。潘丽丽和王晓宇（2018）以价值－信念－规范理论和计划行为理论为基本理论，融合旅游活动特性，构建游客环境行为意愿影响因素模型，实证研究发现：游客环境行为意愿受到特定环境态度、感知行为控制以及旅游地意象三方面因素的直接影响，其中特定环境态度的影响最突出，感知行为控制次之，旅游地意象略弱；主观规范作为中介变量在受到环境价值观影响的同时作用于游客特定的环境态度与感知行为控制；旅游地意象直接影响特定环境态度与游客环境行为意愿，模型如图 2－17 所示。

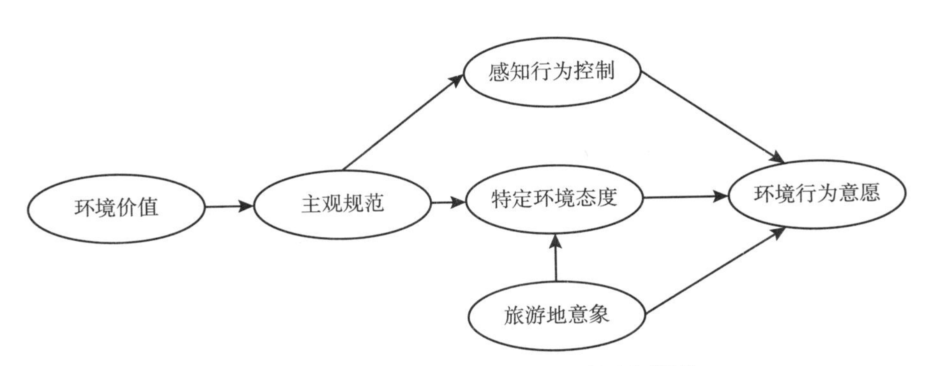

图 2－17　游客环境行为意愿影响因素模型

资料来源：潘丽丽、王晓宇，2018。

三、国内外旅游者环境责任行为研究对比

（一）旅游者环境责任行为研究内容对比

首先，国内外对旅游者环境责任行为研究内容相同点主要体现在：第一，国内外旅游者环境责任行为研究重点基本一致。通过对国内外旅游者环境责任行为研究内容分析发现：一是旅游者环境责任行为概念与内涵的界定、维度的划分；二是结合态度、认知、情感因素研究影响旅游者环境责任行为的前因变量；三是结合相关理论对旅游者环境责任行为理论模型扩展、整合并进行实证检验；国内外研究体现出较高的相似性和一致性。第二，国内外旅游环境责任行为研究脉络基本一致。国内外在界定旅游者环境责任行为概念与内涵的基础上，从环境态度、地方情感和环境价值观角度研究其对旅游者环境责任行为的影响，并通过借助计划行为理论、规范激活理论、价值－信念－规范等理论研究旅游者环境责任行为的形成机制和影响机理，其研究脉络由浅入深，由易到难，国内外基本一致。第三，国内外旅游者环境责任行为研究策略基本一致。由于旅游者环境责任行为作为旅游可持续发展的重要手段，所以旅游者环境责任行为研究往往以环境问题为出发点，通过理论运用、扩展或整合等方式构建理论模型，然后通过具体案例区域的实证研究对理论模型进行检验和修正，最后按照模型因果关系提出管理启示，以促使旅游可持续发展或绿色发展。第四，国内外旅游者环境责任行为研究规范基本一致。由于环境责任行为是环境心理学的重要构念，所以国内外研究均聚焦于游客社会心理因素对旅游者环境责任行为的影响，试图通过不同心理变量的影响，深入揭示旅游者环境责任行为形成的内在心理机制，但从社会人口统计学特征和社会情景因素研究的成果则较少。

其次，国内外对旅游者环境责任行为研究内容不同点主要体现在：第一，国内外旅游者环境责任行为研究理论创新存在差异。国外旅游者环境责任行为研究非常注重理论发展和量表开发，注重研究过程中的经验总结、提炼升华，最终实现理论层面的突破。而国内旅游者环境责任行为研究主要借鉴国外成熟理论，在中国情境下进行实证研究，往往扮演理论检验者的角色，对

中国文化背景下的特色理论发展和量表开发重视不够（何学欢等，2017），目前变量测度以简单应用国外量表为主。第二，国内外旅游者环境责任行为研究深入程度存在差异。国外旅游者环境责任行为研究注重理论的运用，目前使用较为广泛的理论包括计划行为理论、保护动机理论、规范激活理论、价值－信念－规范理论和目标导向行为理论等（邱宏亮等，2018），同时在探讨旅游者环境责任行为影响机制过程中注重理论整合；而国内研究主要在原有理论基础上通过增加变量来构建新的理论模型，二者研究深度存在明显差异。第三，国内外旅游者环境责任行为研究应用情境存在差异。目前国外环境责任行为理念被应用到不同旅游情境中，除了旅游景区之外，还被应用到酒店、绿色旅馆、巡游、自行车、会议和博物馆等情境；而国内旅游者环境责任行为研究成果主要集中在旅游景区和酒店，和其他相关产业关联较少。第四，国内外旅游者环境责任行为研究实证区域存在差异。国外旅游者环境责任行为研究实证区域涉及范围广，空间分布较为均衡，研究成果对现实的指导意义更大；但国内旅游者环境责任行为研究主要集中在科研能力较为发达的沿海区域，偶有成果涉及西南和东北地区，但对生态环境更为脆弱，在全球生态安全体系中扮演重要生态屏障作用的中国西北地区较少关注，致使研究结论的普适性大打折扣。

（二）旅游者环境责任行为研究方法对比

首先，国内外对旅游者环境责任行为研究方法相同点主要体现在：第一，国内外旅游者环境责任行为研究范式基本一致。国内外旅游者环境行为研究焦点主要集中于影响因素和影响机制两方面，均采用实证主义范式开展研究。多数研究目标主要为寻求影响旅游者环境责任行为的前因变量，以及诸多前因变量与结果变量之间的因果机制，为旅游可持续发展提供管理启示。第二，国内外旅游者环境责任行为研究类型基本一致。由于旅游者环境责任行为研究主题主要为寻求影响因素及揭示影响机制，所以多采用解释性研究，而描述性研究和探索性研究较少。同时旅游者环境责任行为多采用演绎的方式进行研究，即先通过理论提出研究假设，然后通过实证研究验证假设，进而发展理论或检验理论的适用性。第三，国内外旅游者环境责任行为数据收集方法基本一致。由于旅游者环境责任行为研究多为定量研究，所以其数据收集方法主要采用问卷调查法；相关研究成果根据研究假设模型中包含变量内涵设计调查问卷，然后通过科学的抽样方法获取数据，为采用统计分析验证变量之间的关系奠定了基础。第四，国内外旅游者环境责任行为研究分析方法基本一致。由于实证主义范式倾向于定量研究方法，所以科学的数据分析方法必不可少。目前国内外对于旅游者环境责任行为的研究主要采用单因素方差分析、探索性因子分析、验证性因子分析、结构方程模型、偏最小二乘法和多元回归等方法分析变量之间的关系，为厘清旅游者环境责任行为的影响因素和形成机制提供了科学方法。

其次，国内外对旅游者环境责任行为研究方法不同点主要体现在：第一，国内外旅游者环境责任行为研究方法运用广度存在差异。与国内主要使用结构方程模型相比较，国外旅游者环境责任行为研究使用方法更为广泛，除了结构方程模型，还使用了偏最小二乘法、内容分析法和回归分析法等方法；其中对不同类别或区域的旅游者进行多群组分析有助于深入掌握旅游者环境责任行为影响因素。第二，国内外旅游者环境责任行为研究方法运用范围存在差异。国内旅游者环境责任行为研究主要为定量研究，多采用实证主义范式，并通过调查问卷收集数据开展研究。但国外研究成果中的研究方法更为多样，部分成果采用参与观察法收集信息，为深入解释旅游者态度与旅游者环境责任行为关系提供了质性材料；同时采用多案例比较研究也是国外研究方法多样性的重要体现。第三，国内外旅游者环境责任行为研究方法运用深度存在差异。在旅游者环境责任行为影响机制研究过程中，国内研究主要以构建理论模型和模型检验为主，更为关注模型中的直接效应和中介效应；而国外研究除了探讨模型中的直接效应和中介效应研究，变量的调节效应也是重要的研究方向。第四，国内外旅游者环境责任行为研究方法运用情境存在差异。旅游者环境责任行为是一个高度情境化构念（何学欢等，2017），目前国外研究成果选择实证研究区域较为多样，研究成果的指导价值更大；但国内实证研究区域主要集中于湿地公园和自然遗产地，降低了旅游者环境责任行为理论的外部效度。同时国外研究均基于西方文化情境开展相关研究，但国内研究以直接应用为主，忽视了中国文化的情境化差异，这为未来国内旅游者环境责任行为研究指明了方向（邱宏亮等，2018）。

第三节 生态旅游者研究综述

一、国外生态旅游者研究综述

（一）生态旅游者细分类型的研究综述

林德伯格（Lindberg，1991）从时间和精神投入角度定义角度将生态旅游者划分为硬性的自然旅游者、专一的自然旅游者、主流的自然旅游者和偶尔的自然旅游者四种类型。拉曼和杜斯特（Laarman and Durst，1987）认为生态旅游者应分为严格的生态旅游者和一般的生态旅游者。严格的生态旅游者旅游行为与一般旅游者明显不同，因为他们具有深刻的环境责任感和强烈的生态意识。一般的生态旅游者旅游行为与大众旅游者较为类似，他们仅具有表层的生态意识和浅显的环境责任感。韦弗和劳顿（Weaver and Lawton，2002）将生态旅游者划分为坚定型生态旅游者、柔和型生态旅游者和结构型生态旅游者三类。坚定型生态旅游者反映出高水平的环境承诺和亲密的原生态体验；柔和型生态旅游者在2个维度的承诺均较低；韦弗和劳顿（Weaver and Lawton，2004）通过聚类分析，指出不同类别游客对腹地的旅游发展和产品整合持有不同态度。腹地保护者并不支持整合黄金海岸腹地的旅游产品，同时腹地分享者非常支持整合和增加访问。腹地中立者对这些话题没有强烈的支持意见，整合矛盾者处于保护希望和腹地整合之间。雅各特等（Acott et al.，1998）认为生态旅游者是指旅行过程中遵循深层生态旅游或浅层生态旅游原则的个体。生态旅游者类型可以按照态度、价值观和行为等一套属性进行分析，以及根据能反映生态旅游者潜在环境敏感性的问题来区分。加洛韦（Galloway，2002）基于态度和公园体验3个维度（享受自然乐趣、逃避压力和寻求刺激）采用聚类分析将公园旅游者划分为三个类别（高1组、低2组和寻求刺激者）。高寻求刺激者比低者更愿意露营，不同于低寻求刺激者会考虑游览公园的各种激励因素和分析他们喜欢使用的公园信息资源，以及比低寻求刺激者更喜欢参加旅游过程中公园的一系列活动。张和吉姆

（Cheung and Jim，2013）将生态旅游者聚类划分为知识搜寻者、休闲旅行者和自然爱好者。知识搜寻者是指通过信息、导游和景区生态内在协同渴望学习更多大自然知识；休闲旅行者更关注景区外在的设施和可进入性等特征提供的便利性和舒适感；自然爱好者更关注景区内在生态价值观和旅游活动中对环境的最小化影响。怀特（Wight，1996）研究展示了所有北美生态旅游市场，包括更多的一般兴趣的（消费者）和有经验的生态旅游者，他们享受多元活动，包括散步和徒步旅行。辛格等（Singh et al.，2007）调查结果显示总体中很大一个细分市场倾向于一般生态旅游活动和组织生态旅游者类型，一般生态旅游者、组织生态旅游者和严格生态旅游者边界有重叠。韦弗（Weaver，2005）将生态旅游者划分为综合型生态旅游者和极简主义生态旅游者，综合型生态旅游者暗含了一小部分公园游客的共生效果。而极简主义生态旅游者不会故意追求价值观或行为的改变，它接近于特殊场合的可持续、地位导向，以及聚焦于自然环境。贝和布鲁耶尔（Beh and Bruyere，2007）根据动机将访问国家保护区的旅游者划分为逃避者、学习者和自我提高者；逃避者的逃避因子得分最高，组成成员平均年龄 37 岁，85% 为欧洲旅游者；学习者的学习因子最高，学习者平均年龄最大，为 41 岁，接受了非常良好的教育，大多为欧洲原住民（占到 82%）；自我提高者是三类群体中年龄最年轻的，平均为 35 岁，该类群体中最大比例者为北美旅游者，占到 35%。希娜等（Sheena et al.，2015）基于生态旅游相关的旅游体验对马来西亚生态旅游者进行了细分，采用判别分析将生态旅游者划分为三个细分市场：坚定型、结构型和柔和型生态旅游者；进一步研究发现 60% 的马来西亚生态旅游者被归类为结构型和柔和型生态旅游者。

（二）生态旅游者旅游动机的研究综述

怀特（Wight，1996）通过调查，指出北美生态旅游者包括对生态旅游感兴趣的一般消费者和体验生态旅游者两类，对生态旅游感兴趣的一般消费者旅游动机为风景/自然、新的地方体验、重访熟悉的地方、自然/文化学习和荒野；偏好为徒步旅行、多种活动、更多被动活动、文化学习/野生动植物观光、旅游和露营；体验生态旅游旅游者旅游动机为风景/自然、新的地方体验、野生动植物观光、荒地和不拥挤。伊格尔斯（Eagles，1992）主要研究了加拿大生态旅游者的旅游动机，通过与一般旅游者对比，发现生态旅游者更喜欢强调身体活动、结识有相同兴趣的人和获得时间可能最大化的社会动机。同时，相较于一般旅游者，生态旅游者对原始荒地、湖泊、溪流、乡村地区、公园、山脉和海边等目的地更感兴趣。梅里克和亨特（Meric and Hunt，1998）指出生态旅游者一般和特殊的活动偏好。最重要的5个一般活动偏好是观赏野生动植物、访问州立公园、国家野生保护区、历史遗址和湿地徒步旅行；而5个特殊旅游吸引物为美国独立战争点、印第安人中心、露营和徒步旅行、考古中心的文化旅游以及动植物旅游。罗和邓（Luo and Deng，2007）发现那些支持增长的极限和更关注生态危机的人们体现出较高欲望去亲近自然、了解自然，并从日常生活中逃离出来。科斯泰特等（Kerstetter et al.，2004）研究结果表明访问海滨湿地旅游者动机是变化的，而且包括动机（例如追求身体健康）与西半球旅游者并不具有传统属性的一致性。贝和布鲁耶尔（Beh and Bruyere，2007）基于肯尼亚中北部的三个国家自然保护研究了旅游者的访问动机，发现旅游者动机分别为逃避、文化、个人成长、巨型动物、冒险、学习、自然和一般参观；然后基于动机对旅游者进行聚类分析，将赴自然保护区的旅游者划分为逃避者、学习者和自我提高者。加洛韦（Galloway，2002）研究了公园旅游者动机，通过主成分分析，发现动机主要有寻求刺激（成就/动机、教育/领导他人、结识新朋友、勇于冒险）、逃避压力（降低紧张感、逃避噪声/拥挤、考虑他人、身体放松）和积极享受自然（享受自然、身体健康、户外学习）。

（三）生态旅游者环境意识的研究综述

维尔青格和约翰逊（Wurzinger and Johansson，2006）研究发现生态旅游者比自然旅游者和城市旅游者的环境信念更强。生态旅游者和自然旅游者通常比城市旅游者更愿意表现出环境保护行为。陆等（Lu et al.，2014）基于文献发展出一个生态旅游应用模型，用来检验唯物主义、生态旅游兴趣、生态旅游态度、生态旅游意图和佣金支付意愿之间的关系。实证结果显示个体唯物主义价值观与生态旅游兴趣、生态旅游态度、生态旅游意图和生态旅游产品与服务的支付意愿负相关。赫德伦德（Hedlund，2011）分析了购买生态可持续旅游替代产品环保意愿中的价值观、环境关注、接受经济奉献意愿之间的影响。结果显示普世主义和环境关注显著正相关，环境关注不仅与环保接受经济奉献意愿之间存在显著正相关，而且与购买生态可持续旅游替代品意愿之间也显著正相关。博金斯和布朗（Perkins and Brown，2012）研究发现生物圈和生命中心价值观——专注于自然的内在价值，它和生态旅游中的特殊兴趣、旅游特定环境保护态度和环境保护承诺有着强烈关联。相反的，自私自利价值观、优先关注个人兴趣、与自然旅游缺乏兴趣相关、较强兴趣的快乐主义旅游活动和较少消费者支持环境保护。奥维耶多－加西亚等（Oviedo-García et al.，2016）采用多元中介模型分析了生态旅游知识与生态旅游者满意度之间的关系。实证研究结果显示生态旅游景区感知价值和对生态旅游态度完全中介着生态旅游知识和生态旅游者满意度；因此，仅当生态旅游景区感知价值高和对生态旅游有积极态度时生态旅游知识对生态旅游者满意度具有显著正向影响。韦弗（Weaver，2012）针对澳大利亚黄金海岸保护区 804 名游客参与不同景区增强活动倾向进行了聚类分析，发现占比 8% 的热心旅游者愿意参与植树活动，以及偶尔参与清除垃圾活动，同时也证明了他们具有捐款意愿和支付门票的意愿。相反的，占比 17% 的自由者多数不支持；介于中间的偶尔热情者（占比 12%）、有责任者（占比 25%）、临时者（占比 12%）、偶尔者（占比 26%）类别表现出对活动热情逐渐减少，但支持偶然性活动。热情者和利他价值观、环境关注、自我赋权、道德责任、坚定生态旅游趋向、景点忠诚、当地居民和年龄相关。韩等（Han et al.，2016b）提出了一个包括生态价值观、环境关注、环境意识、责任归属和道德行为的概念框架。实证研究结果显示：生态价值观显著正向影响环境关注，环境关注显著正向影响道德规范，道德规范显著正向影响亲环境行为的 3 个维度，同时环境意识和责任归属在道德规范和亲环境行为 3 个维度之间有显著的调节作用。

（四）生态旅游者情境研究的研究综述

李等（Lee et al.，2012）研究了韩国本土化的生态旅游构念，并提出了生态旅游的三个核心标准。首先，基于自然的吸引物反映了人和物质环境的统一，这受儒家、佛教禅宗信仰和道教哲学关于宇宙万物是一个相关实体的深刻影响。其次，教育构念反映出为了世界发展的自我修身养性的儒家概念。最后，可持续是儒家关于和谐的创造性转变思想。卡切尔和詹宁斯（Kachel and Jennings，2010）指出生态旅游情景中的旅游者环境价值观和环境友好行为的定量研究占主导地位。这些研究随着社会的重构一般忽略了时间变化以及多元的、旅游者环境学习经历的不同自然性质影响。当务之急是以目前现存的与旅游者环境价值观、环境学习和旅游体验相关文献综述为基础。当前目标是以后现代构成主义研究范式来研究继续关注的潜在的研究问题和主张。特兰和沃尔特（Tran and Walter，2014）指出社区生态旅游作为提高当地生计、环境和文化保护的可持续发展设计理念逐渐被越来越多的认识到。研究采用龙威的赋权框架解释了一个更公平的劳动力分工，收入增长，自信和社区参与，以及妇女新的领导角色。然而，社会阶层的不公平待遇，照顾孩子和反对妇女杰出的软暴力依然存在。巴克利等（Buckley et al.，2017）指出全球保护管理者均需要保护区旅游者的社会科学信息，旅游者态度和行为在不同国家和文化情境下存在显著差异，这些差异影响着环境影响和管理效能。研究在中国保护区围绕动机、活动、满意度和倾向开展了大规模和多景区的研究，结果显示：中国对于自然、动物福利、濒危物种的文化态度和西方国家有实质差异。相比一般公众，这种差异结果很少体现在公园游客上，中国公园游客不仅强调欣赏没有环境污染的自然，他们也欣赏冒险和文化体验。差异仅体现在野生动植物的相互作用和观鸟期望等细微方面。

（五）生态旅游者环境教育的研究综述

霍瓦尔达斯和波伊拉济迪斯（Hovardas and Poirazidis，2006）认为自然保护区中的环境教育和财政支持是生态旅游环境保护者的核心特征。生态旅游研究目标是探究游客环境知识和行为意愿之间的影响。生态旅游活动中的游客参与和满意度首先受访问特征控制，访问者知识水平与满意度正相关；而生态旅游活动过程中提供的丰富环境知识，影响了游客认知，进而显著影响游客行为意愿。金等（Kim et al.，2011）指出解说被当作自然旅游区域管理游客的有用工具之一。研究探索了一个多元评价方法来鉴定景区解说在多维方面影响当地环境话题中态度和行为意向的优势和劣势。研究在英格兰鲁尔沃斯海滨地区展开，采用了现场问卷调查方法收集数据。研究结果强调解说系统效果与环境责任行为和当地保护话题一些不同方面存在差异。发现也揭示培育旅游者意识和对管理政策的支持，同时应该减少地质与环境保护案例相关的特定场地责任行为影响。扎诺蒂和切尔内拉（Zanotti and Chernela，2008）指出随着生态旅游的发展，相较于生态、经济和其他社会因素，生态旅游的教育成分较少受到关注。文章将教育作为生态旅游赋权的一种形式，通过生态学者、人类学家和巴西本土社区共同研究的试点生态旅游项目进行了案例研究。最后基于生态旅游教育意义提出了四个问题：一是合法的信息来源会考虑谁或什么事？二是生态旅游体验中什么信息被认为是教育的？三是学习（教育）的目标是谁？四是什么是生态旅游情境下的教育对象？卡斯泰拉诺斯－沃杜阁（Castellanos-Verdugo，2016）构建了生态旅游知识、生态旅游态度、生态旅游者景点感知价值、生态旅游者满意度和行为意愿的结构方程模型，实证研究显示生态旅游知识能够较小程度解释旅游者景点感知价值，即旅游者具有的较大程度生态旅游知识能够显著正向影响生态旅游者景区感知价值，因而应该在生态旅游者游览过程中培育生态旅游知识能够提高保护区感知价值和旅游满意度，生态旅游知识是生态旅游产品和目的地获得长期成功的关键要素。

（六）生态旅游者社会影响的研究综述

琼斯（Jones，2005）运用社会资本理论来解释冈比亚社区生态旅游的社会变革和发展结果。研究结果显示高水平的社会资本是形成生态营地的重要手段，但可能对改善环境危害带来不利后果，特别是当结构性社会资本和居民实际感受不一致时会使社区处于危险状态。匹赞姆等（Pizam et al.，2002）研究评价了两个彼此有传统敌意的国家（以色列和约旦）之间旅游在代理人改变方面扮演的角色。结果显示有旅游体验的以色列生态旅游者对约旦人民和制度的态度、意见有一个显著的改变，向着积极方向发展。雷默和沃尔特（Reimer and Walter，2013）指出生态旅游案例研究区域为柬埔寨西南部的热带雨林地区，遵循“原真性”生态旅游的分析框架检验了可持续生态旅游的社会维度。结果发现七个分析类别在社区生态旅游方面显示出明显的复杂性，主要集中在环境保护、当地生计和文化保护，以及当地生态旅游管理环境的重要性方面表现出矛盾焦点。体博基恩等（Tiberghien et al.，2017）指出当游客访问文化与环境偏远地区的时候，他们越来越关注生态文化旅游实践的真实性。基于对各类游客（25 名哈萨克斯坦中南部两条生态旅游路线的游客和29 名自由行游客）的深度半结构访谈采用扎根理论的方法识别了游客对他们旅游体验各方面真实性的感知以及旅途中游客展演各方面的特性。发现展演对游客生态文化体验的真实性感知的影响是自发的、是存在的，并且在亲密旅游境遇中与东道主有一种互惠关系。哈体珀格等（Hatipoglu et al.，

2016）分析了土耳其色雷斯地区旅游可持续发展规划过程中利益相关者参与的障碍。评价这些障碍主要包括利益相关者对关键性问题的意识、旅游发展现状、可持续旅游原则方面知识、规划过程中的视野和该地区有效的管理模式。通过定性与定量混合研究，整合个体意见和群体一致性结果显示，由于缺乏有效合作及领导能力的制度结构阻碍了利益相关者参与旅游规划进程。此外，利益相关者狭隘的视野，缺乏战略方向和关注自我经济利益阻碍了当地社区进入可持续旅游规划过程的实现路径。撒布霍洛等（Sabuhoro et al.，2017）指出山地大猩猩旅游在卢旺达猩猩保护中扮演着重要角色，但人类与野生动物中间存在着较高冲突，主要表现为公园周边当地居民并没有减少对野生动物的狩猎行为。文章研究目标是探索山地大猩猩旅游是否让公园周边社区受益，进而产生保护行为。研究结果显示：按照山地大猩猩旅游收益分配计划，当地社区没有直接收益，因而没有妥善处理人为引起的保护威胁。火山国家公园中的山地大猩猩旅游对于减少野生动物威胁具有局限性，产生保护不足则归于旅游收益分享有限、临近公园高的生活成本、社区参与不足、缺少参与公园管理和决策过程。

（七）生态旅游者环境影响的研究综述

古凌克等（Gulinck et al.，2001）指出生态旅游可能是环境脆弱地区减缓环境负面影响和社会经济影响的一个新的解决方案。规划中不仅要考虑承受边界，也要考虑有一个宽泛的物理范围和风景相关的文化。研究描述了在靠近布拉瓦约一个新水库附近划分界限和扩展地带分析的一个方法，其大于原始指定狭窄自然边界。风景多样化概念在许多方面得到改进，其中文化资产和与游客产生交互作用的当地居民受益放在首位。格罗斯贝格等（Grossberg et al.，2003）指出自然资源保护论者在那些野生动植物不是主要旅游者吸引物的大众旅游景点会失去保护物种的机会。在这些旅游地是偶然生态旅游者，也就是，旅游者对于非故意遇到野生动植物或脆弱生态系统具有多元兴趣。许多吼猴与旅游者强烈相互作用与旅游者数量、相遇持续时间有关，有指导的互动比无指导的互动更强烈。很多旅游者没有认识到这些互动会伤害吼猴。旅游者响应吼猴的质性观察显示出长期和短期的负面影响。这些影响可以通过更有效的导游训练，限制游客规模和门票涨价等措施解决。改善环境教育可能降低影响和激发一些旅游者成为保护濒危物种的拥护者。布兰妮和梅塔（Blangy and Mehta，2006）指出随着生态旅游快速发展，其对多数濒危生态系统产生了严重威胁。进而提出了不受干扰区域生态恢复方法是生态敏感区域旅游规划的重要方法，并以南非菲达野生动植物保护区和伯利兹城狒狒避难所为例进行了研究，最后指出生态恢复方法是生态旅游和保护科学的重要方法。布兰特和巴克利（Brandt and Buckley，2018）指出生态旅游能实现经济增长和环境保护的双重目标，近期发展非常迅速，成为生物多样性研究的热点问题。通过文献分析，研究者的结论既让人警醒也让人鼓舞，生态旅游可能会导致森林采伐，然而也伴随着保护机制，生态旅游能够保护森林。生态旅游有时可以促进土地风景的再生，但作为一种代价付出，也可能出现采伐森林或水体污染。

（八）生态旅游者环境行为的研究综述

李和简（Lee and Jan，2018）整合了技术接受模型、计划行为理论、价值-信念-规范理论和社会认同理论，构建了生态旅游者行为整合模型；实证研究结果显示：感知生态旅游有用性和生物价值观显著正向影响环境态度，环境态度对生态旅游行为意愿具有显著正向影响，生态旅游行为意愿对生态旅游行为有显著正向影响；生态旅游自我认同显著正向影响主观规范，主观规范对生态旅游行为意愿有显著正向影响，生态旅游行为意愿对生态旅游行为有显著正向影响；生物价值观显著正向影响生态旅游行为，感知行为控制分别显著正向影响生态旅游行为意愿和生态旅游行为。卡斯泰拉诺斯-沃杜阁（Castellanos-Verdugo，2016）指出生态旅游对于保护物种和栖息地具有直接和间接影响，但目前生态旅游研究中对生态旅游知识、生态旅游态度有忽视嫌疑。文章结合生态旅游态度、生态旅游知识、生态旅游者景点感知价值、生态旅游者满意度和行为意愿构建了结构方程模型；通过保护区旅游者实证研究结果显示，生态旅游知识在较小程度上、生态旅游态度在较大程度上能够解释旅游者景点感知价值，依次地，能够预测生态旅游者景点情境下旅游者满意度部分的方差变异；此外，满意度能够促进重游意愿和生态旅游者向朋友和家人推荐景区的意愿。米勒等（Miller et al.，2014）通过对澳大利亚墨尔本游客的在线问卷调查，检验了四类旅游者亲环境行为：循环利用、使用绿色交通、使用可持续能源/材料（照明/水的使用）和绿色食品消费。五个主要前因变量为习惯行为、环境态度、可用设施、需要从环境责任中解脱出来和旅游者社会责任感。研究结果显示，习惯行为显著影响所有四个城市亲环境行为，可用设施是第二重要的前因变量。同时发现旅游者社会责任作为新概念，和深层次的旅游可持续存在高度相关。

二、国内生态旅游者研究综述

（一）生态旅游者类型划分的研究综述

肖朝霞和杨桂华（2004）在梳理国外严格的生态旅游者、一般的生态旅游者和组织性生态旅游者的基础上，通过对滇西北碧塔海景区的实证研究发现，国内生态旅游者生态意识缺失或仅有表层的生态意识，其浅层次的环境责任感和旅游行为与大众旅游者特征较为相似。张海霞和赵振斌（2005）指出生态旅游者是生态旅游的主体，在调查了解旅游者行为特征基础上，将生态旅游者划分为比较严格的生态旅游者和一般生态旅游者。曾菲菲等（2014）根据生态旅游的核心标准，提出了生态旅游者的三个甄别因子，即自然体验动机、学习性动机与环境态度。进一步调查分析发现，访问海南呀诺达热带雨林文化旅游区的游客分为三种类型，分别是大众旅游者、偶然型生态旅游者和生态旅游者。何磊（2009）指出严格和一般生态旅游者的生态意识存在差别，但二者也有共性特征。这些共性特征有三个方面：尊重自然；追求旅游需求层次的提高；一般生态旅游者与非生态旅游者可转换。李煜（2009）将旅游者市场细分为四类，分别为严格的生态旅游者、积极的生态旅游者、普通的大众旅游者和享受的大众旅游者，并比较了生态旅游者和大众旅游者的异同，以及四类游客的各自特征。罗芬和钟永德（2011）以生态旅游者的环境态度与环境行为视角来分析生态旅游者类群特征。研究表明，在以旅游者环境态度与环境行为构建的两维坐标系中，可以将武陵源世界自然遗产地生态旅游者分为友好型、破坏型、真正型、伪生态、可持续和偶尔型等6类；生态旅游者在环境意识、环境责任、参与状态、参与程度、环境解说、居民利益和行为表现上均有差异。鹿梦思和王兆峰（2018）根据生态旅游者的新环境范式（NEP）得分和聚类分析，将游客划分为严格生态旅游者、一般生态旅游者和偶尔生态旅游者三种类型。进一步研究发现：一是不同类型的生态旅游者行为规律不同；二是生态旅游者行为显著正向影响着自然环境；三是生态旅游者的生态意识与其环境行为正相关。朱梅和汪德根（2018）以苏州为例，运用多样本限定潜在类别模型检验方法，分析不同行为类型旅游者对旅游地的生态文明形象感知差异。研究表明，相对于非生态文明旅游者，生态文明旅游者对苏州市的生态文明形象感知要素评价明显更好、对苏州市的生态文明形象感知更优。程占红和牛莉芹（2016）以芦芽山自然保护区为例将游客划分为四种类型，分别为一般环保型、偶尔环保型、自然享受型和严格环保型。之后利用方差分析法，测量了不同类别旅游者对景区管理方式的态度差异。

（二）生态旅游者旅游动机的研究综述

陈楠和乔光辉（2010）指出生态旅游者旅游动机非常重要。研究以云台山世界地质公园为例，通过因子分析法萃取出生态旅游动机为 7 项（休息及回避、活动、归属、挑战、成就与地位、自我实现、追求自然美）。通过 T 检验发现：除“自我实现”因子外，大众旅游者与生态旅游者在其他旅游动机因子上均有显著性的差异。陈等（Chan et al.，2017）研究了中国市场对旅游景区自然属性的感知与偏好。通过实证研究发现：一是中国游客对参与自然旅游有高度的兴趣；二是女性及年长人士更喜欢欣赏自然环境；三是中国的自然旅游者喜欢游览有海景的地方，进行拍照，以及参与较少人工元素的非商业活动；四是参与自然旅游形成两种指向，分别是体验指向（涉及满足教育需要与放松）和功能指向（以自然为导向但也考虑便捷性）。梁佳和王金叶（2013）生态旅游者动机是主导生态旅游者行为的内驱力。基于因子分析，构建了包含放松休闲、提升自我价值和学习教育 3 个潜在变量与 11 个观测变量的测量模型，并对潜在变量内部关系进行了分析。结果显示：放松休闲、提升自我价值和学习教育 3 个潜在变量之间的协方差均为显著，其中“放松休闲”与“提升自我价值”、“提升自我价值”与“学习教育”表现出中高度相关。李明辉和谢辉（2008）在调查国内外生态旅游者的动机和行为基础上，通过比较行为与动机的异同。发现国内生态旅游者“欣赏自然”和“缓解压力”的动机占主导地位，而国外生态旅游者“寻求新的体验”和“了解自然”的旅游动机占绝大多数；同时也发现中外生态旅游者均喜欢风景优美、环境纯净的自然生态旅游目的地。徐荣林和王建琼（2018）通过对九寨沟的实证研究，发现九寨沟优美的风景、独特的民俗文化是国内外生态旅游者赴九寨沟旅游的主要动机，进一步研究发现，相较于国外游客，国内游客更喜欢优美景色；而国外游客则更喜欢景区安静的旅游环境、刺激性的旅游活动、动植物多样性以及较多的与工作人员的接触交流。张宏等（2015）的研究更为深入，结合湿地自然保护区提出了生态旅游动机量表，一般生态旅游动机包括来保护区度假游玩、观赏保护区自然生态美、对保护区保护对象感兴趣、通过保护区户外活动来锻炼身体；严格生态旅游动机包括了解保护区生态系统知识、参与社区和学校公司提供生态教育活动、学习生态保护技能并参与生态保护活动。

（三）生态旅游者社会特征的研究综述

曾菲菲等（2014）通过研究发现，访问海南呀诺达热带雨林文化旅游区的游客中，38.9%的游客为大众旅游者，偶然型生态旅游者占到43.7%，真正的生态旅游者仅占到17.4%。生态旅游者中女性略多于男性，19～35岁的游客占到71.2%，将近60%游客具有本科及以上学历，月收入为3150元。比较而言，生态旅游者对保护景区环境措施的支持度比大众旅游者更高，实施环境友好行为的意愿更为强烈，以及为了景区环境保护愿意支付额外费用。吴章文和胡零云（2004）指出武夷山生态旅游者的特征为：登山和野营是他们的首选旅游项目，比例分别占到25%和23%；最佳出游方式是选择1～2个好友结伴出游；经济收入和旅游花费比一般旅游者高。李燕琴（2007）在对生态旅游者和一般游客有效分类的基础上，研究发现百花山生态旅游者男性多与女性，以18～34岁的年轻人为主，54%的游客具有大学及以上学历，年均收入高于其他群体，学生和公司职员占到受访游客的65%以上，单身超过50%，带小孩夫妻家庭占到26.6%。钟林生和宋增文（2010）通过对井冈山的实证研究，发现相较于女性游客，男性游客对“社区利益”和“基于自然”认知度高。而女性游客对“环境教育”和“旅游对象受到保护”的认知度较高。在受访游客30～39岁年龄段中，有79.05%的游客对“基于自然”的有较高的认知度，20～29岁年龄段中，63.49%的游客对“环境教育”有较高的认知度。徐荣林和王建琼（2018）通过对中外生态旅游者的调查研究发现，二者在性别和平均年龄方面差异不显著。其中，相较于国外游客，国内生态旅游者的女性比例和平均年龄略高。受教育程度方面存在显著差异，大学本科学历占到国内生态旅游者的68.68%，远超国外游客本科学历比例。

研究生学历占到国外生态旅游者的52.56%，远超国内游客研究生学历比例。张书颖等（2018）指出国外生态旅游者具有多集中于中青年人，受教育和收入水平较高的特征。石等（Shi et al.，2019）以中国东北国家风景廊道为实证研究区域，游客统计研究显示：36%具备热心生态旅游者资格的旅游者和32.4%的生态旅游者宣称他们遵守基本的生态旅游特征；另外17.2%绿色实践旅游者觉得有义务参与现场公园的环境提高活动，但对自然学习持中立态度。矛盾者占到样本的14.4%。高整体参与倾向、报告不良行为、表现出更多的环境责任行为，以上行为为大众综合生态旅游中公园与旅游者的和谐共生，以及创建生态文明作出显著贡献，这些体现出中国生态旅游和户外游憩具有显著的中国倾向。

（四）生态旅游者行为特征的研究综述

黄震方等（2003）发现以家庭为单位的出游形式成为国内生态旅游发展的趋势，同时国内生态旅游停留时间较短，生态旅游者对生态旅游地的环境要求较高。李燕琴和蔡运龙（2004）发现严格型生态旅游者、经常型生态旅游者和偶尔型生态旅游者对自然环境态度均较为友好，而严格型生态旅游者和偶尔型生态旅游者新环境范式（NEP）的得分高于经常型生态旅游者；与国外生态旅游者不同的是，国内生态旅游者以18～34岁青年人为主，较国外年轻；男性比例高于女性，国外则女性较多；大学以上学历占到游客的53%，低于国外同等学力水平。袁新华（2005）研究发现国外游客的环境态度与行为表现一致，但大部分国内生态旅游者持有的环境态度与其表现出的行为不一致。一般型生态旅游者、组织性生态旅游者和严格型生态旅游者三种类别的旅游者具有不同的环境态度，但却表现出相同的环境行为，具有明显的认知失调特征。李明辉和谢辉（2008）发现国内生态旅游者增进对景区了解的途径主要是通过导游讲解、旅游指南、景区指引牌，而国外生态旅游者则很少通过旅行代理商；当景区环境保护行为与游客享受旅游体验相冲突时，国内游客表现出更为强烈的满足自身旅游需求的自利特征，而国外游客的环境信念比较坚定，愿意为景区环保行为牺牲自身的旅游体验。张书颖等（2018）指出国外生态旅游者出游时间无明显的季节偏好，日常生活中对环境保护问题也更为关注，他们对传统酒店不感兴趣，对有特色的住宿设施更为偏爱。钟林生等（2016）通过对中国生态旅游者研究成果进行总结和梳理，发现有如下特征：一是生态旅游者比传统大众旅游者具有更强烈的生态环境意识；二是在旅游活动过程中，生态旅游者具有强烈的环境保护意识，吃、住、行、游、购、娱均贯彻了旅游活动与生态环境保护相统一原则；三是人们对自然充满了向往，赴自然区域开展旅游活动成为生态旅游者新的旅游特征，并通过自觉约束自身旅游行为来减少对生态环境和当地本土文化的不利影响；四是团队旅游更受中国生态旅游者青睐。徐荣林和王建琼（2018）通过对九寨沟的实证研究发现，旅游者的信息来源主要通过亲朋好友和同事的口碑推荐。就国内而言，来源渠道依次为口碑推荐、旅行社、书籍等；国外游客则依次为口碑推荐、旅游手册或出行指南、景区网站为主。在出行选择方式方面，国内外游客多选择与家庭成员出游和与朋友、同事出游，个人游比例最低；同时国内游客参团比例显著高于国外游客，国外生态旅游者更偏爱步行，而国内旅游者更愿意选择乘车。

（五）生态旅游者环境行为的研究综述

张环宙等（2016）引用规范激活模型构建了自然旅游地旅游者生态行为驱动模型。通过西溪湿地的实证研究发现，旅游者感知到的道德义务对生态行为意愿具有显著正向影响；同时发现后果认知对责任归因具有显著正向影响，责任归因道德义务具有显著正向影响，责任归因在后果认知和道德义务中间发挥着中介作用；当旅游者对他人共同参与行动的信任度高时，责任归因更易转化为实施生态行为的道德义务。李等（Li et al.，2012）使用可视域分析、空间叠加分析和 GIS 平台缓冲区及其他分析方法，量化测算了生态旅游者的风景感知，发现感知价值程度根据地点发生变化，同时高感知价值地区将会成为生态旅游者聚集区。程和吴（Cheng and Wu，2015）以中国台湾澎湖列岛的 477 名旅游者为实证对象，构建了包含环境知识、环境敏感性、地方依恋和环境责任行为的旅游可持续发展模型。实证研究结果表明，澎湖列岛持有高水平环境知识的旅游者有更强的环境敏感性；海岛旅游者的环境敏感性和地方依恋正相关。旅游者对澎湖地方依恋程度感知与环境责任行为正相关。当旅游者对吸引物有很高的环境敏感性，则更可能表现出环境责任行为。环境敏感性和地方依恋被发现在环境知识和环境责任行为之间发挥着显著的中介作用。何等（He et al.，2018）认为可持续旅游在生态经济发展中变得越来越重要，但低碳发展在旅游产业研究中存在不足。因此，设计出用来模仿旅游、碳垃圾和生态同时发挥作用的反馈环路动力系统模型。通过乐山的案例研究显示：生态旅游是一种环境友好经济，在模型中具有正向效应。旅游业具有整合动力模型中碳固体垃圾和生态良好发展的倾向；当旅游业发展速度加快，固体垃圾积累增多，但污水倾倒数量直接进入自然的数量会急剧下降。在投资政策分析之后，研究者指出污水治理基金的增多会吸引更多旅游者，为了保持碳垃圾的平衡，更多基金应该投资到长期固体垃圾治理中。王华和李兰（2018）基于归因理论构建了生态旅游涉入、群体规范和旅游者环境友好行为意愿之间理论模型，通过对观鸟旅游者的实证研究，发现生态旅游涉入和群体规范均对一般环境友好行为意愿和特定环境友好行为意愿产生显著正向影响；生态旅游涉入对旅游者环境友好行为意愿 2 个维度影响均较为强烈；群体规范仅对旅游者特定环境友好行为意愿有强烈影响。邱等（Chiu et al.，2014）基于价值 – 态度 – 行为理论，从生态旅游体验角度构建了一个包括感知价值、满意度、活动涉入和旅游者环境责任行为的结构模型。实证研究结果显示：价值感知、满意度和活动涉入能促进旅游者环境负责任行为；同时感知价值直接影响着旅游者环境责任行为，满意度和活动涉入在行为结构模型中发挥着部分中介作用，即价值感知通过满意度、活动涉入中介影响着环境负责任行为。活动涉入对满意度影响则不显著，模型如图 2 – 18 所示。

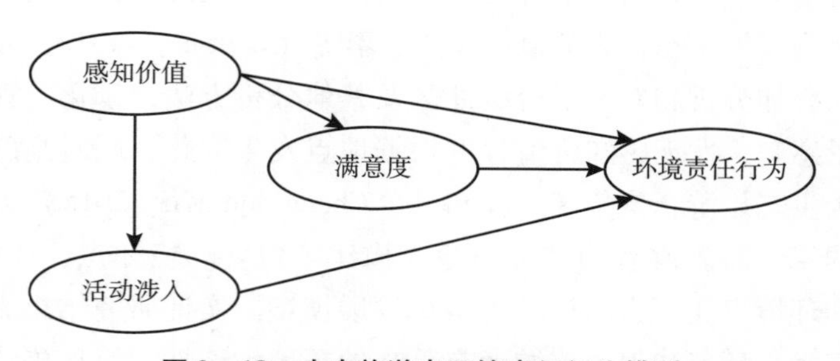

图 2 – 18　生态旅游者环境责任行为模型

资料来源：Chiu et al.，2014。

郑群明等（2017）基于心流体验理论，构建了生态旅游者心流体验、积极情绪与游客忠诚的结构方程模型。通过湖南大围山滑雪场的实证研究显示：心流体验的时间扭曲、自成目的的体验、技能 – 挑战平衡 3 个维度对生态旅游者积极情绪有显著正向影响；而心流体验的全神贯注、自成目的的体验、技能－挑战平衡3个维度对生态旅游者忠诚有显著正向影响；同时积极情绪对生态旅游者忠诚有显著正向影响。范香花等（2019）构建了生态旅游者旅游涉入、满意度对环境友好行为的影响机制模型。实证研究结果显示，旅游涉入既对环境友好行为具有直接显著正向影响，同时通过满意度的中介作用对环境友好行为具有间接显著正向影响。张茜等（2018）基于认知心理学的“认知－情感－态度－行为意愿”理论，构建了环境知识（认知）、环境敏感性（情感）和地方依恋（态度）之间的交互关系以及对游客亲环境行为的交互影响。实证研究结果显示：环境知识能够显著正向影响环境敏感性，但并不直接影响游客亲环境行为，其中环境敏感性和地方依恋是环境知识和游客亲环境行为之间的中介变量；环境敏感性、地方依恋能够显著正向影响游客亲环境行为。黄静波等（2017）构建了旅游者环境知识、感知价值、感知消费效力及环境态度对旅游者环境友好行为影响的结构方程模型，实证研究结果显示：环境知识在环境友好行为形成过程中发挥着重要作用，对环境友好行为的总效应最大；环境知识是感知价值、感知消费效力及环境态度的重要前因变量；环境态度是环境友好行为重要的直接预测指标，在环境友好行为的三个直接影响变量中，环境态度对环境友好行为的影响最大，其次是感知价值，感知消费效力对环境友好行为的影响程度最小，模型如图2－19所示。

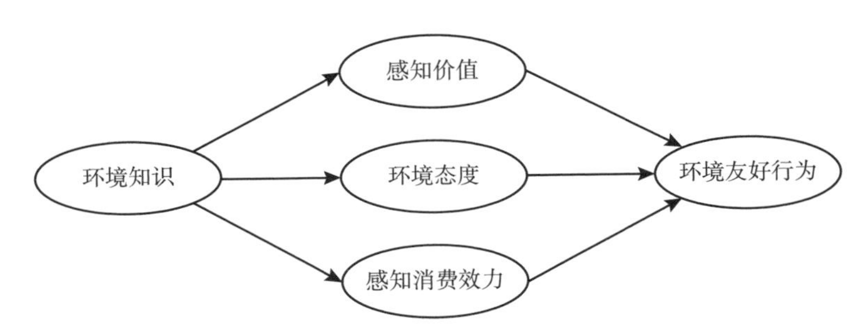

图2－19　生态旅游地游客环境友好行为的形成机制模型

资料来源：黄静波等，2017。

（六）生态旅游者环境意识的研究综述

陈玲玲和陈江（2011）研究发现生态旅游者生态意识大多局限于表层，

生态意识对旅游者实际生态行为影响作用有限；多数生态旅游者缺乏环境责任感，仅有少数生态旅游者既有表层生态意识，也有深层生态意识。陈福亮和侯佩旭（2005）指出深刻的生态意识是生态旅游者区别于其他类型旅游者的核心特征。研究结果显示国内生态旅游者的生态意识淡薄，有明显的"人类中心论"特征。张维梅和郎丽琼（2007）分析了湖南省生态旅游者的特点，提出了加强教育的引导、建立法律与制度的保障、规范生态旅游者的行为、制定和实施生态旅游管理者行为规范和扩大宣传等相应的培养对策。钟洁和杨桂华（2005）在总结中国大学生潜在生态旅游者生态意识的特点和规律基础上，提出了环境保护、教育先行，增设大学生态旅游相关课程和采用"寓教于乐"的教育方式培育大学生生态意识。张宏（2015）结合生态旅游动机、环境教育感知、环境教育途径和环境教育效果 4 个变量构建了旅游者环境教育感知影响结构关系模型。通过湿地自然保护区实证研究结果显示：生态旅游动机、环境教育途径、环境教育感知均对环境教育效果产生正向影响，不同生命周期阶段生态旅游地游客环境教育效果存在差异。是丽娜和王国聘（2012）研究发现当代大学生旅游者表现出较好的环境态度和倾向，行为意愿上显示出绿色的特征，同时环保专业课程学习以及野外实践经历能够增强大学生的环境认知和环境情感，对旅游生态环境与生态知识的渴求和认知程度对整体环境意识水平有较大影响。徐荣林和王建琼（2018）通过九寨沟的实证研究发现，对于生态旅游中开发者、旅游者必须保证当地环境不受破坏的认知存在差异，国外游客更加关注生态旅游活动中的环境保护；国外游客对于九寨沟生态旅游的教育学习功能给予了更高的评价；国内游客则更加看重生态旅游在带动当地人经济受益和提高生活水平方面的作用。曾瑜皙和钟林生（2017）构建了环境意识对旅游环境行为友好度影响机制的理论模型。通过青海湖实证研究结果显示：一是环境意识对旅游者在旅游中的感知利益得失的影响方式存在差异，环境意识对感知利得的作用大于对感知利失的作用。二是旅游者的感知利得有助于环境友好行为的产生，感知利失会对旅游环境行为友好度产生消极影响。三是感知质量的中介效用存在且有效，旅游者环境意识通过感知质量，强化了对旅游感知价值及环境友好行为的作用。四是感知质量分别在感知利得与感知利失结构模型中的中介效用存在强弱，在感知利得结构模型的中介作用强于感知利失模型。

三、国内外生态旅游者研究对比

（一）生态旅游者研究内容对比

首先，国内外对生态旅游者研究内容的相同点主要体现在：第一，国内外生态旅游者研究重点基本一致。关于生态旅游者的国内外研究主要集中在生态旅游者类型划分、旅游动机、人口特征、环境行为、环境意识和生态旅游者行为特征等几个方面，体现出生态旅游者研究的热点和焦点。第二，国内外生态旅游者研究进展基本相同。国内外生态旅游者研究均经历了从生态旅游者类型划分、旅游动机、人口特征到环境意识和环境行为的过程，研究重心从类别差异、人口统计学特征到社会心理变量对生态旅游者行为的影响，具有明显的由浅入深的演变趋势。第三，国内外生态旅游者研究策略基本一致。国内外在开展生态旅游者研究过程中，非常注重理论的拓展应用，特别是在生态旅游者行为研究方面，研究成果多运用行为学、环境心理学等学科理论开展研究，同时适时增加变量拓展理论模型，丰富了生态旅游者行为理论体系。第四，国内外生态旅游者研究规范较为相同。生态旅游者的研究成果与可持续发展密切相关，国内外相关研究坚持理论联系实际，在理论层面探讨基础上积极开展实证研究，在作出理论贡献的同时，通过大量实证研究为旅游目的地或景区发展提供了具体、可行的对策措施，对区域社会经济可持续发展具有重要的实践指导价值。

其次，国内外对生态旅游者研究内容的不同点主要体现在：第一，国内外生态旅游者研究范围明显不同。如前所述，国外研究除了生态旅游者类型划分、旅游动机、人口特征、环境意识和环境行为之外，还涉及情境研究、环境教育、社会文化影响和环境影响等诸多方面，体现出研究范围的广泛性特征。第二，国内外生态旅游者研究深度存在差异。国内生态旅游者行为方面除了描述生态旅游者基本特征之外，多从单个变量视角研究其对生态旅游者行为的影响，综合影响因素研究存在明显不足；而国外研究注重多种影响因素对生态旅游者行为的影响，其中理论模型整合研究成为新亮点。第三，国内外生态旅游者研究广度存在差异。国内针对生态旅游者的影响研究明显不足，国外较为关注生态旅游者的社会文化和环境影响，将社区居民受益、生态文化保护和动植物栖息地的保护等主题纳入研究范畴，试图将生态旅游者带来的各种影响进行全面梳理和评价；同时研究不同文化或国家情境下的生态旅游者特征，以及通过理论模型整合研究生态旅游者行为是国外研究的一大特征。第四，国内外生态旅游者研究目标存在差异。国外生态旅游与环境教育互为因果关系，一方面通过环境教育促使生态旅游者表现出环境责任行为，另一方面将生态旅游作为环境教育的重要方式，最终目标为实现人与环保的良性互动。但国内研究不重视环境教育功能，将生态旅游与环境教育相割裂，不利于实现人与自然和谐相处的最终目标。

（二）生态旅游者研究方法对比

首先，国内外对生态旅游者研究方法的相同点主要体现在：第一，国内外生态旅游者研究数据分析方法基本一致。国内外生态旅游者研究均采用描述性统计分析生态旅游者的人口统计学特征和旅游行为特征，采用聚类分析对生态旅游者类型进行划分，然后采用独立样本 T 检验和单因素方差分析来比较不同类别的差异，采用探索性因子分析和主成分分析对生态旅游者旅游动机进行分析。第二，国内外生态旅游者研究范式基本一致。国内外生态旅游者研究多采用实证主义研究范式，即将理论探索与实证检验相结合，既注重丰富理论内涵，也关注理论外延的拓展，同时通过实证检验在证实和证伪理论假设的同时，针对实证区域提出针对性的发展策略和对策建议，实现了理论发展与实践指导的完美结合。第三，国内外生态旅游者研究获取资料方式较为一致。国内外生态旅游者研究过程中注重一手资料的收集，收集方法主要采用现场问卷调查的方式展开，然后通过统计分析方法来探讨其规律性，为生态旅游者深入研究提供了科学手段。第四，国内外生态旅游者研究类型基本一致。国内外生态旅游者研究以描述性研究为主，以探索性和解释性研究为辅。国内外生态旅游者早期研究主要分析生态旅游者性别、年龄、职业、停留时间、收入等社会人口特征，同时涉及的环境态度、环境意识和环境责任感等变量等也均以特征描述为主，后期研究开始采用解释性研究探索影响生态旅游者行为的影响因素及形成机制。

其次，国内外对生态旅游者研究方法的不同点主要体现在：第一，国内外生态旅游者定性定量研究方法运用存在差异。钟林生（2016）通过对国内生态旅游文献进行统计分析，指出国内研究以定性研究为主，占到总文献数量的88.35%，国外研究方法则体现出定性与定量相融合的特征（张书颖，2018）。因此，在国内外生态旅游者研究过程中，定性与定量研究方法的运用存在显著差异。第二，国内外生态旅游者研究分析方法广度存在差异。国内生态旅游者研究主要使用定性研究，定量研究主要采用描述性统计分析、聚类分析和探索性因子分析，后期出现了结构方程模型等方法；但国外研究中除了在定性层面增加半结构访谈和扎根理论之外，在定量研究方面还广泛使用生态恢复分析方法、可视域分析、空间叠加分析和GIS平台缓冲区分析，以及结构方程模型等，研究方法使用更为广泛。第三，国内外生态旅游者研究资料收集范围存在差异。国外生态旅游者研究资料收集方面主要使用二手数据、问卷调查法、网站评语、参与观察、访谈、小组讨论、项目文档分析等；而国内生态旅游者研究资料收集方面主要使用问卷调查法和二手数据两个方面，资料来源渠道方面差异明显。第四，国内外生态旅游者研究视角存在差异。国内外生态旅游者研究中，除了广泛使用实证研究之外，国外研究还采用后现代主义范式开展相关研究，同时关注妇女社会地位和社区赋权，为生态旅游者研究提供了多元视角；同时，国外多采用解释性研究分析生态旅游者行为，为生态旅游者深入研究提供了新视角。

| 第三章 |

旅游者环境责任行为意愿形成机理研究的理论基础

第一节　理性行为理论

一、理性行为理论的提出与内涵

理性行为理论（theory of reasoned action，TRA）是预测意志力控制下的行为以及帮助人们理解他们的心理影响因素（Ajzen and Fishbein，1980）。顾名思义，理性行为理论是基于理性方式的人类一般行为假设，人们利用获得的信息含蓄或明确地解释他们行动的含义。该理论认为个人表现或不表现出一个行为的意向是行为的直接决定因素，进一步研究发现意向受个体特性和来自他人的社会影响两个因素的影响。个体影响因素是个体对表现出行为的积极或消极的评价，这个因素术语称为“对行为的态度”；第二个影响因素是迫使表现或者不表现出行为时个人感知到的社会压力，这个因素术语称为“主观规范”（Ajzen，1985）。因此，理性行为理论是指当人们评价某种行为是积极的以及相信对自己重要的人想要自己表现出这种行为时他们倾向于表现出这种行为。

按照理性行为理论，对行为的显著信念影响着对行为的态度，每一个显著信念与行为所带来的有价值结果或特性相关。对行为的态度往往受个人行为结果评价以及关联性的强化（见图 3 - 1）。通过多元信念强化、结果评价和产生结果的总结，基于个体行为的显著信念可以对行为的态度进行估计。

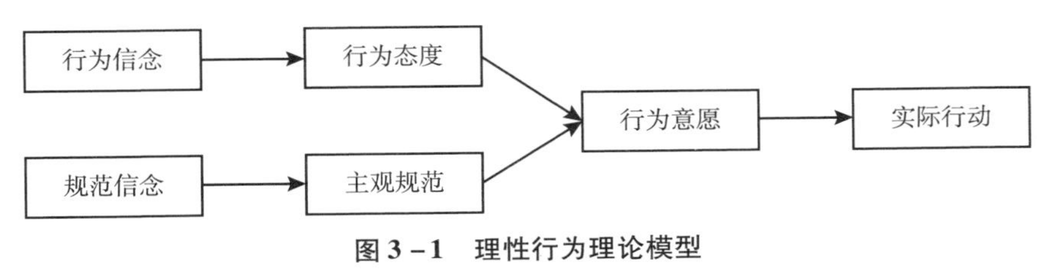

图 3 - 1 理性行为理论模型

资料来源：Ajzen and Fishbein，1980。

一般来讲，一个人相信表现出特定行为会产生积极结果，就会对表现出该行为持积极态度，当一个人相信履行某种行为带来的结果多半是负面的就会持有消极态度，个人对行为的态度背后的信念称为行为信念。

主观规范也可以假设为信念功能，但信念有不同的种类，命名为个人特定个体信念或他应该或不应该表现出行为的群体想法，这种主观规范背后的信念基础术语称为“规范信念”。一般来讲，一个人相信大多数参照激发他有遵从的想法，他会感知到社会压力履行行为。相反地，一个人相信大多数参照激发他有遵从的想法，不履行行为就会有主观规范对其施加压力以避免履行行为。

二、理性行为理论在旅游领域的应用

理性行为理论在旅游研究的应用主要集中在旅游者行为和居民行为影响方面。社区居民旅游支持行为方面，里贝罗等（Ribeiro et al.，2017）运用社会交换理论和理性行为理论，研究了居民对旅游的经济和非经济因素感知，进而确定其对旅游的支持行为。根据佛得角群岛的 418 名居民的实证数据显示，居民欢迎旅游者显著正向影响积极影响态度，显著负向影响消极影响态度，对支持旅游行为没有显著影响，态度在居民欢迎旅游者与支持旅游行为之间发挥着完全中介作用。当地经济感知显著正向影响积极影响态度，显著负向影响消极影响态度，显著正向影响支持旅游行为；个人经济受益感知显著正向影响积极影响态度，显著正向影响消极影响态度，显著正向影响支持旅游行为；态度在经济感知和支持旅游行为之间扮演着部分中介作用，模型如图 3 –2 所示。

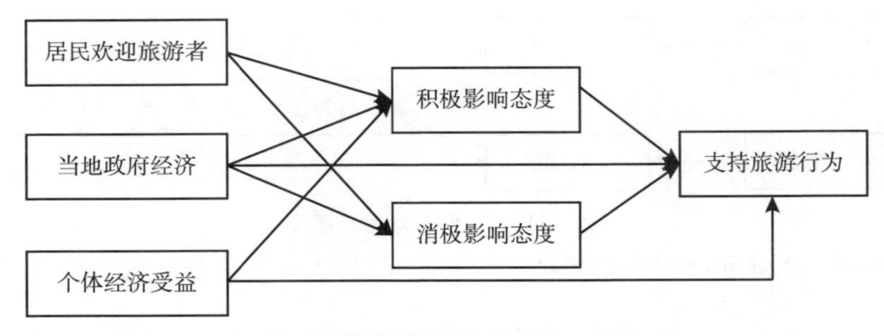

图 3 –2　居民态度和支持旅游行为模型

资料来源：Ribeiro et al.，2017。

旅游者行为研究方面，索利曼和阿布舒克（Soliman and Abou – Shouk，2017）指出地质旅游是保护环境强有力的工具之一。在理性行为理论基础上，整合了旅游者特征、文化遗产维度和地质旅游动机研究国际地质旅游者的行为意愿，根据埃及旅游者的结构方程研究结果显示，地质旅游者特征、对地质旅游的态度、文化遗产维度、地质旅游动机和主观规范均显著正向影响行为意愿，行为意愿显著正向影响地质旅游行为。布宁孔特里等（Buonincontri et al.，2017）指出文化遗产景区在消费和保护之间的平衡面临巨大挑战，遗产消费中的可持续行为非常关键。文章以理性行为理论为基础研究态度与行为的关系，并整合提出了包括游客遗产体验、遗产景区依恋和一般与特定场所遗产可持续行为之间关系的概念框架，概念框架关系依次为遗产旅游体验、地方依恋和遗产景区可持续旅游行为，其中地方依恋发挥完全中介或部分中介作用。金等（Kimet et al.，2011）指出美食旅游是游客最感兴趣和旅游产业中增速最快产业之一，因而研究美食旅游行为意义重大。文章对理性行为理论进行了修正，基于感知价值、满意度和重游意愿之间的联系研究美食旅游行为。实证研究结果显示感知价值是满意度的前因变量，感知价值和满意度显著正向影响游客重游意愿，研究结论丰富并扩展了理性行为理论。恩塔鲁等（Untaru et al.，2016）扩展了理性行为理论模型，以深入揭示旅馆情境下个体节水意愿，其理性行为理论中合并了环境关注和日常节水活动两个构念。实证研究结果显示个体态度、主观规范、每日节水活动正向影响节水意愿；环境关注正向影响个体态度和每日节水活动，但对主观规范影响不显著。进一步研究发现，扩展模型对数据的拟合度优于理性行为理论原始模型。

三、理性行为理论在其他领域的应用

自理性行为理论提出之后，作为探索意愿与行为之间关系的核心理论得到了广泛运用，目前在绿色消费或绿色技术方面使用最为广泛。塞雷嫩察等（Sereenonchai et al.，2017）指出中国乡村广泛使用的太阳能有利于保护环境和节约资金，并将其作为环境友好创新之一。为了探索中国乡村使用太阳能热水器的驱动因素和障碍，基于创新扩散理论、理性行为理论和接受模型理论的整合，来研究其影响因素。基于二元 Logistics 的回归分析，发现乡村居民使用太阳能热水器的核心驱动因素分别是社会影响、物质需要和创新属性。保罗等（Paul et al.，2016）将环境关注整合进计划行为理论模型，试图检验计划行为理论的有效性和扩展形式（计划行为理论各变量的中介角色）是否优于理性行为理论，进而预测印第安消费者绿色产品购买意愿。结构方程模型结果显示在绿色市场环境下扩展的计划行为理论比原始计划行为理论和理性行为理论有更好的预测能力。消费者态度和感知行为控制能显著预测购买意愿，但主观规范不显著。研究也发现计划行为理论各变量在环境关注和绿色产品购买意愿之间具有中介作用，模型如图 3-3 所示。

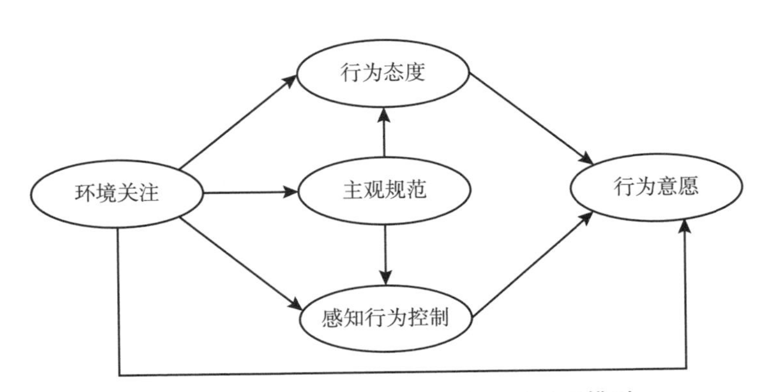

图 3-3 计划行为理论整合环境关注扩展模型

资料来源：Paul et al.，2016。

米斯拉等（Mishra et al.，2014）指出近年来信息技术的不断推广带来了能源消耗和稀有资源的过度使用，实践者越来越注意提高环境意识，对绿色信息技术兴趣逐渐增强。文章基于理性行为理论构建了绿色信息技术采用行为概念模型。实证研究结果显示行为意愿显著正向影响实际行为，如个体相关信念、受访者部门和意识水平等外部因素显著影响采纳绿色信息技术的态度。帕索和拉夫拉多（Paço and Lavrador，2017）主要研究环境知识、态度和能源消耗行为的关系。文章基于理性行为理论，探求知识、态度之间以及知识和环境行为之间的关系。收集数据显示，知识和态度之间没有关系，知识和行为、态度与行为之间的关系被证实为弱关系。男性、年长的学生和学习工程以及人文社科学生的环境知识水平较高，女性在态度和行为方面意识更高。

同时，理性行为理论在身体健康行为方面的应用也较为广泛。康纳等（Conner et al.，2017）指出理性行为理论和计划行为理论的理性行为方法在健康行为方面运用较少，文章运用理性行为方法针对同一样本分别研究健康保护和健康冒险行为。实证研究结果显示有用态度、经验性态度、描述性规范、能力和过去行为能显著正向预测保护和冒险行为意愿，指令性规范仅能显著预测保护行为意愿。自主权能显著正向预测保护行为意愿，以及负向预测冒险行为。多水平模型显示意愿、能力和过去行为能显著正向预测保护和冒险行为，经验性态度和描述性规范额外显著正向预测冒险行为。迪皮尔等（Dippel et al.，2017）指出美国印第安女孩比美国普通女孩的受孕率高，进而采用理性行为理论研究改变态度和主观规范对年轻人健康行为的影响。研究结果显示有双亲和没有双亲的美国印第安人对青少年怀孕的态度、感知影响，以及他人的感受之间存在差异。特别是年轻的美国印第安父母对青少年怀孕持否定态度，参与者中女性对于青少年怀孕的影响感知大于男性。帕帕多普洛斯等（Papadopoulos et al.，2008）验证了理性行为理论在预测参与文娱体育活动项目意愿的适用性。实证研究结果显示理性行为理论为研究文娱体育活动项目意愿提供了理论框架，它能预测意愿21%的方差变异，理论中的态度和规范成分对意愿有显著贡献，态度贡献大于规范贡献。另外，也有学者运用理性行为理论进行了跨文化研究。吴剑琳（2011）通过对理性行为理论拓展构建了消费者民族中心主义影响购买意愿的理论模型。实证研究结果显示对产品的态度显著正向影响消费者的购买意愿，从众心理中的信息性影响显著正向影响消费者的购买意愿，价值表达显著正向影响消费者的国外产品购买意愿、显著负向影响消费者的国产产品购买意愿，消费者民族中心主义显著正向影响消费者的国产产品购买意愿、显著负向影响消费者的国外产品购买意愿。

第二节　计划行为理论

一、计划行为理论的提出与内涵

计划行为理论（theory of planned behavior，TPB）是对理性行为理论的扩展和深化（Ajzen，1985）。随着研究的不断深入，研究者发现行为意愿作为一种企图比实际行为更容易预测。为了确保在这种情况下的准确预测，不仅需要了解意图，而且还需要对个人在多大程度上倾向于对上述的行为控制进行预估，因而需要考虑将影响行为的非意志因素纳入理性行为理论并进行扩展。因此，正是基于理性行为理论的意志控制的局限性提出了计划行为理论。

理性行为理论适用于意志控制下的行为，但实际中一些影响表现行为的因素并不是基于动机，如机会和资源。这些因素代表了人们对行为的真实控制，只有当个人拥有了需要的机会和资源，计划表现出这种行为，他或她才能成功做出这种行为。

感知行为控制是计划行为理论的重要组成部分，计划行为理论与理性行为理论的不同之处便是增加了感知行为控制。感知行为控制是指人们表现出感兴趣行为感知到的难易程度，它与感知自我效能类似。班杜拉（Bandura，1982）通过调查研究，发现显示感知自我效能说明人们行为受能力和履行行为自信的强烈影响，自我效能信念能影响活动选择、活动准备、执行过程中的努力支出、思维方式和情感反应。计划行为理论将自我效能信念或感知行为控制纳入一个将信念、态度、意愿和行为相联系的整体框架。

按照计划行为理论，感知行为控制和行为意愿能直接预测实际行为。计划行为理论假设三个概念自变量影响意愿，第一个是对行为的态度，它指一个人对所指行为有利的或不利的评价或评估的程度；第二个预测者是主观规范，它指表现或不表现行为感知到的社会压力；意愿的第三个前置变量是感知行为控制的程度，它指表现行为感知到的难易程度以及被认为反映了过去经验和预期障碍（Ajzen，1991）。一般而言，对行为的有利态度和主观规范，以及较大的感知行为控制，个体表现出行为的意愿也就越强烈。态度、主观规范和感知行为控制在预测意愿方面被认为随行为和情境而变化。因此，在一些应用中发现仅仅态度显著影响意愿，其他的研究发现态度和感知行为控制足以解释意愿，仍有一些研究发现三个预测变量都是自变量。

显著信念被认为是个人意愿和行为的一般决定因素。显著信念被分为三种类型：行为信念被假定影响对行为的态度，规范信念是决定主观规范的构成要素，以及控制信念是感知行为控制的基础（如图 3 –4 所示）。按照计划行为理论，一套处理拥有或缺乏必要资源和机会的集合信念是决定意愿和行为的基本要素。控制信念可能某种程度上基于行为的过去经验，但通常受行为二手信息的影响，如亲友的经验，以及强化或减弱表现该行为的感知困难等其他因素的影响。个体越相信他们能控制更多资源和机会，他们对行为的感知控制就越强。研究进一步发现，感知行为控制既没有与态度或者主观规范产生交互效应显著影响意愿，也没有与意愿产生交互效应显著影响目标行为（Ajzen and Madden，1986）。

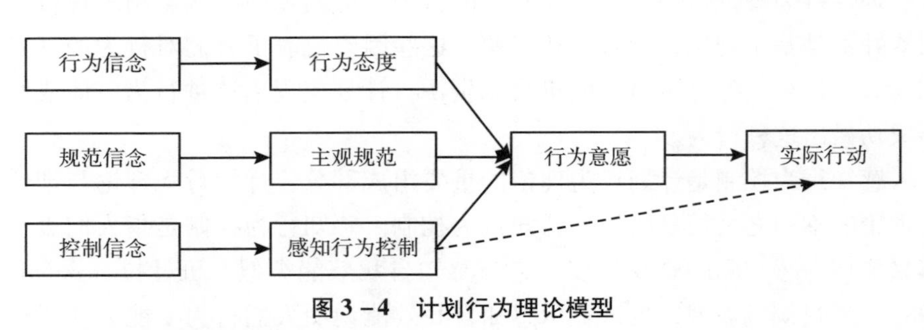

图 3 –4　计划行为理论模型

注：虚线表示路径仍需进一步检验。
资料来源：Ajzen and Madden，1986。

曼登等（Madden et al.，1992）指出理性行为理论提出后得到广泛应用，随后阿杰增（Ajzen）进行了理论扩展，将感知行为控制作为意愿和行为的另一个预测变量。文章选择了 10 种代表行为对理性行为理论和计划行为理论进行了对比。结果显示感知行为控制能够增强行为意愿和行为的预测作用。与计划行为理论预设一致，当一些行为描述的问题需要控制时，目标行为的感知行为控制效应更为显著。同时也发现，在低水平的控制感知下，感知行为控制对行为有直接的影响；在高水平的控制感知下，感知行为控制对行为产生间接影响。结论证实了理性行为理论适用于意志控制下的行为，但当意志控制下的行为这一假设被打破，计划行为理论在预测目标行为方面明显优于理性行为理论。另外，在不考虑控制水平的前提下，计划行为理论在行为意愿的解释力、均值和方差均高于理性行为理论。

二、计划行为理论在旅游领域的应用

（一）计划行为理论在旅游领域的简单应用

林和徐（Lam and Hsu，2006）指出尽管旅行意愿研究是旅游研究的焦点，但旅游目的地选择过程的复杂性导致研究仍显不足。文章尝试检验计划行为理论在旅游目的地选择行为意愿中的适用性，变量涉及主观规范、态度、感知行为控制和过去行为。实证研究显示，计划行为理论模型具有较强的解释能力，态度、感知行为控制和过去行为均与旅游目的地选择行为意愿显著相关。张琼锐和王忠君（2018）基于计划行为理论构建了旅游者环境责任行为理论模型。实证研究显示，主观规范对环境态度与环境行为意向具有显著影响，同时对环境责任行为具有间接影响；感知行为控制对环境态度与环境行为意向具有显著正向影响，并对环境责任行为具有间接影响；环境态度与环境行为意向作为关键的中介变量直接或间接影响环境责任行为，模型如图 3－5 所示。

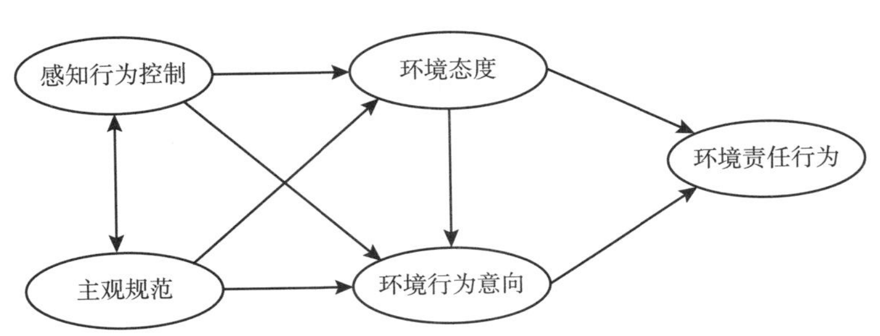

图 3－5　游客环境责任行为计划行为理论变量驱动因素模型

资料来源：张琼锐和王忠君，2018。

曾武灵（2011）综合运用计划行为理论研究海滨生态旅游区游客重游意愿的形成机制；首先对计划行为理论的各构成变量进行了分解，将态度划分为情感和认知 2 个维度，将主观规范分为社会影响、人际影响和自我控制 3 个维度，将感知行为控制划分为便利条件和自我效能 2 个维度。实证结果显示态度、感知行为控制和主观规范均能有效地解释滨海生态旅游区游客的重游意愿，影响的重要程度依次为感知行为控制、态度和主观规范，其中人际影响、认知态度和便利条件对重游意愿的影响最为显著。邱宏亮（2017）基于计划行为理论视角，引入道德规范与地方依恋，构建了出境游客文明旅游行为意向影响机制模型。实证研究显示：一是行为态度在主观规范、道德规范、感知行为控制、地方依恋与出境游客文明旅游行为意向关系之间起着中介作用；二是主观规范不仅对行为态度有直接影响，且通过道德规范间接影响着行为态度；三是行为态度是驱动出境游客文明旅游行为意向的最重要因素。

（二）计划行为理论在旅游领域的拓展应用

昆塔尔等（Quintal et al.，2010）研究了风险和不确定性在游客旅游决策过程中的差异影响，并使用计划行为理论检验了风险和不确定性是影响澳大利亚游客意愿的前因变量。通过韩国、中国和日本的实证数据显示，扩展模型有较好的拟合度，能解释 21%～44% 的意愿方差。所有国家游客的主观规范和感知行为控制显著影响意愿，但仅有日本游客游览澳大利亚的态度对意愿有显著影响。所有国家游客主观规范影响态度和感知行为控制。最后发现，韩国和日本游客的感知风险影响着游览澳大利亚态度，感知不确定性影响着韩国和中国游客游览澳大利亚的态度，影响着中国和日本游客的感知行为控制。王和里奇（Wang and Ritchie，2012）指出很多旅游危机研究聚焦于响应和恢复，而不是危机计划。研究者试图提供一个深入认识影响澳大利亚住宿业危机计划的心理因素。计划行为理论被拓展来检验态度、社会规范、感知行为控制和危机计划意愿过去经验的效应。实证研究结果显示，三个个体心理因素（态度、主观规范和过去危机经验）能预测危机计划意愿，并被认为是影响危机计划行为的关键因子，但感知控制和行为意愿之间的路径系数不显著。苟等（Goh et al.，2017）指出国家公园的不遵守行为是全球化问题。研究者结合亲环境价值观的新环境范式（NEP）对计划行为理论进行扩展，研究和检验旅游者脱离栈道意愿。实证研究结果显示，主观规范是最强烈的预测者，随后是态度，感知行为控制影响不显著。整体研究显示亲环境价值观更适合于预测一般环境世界观，而计划行为理论更适合于预测特定行为意愿。邱宏亮（2016）基于计划行为理论视角，引入道德规范，构建了旅游者文明旅游行为意愿影响机理模型。文章以来杭州国内游客为研究样本，运用结构方程模型方法探讨了主观规范、行为态度、感知行为控制及道德规范对旅游者文明旅游行为意愿的具体影响。研究结果表明：一是主观规范通过道德规范或行为态度间接影响旅游者文明旅游行为意愿；二是行为态度直接影响行为意愿；三是感知行为控制与道德规范对行为意愿均存在部分中介作用，且通过行为态度来实现；四是道德规范是驱动行为意愿的最重要因素。陈和董（Chen and Tung，2014）试图构建一个计划行为理论的拓展研究模型，模型主要从环境关注和感知道德责任来预测消费者住宿绿色酒店的意愿。来自中国台湾的559名受访者作为数据来源。结构方程模型的实证结果显示消费者环境关注和感知道德责任对于绿色酒店态度、主观规范、感知行为控制确实发挥着正向影响，和预期相似轮流影响着游客住宿绿色酒店的意愿，从实证研究结果中发现扩展的计划行为模型有好的解释力。研究结论对台湾环境保护部门和酒店住宿业设置更多绿色酒店有重要的启示意义，模型如图3－6所示。

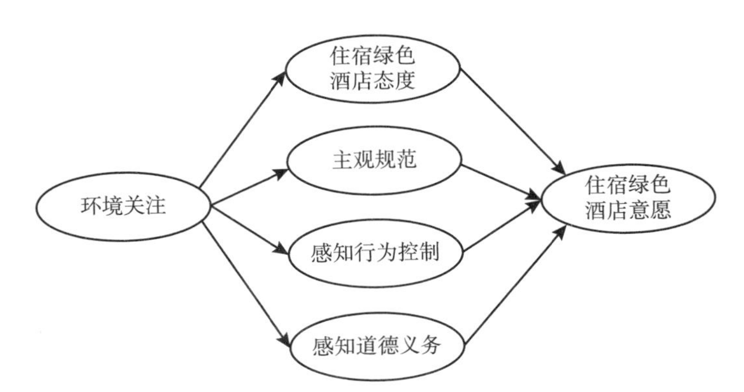

图3－6 旅游者住宿绿色酒店计划行为理论拓展模型

资料来源：Chen and Tung，2014。

谢婷（2016）以北京市金叶级绿色饭店的消费者为研究对象，采用问卷调查的方法，基于计划行为理论模型，对消费者选择入住绿色饭店的决策机制进行了分析，研究发现修正模型对行为意向的解释和预测作用较好。结果表明：一是行为态度、主观规范和感知行为控制 3 个因素会显著影响顾客是否选择入住绿色饭店的行为意向，其中行为态度对行为意向的影响最大，表明消费者在进行入住绿色饭店的决策时，行为态度是最重要的因素。二是主观规范不但会直接对行为意向产生影响，而且通过行为态度和感知行为控制这两个变量来影响行为意向。三是消费者的性别和年龄在决策过程上具有差异，男性消费者和大龄组消费者更容易受到主观规范的影响而产生购买意向。四是有近一半的消费者并不清楚自己是否入住过绿色饭店，说明绿色饭店在环境友好措施宣传方面需加强。

（三）计划行为理论与其他理论在旅游领域的整合应用

张等（Zhang et al.，2018）指出减少使用私家车是国家公园可持续发展的有效手段。通过整合部分计划行为理论、规范激活模型和中和理论，构建了规范 - 中和模型研究国家公园旅游者为何坚持采用自驾游。研究结果显示，在冲突 - 规范情境下，中和技术能有效降低社会规范和自驾游意愿的态度。对行为的态度是行为意愿最主要的预测变量，其次是中和技术，当增加中和技术后亲自驾驶规范效应显著降低，但亲环境规范对行为意愿的影响不显著。韩和炫（Han and Hyun，2017e）整合了计划行为理论和规范激活理论研究博物馆情境下的环境责任行为，实证发现整合模型预测力显著强于单个模型，行为态度中介着后果意识与博物馆环境责任行为倾向，问题意识、责任归因、个人规范和博物馆环境责任行为倾向形成显著的因果链条，个人规范也中介着主观规范和博物馆环境责任行为倾向，感知行为控制则直接影响博物馆环境责任行为倾向。李玲（2016）整合了计划行为理论和价值观 - 态度 - 行为理论模型，检验绿色消费情境下生态价值观、态度、主观规范和感知行为控制对绿色饭店消费意愿的影响效应，以及绿色饭店知识的调节作用。实证研究结果显示：生态价值观、主观规范直接并通过态度间接影响顾客绿色饭店消费意愿，模型如图 3 - 7 所示。

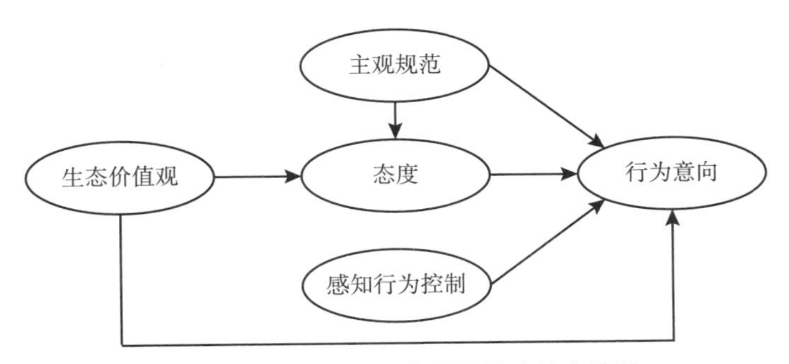

图 3－7　绿色酒店消费意愿影响效应模型

资料来源：李玲，2016。

阿玛罗和杜阿尔特（Amaro and Duarte，2015）基于理性行为理论、计划行为理论、技术接受模型和创新扩散理论，构建了整合模型探索影响在线旅游购买意愿的驱动因素。实证研究结果显示在线旅游购买意愿主要取决于态度、兼容性和感知风险。比安奇等（Bianchi et al.，2017）指出很少有研究关注访问南美洲新兴度假地的短程和远程旅游意愿。研究者们选择秘鲁和巴西作为短程市场，西班牙和德国作为远程市场来研究游客选择意愿，并通过合并自我概念理论、目的地熟悉度对计划行为理论进行扩展，构建了新的概念模型。实证研究结果显示，增加了熟悉度和自我概念的计划行为理论扩展模型有更好的解释能力，特别是理想社会自我能显著区分短程和远程旅游者访问智利的意愿，感知行为控制和主观规范对于远程和短程游览智利意愿均有显著预测作用。李华敏（2007）构建了乡村旅游行为意愿形成机制的METPB 理论模型，实证研究显示，乡村旅游行为意愿受态度、乡村旅游者价值等 9 个变量的影响；其中过去行为、主观规范和感知行为控制显著正向影响对着乡村旅游行为意愿，态度在其中扮演了中介作用，而乡村旅游者价值在态度和乡村旅游行为意愿之间具有中介效应。替代景区吸引力、乡村旅游目的地形象两个变量显著正向影响着乡村旅游行为意向，并通过乡村旅游者价值对乡村旅游行为意向产生间接影响。乡村旅游目的地形象显著正向影响着乡村旅游者价值和乡村旅游行为意向。

三、计划行为理论在其他领域的应用

(一) 计划行为理论在其他领域的简单应用

夏皮罗等（Shapiro et al. ，2011）基于计划行为理论来预测家庭采用安全食品加工实践的意愿。通过实证研究结果显示，感知行为控制对洗手和使用食品温度计行为意愿的预测能力均为最强，主观规范对使用食品温度计行为意愿的预测能力次之，行为态度对洗手行为意愿的预测能力次之。劳可夫和吴佳（2013）基于计划行为理论构建了绿色消费行为影响机制理论模型。实证结果显示，不仅主观规范、绿色消费态度和感知行为控制三者之间相互显著影响，而且主观规范和感知行为控制对绿色消费意向具有显著正向影响，绿色消费意向对绿色消费行为具有显著正向影响。周海滨（2018）以计划行为理论为基础研究居民个人的环境行为，将环境行为划分为感知维、规范维、态度维和控制维 4 个维度。实证研究结果显示影响居民环境行为的前置变量包括社会规范、自我效能和个人后果意识，其中自我效能作用最强，个人后果意识作用最弱。而自然环境感知和社会环境感知对居民环境行为没有显著影响。斯特里多姆（Strydom，2018）运用计划行为理论研究其包含变量与南非家庭循环利用决策之间的联系。实证研究结果显示，计划行为理论解释了循环利用行为 26. 4% 的变异，解释了循环利用意愿 46. 4% 的变异。南非居民缺乏足够的知识、积极的态度、社会压力和感知行为控制激活循环利用行为，驱动意识包括道德价值观（指令规范）和可获得循环利用信息，连同便利循环利用回收服务条款，都拥有较大机会正向影响南非城市居民循环利用行为。柏帅蛟（2016）运用计划行为理论研究中国军工企业军民融合战略情境下的企业变革支持行为。实证研究结果显示变革参与者的变革情感承诺显著正向影响着变革支持行为；变革参与者的变革氛围感知、变革前景预期和变革效能感知显著正向影响着变革情感承诺。霍博斯等（Hrubes et al. ，2001）运用计划行为理论解释和预测户外游客的狩猎行为。实证研究结果显示，感知行为控制不仅对狩猎意愿有影响，同时对预测自报告狩猎频率也有显著影响。狩猎意愿受态度、主观规范和感知行为控制的显著影响。威廉姆斯等（Williams et al. ，2018）指出印度尼西亚 1/3 的孩子没有出生证明，影响他们实施公民权利。研究者采用焦点小组讨论探索父母对于出生等级的动机。通过分析发现出生证明使用感知、申请过程感知控制和证书所有权社会规范影响着申请意愿。佛拉克和莫里斯（Flack and Morris，2015）研究了不同群体赌博信念、赌博意愿、赌博频率和赌博问题之间的关系。采用计划行为理论模型包括影响赌博态度（如预期情感和赌博财政结果），社会规范（认可感知和重要任务赌博行为）和认知偏差（决定赌博结果的自信能力）来决定赌博意愿、赌博频率和赌博问题。实证研究结果与期望相一致，计划行为理论路径分析能分别预测赌博频率和赌博问题，赌博意愿和赌博问题之间有直接影响路径。王等（Wang et al.，2018）以环境解说作为调节变量，采用计划行为理论研究旅游者环境责任行为，黄山的实证研究结果显示，游客环境行为的态度、主观规范对环境责任行为意愿具有显著正向影响，感知行为控制正向影响环境责任行为意愿和环境责任行为，同时环境责任行为意愿正向影响环境责任行为；旅游地环境解说在旅游者环境责任行为意愿和环境责任行为之间具有正向调节作用。车恩等（Cheon et al.，2012）研究了美国大学生对于移动学习的感知，文章基于计划行为理论构建了概念模型，以解释大学生信念影响他们在课程学习中使用移动设备的意愿。实证研究结果显示，计划行为理论能够很好解释大学生对移动学习的接受性，模型中的态度、主观规范和行为控制能够显著正向影响使用移动学习的意愿。

（二）计划行为理论在其他领域的拓展应用

亚达夫和帕塔克（Yadav and Pathak，2017）指出个体绿色消费是消费对环境负面影响最小化的一种有效方法，因而研究者尝试理解发展中国家消费者购买绿色产品行为。研究使用了计划行为理论并进一步扩展了计划行为理论，扩展构念包括感知价值、支付额外费用意愿，来测量它们作为前置变量影响消费者绿色购买意愿和行为的适用性。实证研究结果显示 TPB 完全支持消费者购买绿色产品的意愿，进而影响他们的购买行为。除了支付额外费用意愿对绿色购买意愿影响不显著外，扩展的 TPB 模型在预测消费者绿色购买意愿和行为方面有更强的解释力。王艳芝（2012）基于扩展的计划行为理论，构建了顾客选择定制产品的影响因素和机制模型。实证研究结果显示，主观规范、态度和感知行为控制顾客对于定制产品的购买意图具有显著直接影响，其中顾客态度对定制产品购买意愿的作用最强，依次为感知行为控制和主观规范。同时态度在顾客的自我身份表达对定制产品的购买意图中产生着部分中介效应；顾客社会身份表达对定制产品购买意图没有直接影响，但通过顾客主观规范对购买意图产生间接影响。吴幸泽（2013）将感知风险和感知利益整合进计划行为理论，构建了转基因技术结构模型。实证研究结果显示态度、主观规范和感知行为控制显著正向影响购买意愿，感知利益显著正向影响态度和购买意愿，感知风险显著负向影响态度和购买意愿。罗丞（2009）将信息、信念整合进计划行为理论，构建了安全食品购买倾向解释模型。实证研究发现态度和主观规范对安全食品购买倾向有显著正向影响，而道德规范对安全食品购买倾向影响不显著，感知行为控制对安全食品购买倾向的正向影响显著性的消失发生在控制了安全食品的利益和风险信念之后，这一结果说明知觉行为控制与安全食品的利益或风险信念之间存在相互替代的关系。阿尔扎拉尼等（Alzahrani et al.，2017）使用计划行为理论建模以确定大学生实际使用在线网络游戏的影响因素。实证研究结果显示乐趣感知是影响实际使用最强烈的影响因素。另外，感知行为控制水平、主观规范、态度和沉浸体验也影响着实际使用。

贝儿德和亨格尔（Beldad and Hegner，2018）通过拓展计划行为理论研究了荷兰消费者公平贸易产品购买意愿的影响因素，以及明确那些影响因素在男性和女性消费者之间存在显著差异。实证研究结果显示，男性和女性消费者公平贸易产品购买意愿以道德责任和自我认同为基础，男性消费者购买意愿受主观规范显著影响，性别在主观规范和公平贸易产品购买意愿之间发挥着调节作用。陈（Chen，2017）将风险感知和对献血代理的个体信任纳入计划行为理论，通过扩展计划行为理论预测中国人无偿献血意愿和行为。实证研究结果显示，主观规范、感知行为控制和对献血代理的个体信任显著正向影响无偿献血态度，解释了变量46.9%的方差变异。风险感知显著负向影响献血意愿，同时主观规范和对无偿献血的态度二者显著正向影响献血意愿。以上三个变量解释了献血意愿28.4%的方差变异，同时与无偿献血行为正向相关。里德等（Reid et al.，2018）指出自我认同能够预测行为意愿，但其与行为感知重要性概念较为相似，研究者以此为出发点，在食物垃圾循环利用情境下研究了该问题。实证研究结果显示，自我认同和感知重要性是不同的构念。同时，发现态度、感知行为控制、主观规范、自我认同、感知重要性均对行为意愿有显著贡献。塔里克等（Tariq et al.，2017）通过扩展检验计划行为理论，旨在掌握巴基斯坦脸书社交网络的使用情况。扩展模型中包括使用脸书的过去行为、清单和潜在功能等变量。实证研究结果显示，扩展的计划行为理论能有效解释巴基斯坦学生社交网络使用情况，个体对脸书的积极态度、重要人物的批准使用和使用感知控制，均提高了使用意愿。此外，使用脸书的意愿越高，使用脸书的实际行动可能性越大。继续使用脸书意愿会通过脸书感知清单和潜在功能而增强。

（三）计划行为理论与其他理论在其他领域的整合应用

沈梦英（2011）整合了计划行为理论和健康行为过程取向理论，构建了锻炼行为整合模型研究中国成年人锻炼行为的干预策略。实证研究结果显示锻炼行为整合理论模型提高了中国成年人锻炼行为意向和锻炼行为的解释力，其中态度、主观规范、行动自我效能促使个体产生行为意向。高键（2017）在整合创新扩散理论、计划行为理论和趋近－回避动机理论的基础上，构建了绿色消费情境下消费者生活方式对绿色消费意愿的转化模型。实证研究显示，环境态度与主观规范分别在领导意识、发展意识与绿色消费意愿之间起着中介作用，感知行为控制显著中介着消费者的生活方式与绿色消费意愿；主观规范、环境态度和感知行为控制在消费者创新性与消费者绿色消费意愿之间起着中介作用；消费者主观规范、环境态度和感知行为控制显著正向影响着绿色消费意愿。肖爽（2010）整合了计划行为理论与技术接受模型研究移动广告用户对其使用动机的影响。实证结果显示用户对移动广告的使用态度显著影响用户对移动广告的使用动机，同时主观规范显著影响用户对移动广告的使用动机，而用户感知的行为控制用户对移动广告的使用动机影响不显著。赵明（2010）通过整合技术接受模型和计划行为理论构建了环境解说行为意向使用模型。实证研究结果显示，行为态度、主观规范和感知行为控制均是行为意向的前置变量。对环境解说系统的认知、情感均显著直接正向影响着使用环境解说系统行为态度，同时易用性认知通过有用性认知对行为态度产生间接影响，且对行为态度的影响效果最大。游客自身自我效能及客观便利条件对使用环境解说系统感知行为控制有直接正向影响。傅碧天（2018）运用系统动力学理论，构建了共享交通出行碳减排模型，实证研究结果显示，主观规范显著正向影响着行为态度、感知行为控制和道德规范，行为态度既对行为意愿有显著直接影响，也通过道德规范间接影响着行为意愿；环保意识显著正向影响着行为态度，环境教育显著正向影响着行为意愿，而行为经历均显著正向影响着行为意愿和低碳出行行为。

四、理性行为理论与计划行为理论的比较研究

韩和金（Han and Kim，2010）在理性行为理论基础上，将服务质量、顾客满意度、整体形象和过去行为频率整合进原始计划行为模型，对计划行为理论进行了扩展，试图更为全面解释游客重访绿色酒店意愿。实证研究结果发现，除了主观规范、态度、感知行为控制对重游意愿具有显著正向影响外，整体形象、过去行为频率和顾客满意度也显著正向影响重游意愿，其中顾客满意度和态度在服务质量和重游意愿之间扮演着中介作用，最后通过比较指出扩展模型比 TRA 和 TPB 模型有更好的解释能力。党宁等（2017）以城市居民近城游憩行为为研究对象，通过对上海 317 个样本的实证研究结果显示，近城游憩的态度和近城游憩主观规范显著正向影响着近城游憩行为意向，且游憩行为意向能够直接预测实际游憩行为，近城游憩行为意向和实际游憩行为不受感知行为控制影响。这说明中国情境下的近城游憩行为影响因素和决策机制过程中，理性行为理论比计划行为理论有更强的解释力。陈燕仪（2009）运用理性行为理论和计划行为理论分析澳门人赌博的态度和意向。实证结果显示：赌博行为的意向由个体对赌博行为的态度和对赌博所感知到的社会压力 - 主观规范两个因素共同决定；个体对赌博行为的态度比对赌博所感知到的社会压力作用更大，是赌博行为意愿的主要前因变量。而感知行为控制对赌博行为意愿的影响不显著，说明在影响澳门人赌博行为意向方面，理性行为理论比计划行为理论的解释能力更强。毛志雄（2001）分别运用理性行为理论和计划行为理论检验了中国部分运动员对兴奋剂的态度和意向，实证研究结果显示计划行为理论和理性行为理论均可有效地解释中国运动员的兴奋剂态度和行为倾向间的关系，但整体而言计划行为理论优于理性行为理论。张辉等（2011）检验了理性行为理论和计划行为理论在消费者网络购物意向的适用性。实证研究结果显示计划行为理论比理性行为理论能够更好地解释消费者网络购物意向。其中知觉行为控制及行为态度对消费者网络购物意向都有显著影响，但主观规范影响不显著。另外，消费者对网络信息搜寻态度能够显著影响其购买意向，以及消费者过去网络购物行为对网络购物意向有显著影响。

第三节　价值－信念－规范理论

一、价值－信念－规范理论的提出与内涵

价值－信念－规范理论（value-belief-norm theory，简称 VBN 理论）最先由斯特恩（Stern，2000）发展并提出。该理论的研究目的在于帮助人们深入理解环境保护主义情境下的公共支持行为，公共支持被认为是处理社会问题的关键资源之一。由于公共问题是大尺度问题，需要集体社会行动来解决它们。环境保护主义社会行动是一种普遍改变个体、积极分子和组织减少对人类不利环境影响目标的行为方式。尽管有效的社会运动需要所有群体参与，但个体是公众中最重要的群体。因而 VBN 理论将亲环境行为分为四类，分别是激进主义、公共领域非激进分子、私人领域和组织行为。结合本研究情境，仅关注私人领域的旅游活动。VBN 理论是在系统梳理影响环境保护主义决定因素，诸如新环境范式、环境保护主义价值观和利他行为理论的基础上，将价值观理论、新环境范式（NEP）和规范－激活理论相链接，形成了价值－信念－规范因果链理论模型。

施瓦茨（Schwartz，1977）的规范－激活理论框架（norm activation model，NAM）是在亲社会情境下调查利他意愿和行为基础上发展而来，规范－激活模型由解释亲社会意愿和行为形成的三个主要概念构成，分别命名为后果意识、责任归属和道德规范。后果意识指当个体没有采取亲环境行为时对于评价对象不良后果的意识水平；责任归属指没有履行亲环境行为带来不利后果的个体自我责任感（De Groot and Steg，2009）。在规范激活框架中，信念的认知概念激活了个体道德规范，道德规范是指个人是否从事环境责任行为道德责任的个体感觉。狄·格罗特和斯蒂格（De Groot and Steg，2007）通过实证研究发现规范－激活模型是解释环境意愿和行为的中介模型，个体规范在责任归属和亲社会意愿和行为之间发挥着中介作用，责任归属在后果意识与个体规范之间发挥着中介作用。

VBN 理论由价值观、信念和规范三个成分组成，除了规范－激活理论模型中的后果意识、责任归属和道德规范，价值观和新环境范式也是 VBN 理论

中的重要构念，施瓦茨（Schwartz，1992）指出价值观是人们在不同情境下对既定目标的重要性做出的判断，它也是个人生活或社会实体行为的指导原则。对于价值观的成分，斯特恩等（Stern et al.，1999）将施瓦茨的基本价值观理论应用到VBN理论中，第一种是集体价值观或利他价值观通常促进环境意识；第二种是生物价值观，指的是生物和其他物种；第三种是利己价值观，指在社会中某人自身利益关注点。另一个信念构念为新环境范式（new ecological paradigm，NEP），NEP最先由邓拉普和范·列里（Dunlap and Van Liere，1978）提出，NEP量表被认为是测量生物和人类关系最常见和最基础的工具。邓拉普等（Dunlap et al.，2000）将NEP定义为人类打乱自然平衡、人类社会存在增长极限以及人类有权利支配自然的能力信念；并指出NEP量表显著区分环境保护主义者和普通公众。三类价值观可以预测NEP，NEP进而预测后果意识。

价值－信念－规范理论建立了个人价值观、信念（新环境范式、后果意识和责任归属）、道德规范和环境意愿/行为的关系。这反映了规范激活模型的连续解释，按照该理论，个体环境责任决策/行为通过价值－信念－规范因果过程（生物价值观、利他价值观和利己价值观→新环境范式→后果意识→责任归属→道德规范→亲环境意愿/行为）而形成，价值－信念－规范理论模型如图3－8所示。在价值－信念－规范理论中，亲环境个体规范和亲环境行为责任感可交换使用，不利后果意识和评价对象不利后果可交换使用。

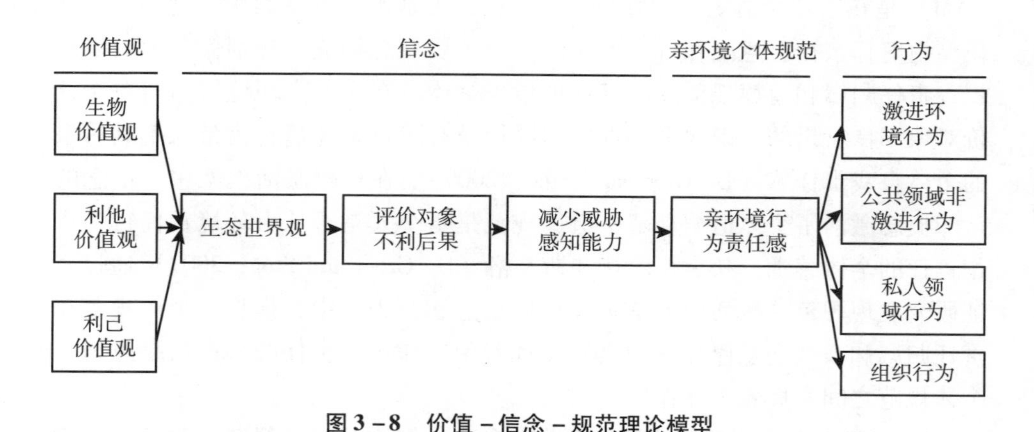

图3－8　价值－信念－规范理论模型

资料来源：Stern，2000。

二、价值－信念－规范理论在旅游领域的应用

（一）价值－信念－规范理论在旅游领域的简单应用

高等（Gao et al.，2017）运用规范－激活理论研究游客旅游负面影响感知与感知责任的关系。在中国自然遗产地的实证研究结果显示，游客旅游负面影响感知显著正向影响着责任归属，显著正向影响游客责任感知，但同时也发现旅游影响信息的可达性远不足以培养游客的责任感。兰登等（Landon et al.，2018）指出理解旅游者自愿采用环境影响最小化和支持社区旅游发展行为的心理机制是旅游产业可持续的基础。研究者利用价值－信念－规范模型检验了引导游客采用亲可持续行为 3 个维度的内在属性。研究将亲可持续行为划分为与行为意愿相关的 3 个维度，分别为减少环境影响、消费当地的物品和服务、选择可持续牺牲时间和金钱的意愿。实证研究结果显示生物价值观对新环境范式（NEP）有显著正向影响，利他价值观和利己价值观对新环境范式影响不显著，新环境范式显著正向影响后果意识，后果意识显著正向影响个人规范，模型中责任归属予以省略，个人规范显著正向影响生态行为、地方性和牺牲意愿，模型如图 3－9 所示。

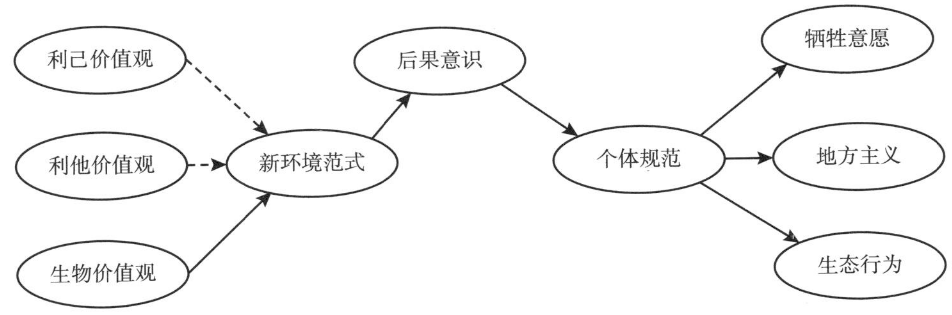

图 3－9　基于价值－信念－规范理论的旅游者可持续旅游行为模型

注：虚线表示路径不显著。
资料来源：Landon et al.，2018。

范·里珀和凯尔（Van Riper and Kyle，2014）指出影响人类行为的理论发展为探索人们为什么愿意表现出环境友好行为提供了有益解释。该调查研究使

用自我报告行为承诺深入研究了美国海峡群岛国家公园游客的心理过程。文章运用环境保护论中的价值-信念-规范理论，采用结构方程模型验证了构念间的假设关系，实证研究结果显示：生物-利他价值观显著正向影响环境世界观和个人规范，而利己价值观对环境世界观无显著影响，但显著负向影响个人规范。同时按照价值-信念-规范因果链，环境世界观→责任归属→后果意识→个人规范→亲环境行为显著正向影响的因果链完全成立。这也验证了早期研究，即信念结构和个人道德规范引发了公园游客报告的保护行为。

（二）价值-信念-规范理论在旅游领域的拓展应用

韩等（Han et al.，2017c）基于价值-信念-规范理论模型，构建了价值-信念-情感-规范理论模型，以解释消费者巡游情境下亲环境决策行为过程。实证研究结果显示，价值-信念-情感-规范理论模型对数据的拟合度优于价值-信念-规范理论。模型连续影响机制为生物价值观和利他价值观显著正向影响生态世界观，利己价值观对生态世界观影响不显著；生态世界观显著正向影响评价对象不利后果，评价对象不利后果显著正向影响减少威胁感知能力，减少威胁感知能力显著正向影响预期自豪情感和亲环境行为责任感，预期自豪情感在减少威胁感知能力和亲环境行为责任感之间发挥着中介作用。亲环境行为责任感显著正向影响牺牲意愿、购买意愿和口碑意愿，模型如图3-10所示。

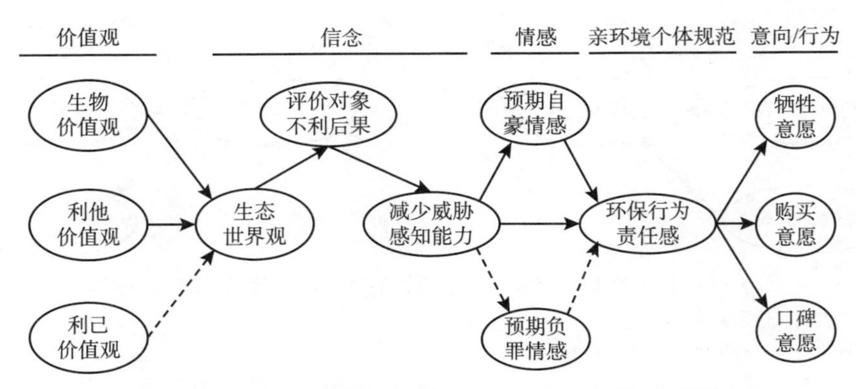

图3-10　消费者生态友好行为价值-信念-情感-规范模型

注：虚线表示路径不显著。
资料来源：Han et al.，2017。

韩等（Han et al.，2018c）主要研究度假者对博物馆环境负责任的亲环境决策机制形成过程。研究使用并扩展了价值－信念－规范理论，将绿色产品使用满意度、绿色信任、过去绿色产品使用的频率作为预测因素。实证研究结果显示，生物价值观和利己价值观显著正向影响新环境范式，而利他价值观影响不显著，新环境范式显著正向影响后果意识，后果意识显著正向影响责任归属，责任归属显著正向影响道德规范，道德规范显著正向影响亲环境意愿，基本验证了原始 VBN 理论。同时，新增加的过去使用绿色产品频率不仅直接影响亲环境意愿，还以道德规范为中介变量间接影响亲环境意愿；绿色产品使用满意度不仅直接影响亲环境意愿，还以道德规范和绿色信任为中介变量，间接影响亲环境意愿。崔等（Choi et al.，2015）运用 VBN 理论研究消费者访问绿色酒店的意愿，研究在 VBN 原始理论上增加了主观规范和绿色信任两个变量，构建了理解消费者访问绿色酒店意愿决策过程的理论框架。结果方程模型的结果显示，原始 VBN 理论模型中的生物价值观—后果意识—责任归属—个人规范—访问绿色酒店意愿的从左到右的因果链完全成立，绿色信任显著正向影响访问绿色酒店意愿，主观规范则对访问绿色酒店意愿的影响不显著。

（三）价值－信念－规范理论与其他理论在旅游领域的整合应用

雷蒙德等（Raymond et al.，2011）检验了地方依恋、价值观、信念和个体规范对原生植被保护环境行为的影响。研究者检验了包括价值－信念－规范理论各变量的亲环境行为模型，与行为自身相比，地方依恋强烈影响行为前置变量，特别是自然连接在个体规范和后果意识之间有显著调节预测作用。研究者发现地方依恋对 VBN 理论各变量有显著直接和间接效应。克瓦特科夫斯基和韩（Kiatkawsin and Han，2017）整合了价值－信念－规范理论和弗鲁姆的期望理论，构建整合模型检验年轻团队旅游者亲环境行为意图。实证研究结果显示，整合模型比价值－信念－规范理论有更强的解释力，生物价值观和利他价值观显著正向影响新环境范式，利己价值观对新环境范式影响不显著。新环境范式显著正向影响后果意识和效价，按照价值－信念－规范理论形成后果意识→责任归属→亲环境个体规范→旅游亲环境行为意愿。期望理论中形成效价→手段→期望→旅游亲环境行为意愿影响机制。另外，效价和手段对亲环境个体规范有显著正向影响，后果意识对手段有显著正向影响，责任归属对期望有显著正向影响，模型如图 3－11 所示。韩（Han，2015b）

整合了价值－信念－规范理论和计划行为理论来研究绿色酒店情境下的旅游者亲环境行为。实证研究结果显示，整合模型对数据有较好的拟合度。按照价值－信念－规范理论模型影响机制，生物价值观→生态世界观→评价对象不利后果→责任归属→亲环境行为责任感→行为意愿显著正向影响的因果链成立。其次，评价对象不利后果对主观规范、感知行为控制和对行为的态度有显著正向影响，其中主观规范显著正向影响亲环境行为责任感，按照计划行为理论模型机理，主观规范、感知行为控制和对行为的态度对行为意愿具有显著正向影响，模型影响路径如图 3－12 所示。

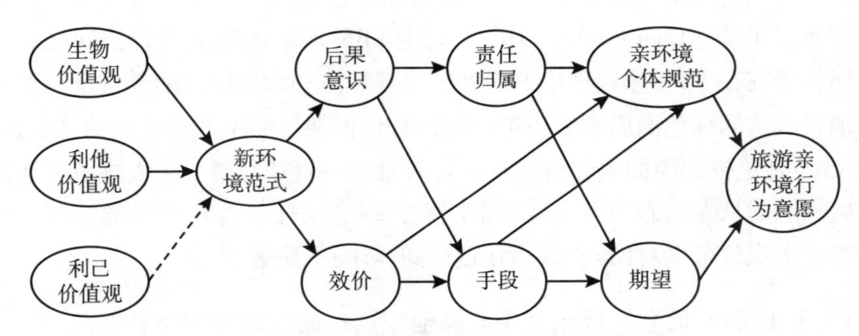

图 3－11　青年旅游者亲环境行为意向模型

注：虚线表示路径不显著。
资料来源：Kiatkawsin and Han，2017。

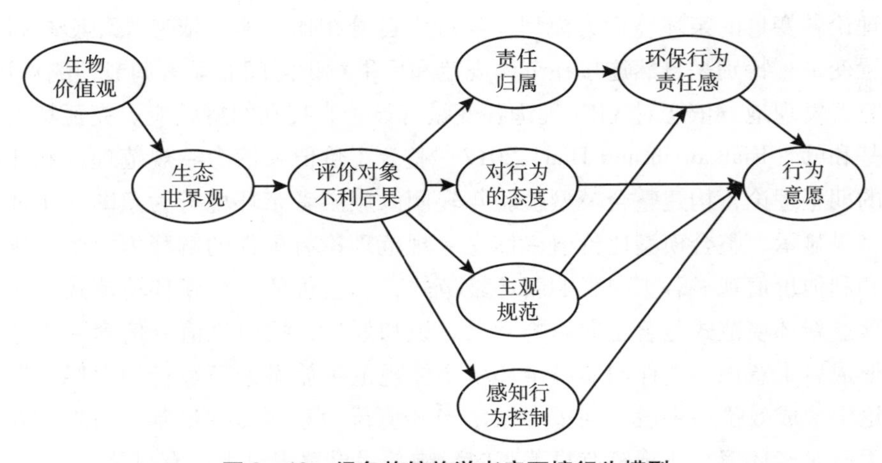

图 3－12　绿色旅馆旅游者亲环境行为模型

资料来源：Han，2015。

三、价值－信念－规范理论在相关领域的应用

（一）价值－信念－规范理论在绿色行为方面的应用

里奥贝基尼和祖柯尼斯（Liobikiene and Juknys，2016）运用价值－信念－规范理论（VBN）和目标框架理论分析价值观对环境友好行为的影响。根据立陶宛的实证数据分析，两个不同的价值观导向被定义为自我超越和自我提升。研究结果显示，自我超越价值观导向越强的人们，通过由规范目标引导，越多的感知到环境问题，更倾向于承担责任以及表现出更多环境友好行为。回归分析发现，环境行为最主要的直接决定因素是自我超越价值导向、环境问题感知和承担责任。然而，行为后果意识和真实行为之间的空白仍然存在。奥本和安圭拉（Obeng and Aguilar，2018）主要分析价值－信念－规范模型（VBN）中三个明显不同的价值观导向是否影响支付生态系统服务计划的支付意愿。实证研究结果显示，城市受访者比农村受访者更熟悉生态系统服务概念和生态系统服务，但不存在统计上支付意愿的差异。根据数据研究者相对于 VBN 理论中一般的后果意识量表中的利他、生物和利己价值观，将价值观导向的潜变量称为不利的、生物的和有利的（自利的）。生物意识、不利后果和个体责任归属均显著正向影响支付意愿，有利（自利）价值导向和支付意愿负向相关，且相较于生物（15.53 美元）和不利（3.96 美元）价值导向，针对提倡的生态系统服务计划每户每年保持负向平均支付意愿为－30.48 美元。除了个体规范，对于环境退化威胁人类福利的不利后果意识强烈驱动着生态系统服务恢复计划和保护森林流域生态系统服务的支付意愿。平冢等（Hiratsuka et al.，2018）指出环境保护论中的 VBN 理论（价值－信念－规范）的基本假设是价值观通过亲环境信念和个人规范影响亲环境行为。VBN 理论解释亲环境行为在欧洲和拉丁美洲得到了支持，但 VBN 理论在其他文化环境下是否适用有待进一步验证。研究者在日本对该理论进行了实证研究，结果显示很多人认可生物价值观，生物价值观越强人们越相信使用汽车对环境有负面影响，人们越觉得使用汽车会造成环境问题负责任，不得不减少汽车使用；相反的，在较小程度上，强烈的享乐论和利己价值观和较低的亲环境信念和规范相关。此外，研究发现亲环境信念在享乐和生物价值导向与规

范关系之间具有中介效应。生物和享乐价值观不仅预测相邻信念，也能预测因果链中较远的规范和信念，价值观在促进可持续交通方面扮演着重要角色。金等（Kim et al.，2016）指出生态友好人造皮革近期被研发出来，以使对环境影响危害最小化。但是，消费者采用生态友好产品则取决于他们的价值观、信念和态度，此处研究则较为滞后。为了更好理解消费者采用生态友好人造皮革产品的社会心理，研究者基于价值－信念－规范理论框架构建了态度模型。通过602名美国和英国的受访者数据，发现在环境价值观、亲环境信念和个体责任规范之间存在着显著的因果关系，VBN理论在美国和英国之间没有差异。林德等（Lind et al.，2015）通过研究影响环境显著交通行为的决定因素，进而有助于发展出影响人们选择可持续方式的旅行模式。研究目标是通过价值－信念－规范理论解释挪威城市人口旅行模式的改变。通过对挪威6个城市的1043名样本进行分析，发现价值观和信念解释了个体规范的58%的变化。三个交通模式使用者群体被定义，分别为公共交通的频繁使用者、小汽车频繁使用者和频繁步行和自行车使用者。个体规范和情境因素能显著预测旅行模式选择，模型如图3－13所示。

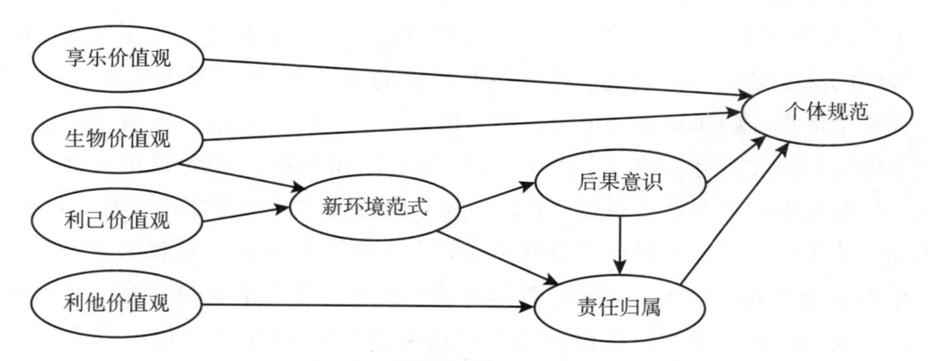

图3－13　城市地区可持续旅行模式选择模型

资料来源：Lind et al.，2015。

诺德杰恩和扎瓦雷（Nordfjærn and Zavareh，2017）主要使用价值－信念－规范理论预测中国父母在孩子上学途中选择对驾驶不利因素接受和活动方式的偏好。通过250份调查问卷显示，数据对价值－信念－规范理论拟合度较低，其对两个结果的解释方差并不能让人满意。汽车拥有者和减少驾驶不利因素的可接受性相联系，有利的步行评估、去学校的步行时间较长分别与更高的以及减少活动模式偏好的概率相关联。在预测中国父母交通模式偏好方面应在 VBN 理论之外甄别其他影响因素。

（二）价值 – 信念 – 规范理论在能源耗费方面的应用

弗娜拉等（Fornara et al.，2016）检验了家庭生活中使用可再生能源的意愿模型。模型聚焦于价值 – 信念 – 规范理论和包括了社会影响的各种类型（规范的和信息的）以及对目标行为的态度。通过 432 名房屋拥有者的自报告问卷调查，实证研究显示了价值 – 信念 – 规范理论在预测目标效能行为意愿方面具有较强的适用性，生物价值观显著正向影响一般态度和道德规范，一般态度显著正向影响后果意识，后果意识显著正向影响道德规范，责任归属显著正向影响道德规范和行为意愿。此外，指令性规范显著正向影响后果意识、道德规范、行为态度和朋友邻居信任；描述性规范显著正向影响道德规范和亲友邻居信任；后果意识和道德规范显著正向影响对行为的态度，道德规范和信息影响（如亲戚好友和邻居的信任）对使用可再生能源设备意愿的预测能力最强，行为态度和责任归属对使用意愿影响较小。道德规范在指令规范、描述规范与行为意愿之间发挥着中介作用。沃夫和斯蒂格（Werff and Steg，2016）指出如果人们参加智慧能源系统，环境问题就能得到缓解。由于尚不清楚影响人们实际参与智慧能源系统的动机因素，所以文章对影响人们实际参与智慧能源系统的动机因素进行了深入探索。研究对比了价值 – 信念 – 规范理论（VBN）与解释亲环境行为的新价值 – 认同 – 个体规范模型（VIP）。两个模型均考虑规范解释行为，但 VIP 模型（生物价值观→环境自我认同→个体规范→参与智慧能源系统的兴趣和意愿）聚焦于一般而不是特定的行为前因。研究结果显示两个模型解释了兴趣和实际参与智慧能源系统相似的方差变异。VIP 模型对于解释和促进诸如参与智能电网等亲环境行为具有广阔前景，它比 VBN 理论在预测环境行为方面的一般影响因素更为简约。普拉提和扎尼（Prati and Zani，2012）指出之前的民意测试发现大型核事故会对公众态度产生严重影响。文章基于价值 – 信念 – 规范模型（VBN）中的环境承诺，研究者假设一个大型核事故会影响最具容忍力的认知以及加强对核能公众认知的文化基础。通过 32 名意大利参与者，研究者评估了福岛核事故 1 个月前后的核能和价值观认知。参与者报告降低了核信任、环境组织信任以及提倡核能的态度；而新环境范式和利他价值观对环境信念有显著正向影响。哈特曼等（Hartmann et al.，2018）聚焦于气候保护，主要研究心理赋权在亲环境消费行为的角色。文章研究分为两部分，研究1通过600名澳大利亚居民的抽样，分析了心理赋权和个体规范两个环境行为的交互效应；研究2通过准实验设计，对比了300名绿色电能消费者与300名传统电能消费者，以加强赋权的影响。研究结果发现心理赋权在价值－信念－规范框架中的个体规范与气候保护消费行为之间具有调节效应。个体规范对消费者高心理赋权体验的影响高于消费者去权情感。此外，心理赋权作为真实亲环境行为的结果经验，在先前气候保护和未来气候保护意愿之间具有中介作用。

| 第四章 |

旅游者环境责任行为意愿形成机理模型构建与研究假设

第一节 旅游者环境责任行为意愿形成机理理论模型构建

一、旅游者环境责任行为意愿形成机理理论模型构建

基于国内外生态旅游者、旅游者环境责任行为研究现状和相关理论基础研究进展可知：首先，旅游者环境责任行为作为旅游目的地或景区可持续发展的重要推手，研究其形成机理是未来研究的焦点问题；其次，对旅游者行为研究的相关理论进行扩展或整合构建新的理论模型，并通过实证研究不断提高理论模型解释能力是旅游者行为研究的未来趋势，所以对理论模型进行整合或扩展是未来深入研究旅游者环境责任行为的重要方向；再次，目前国内研究多为直接借用国外理论框架和测量量表，尽管部分理论和量表的有效性得到了验证，但许多概念化和测量环境责任行为的工具基于西方文化背景，所以在不同文化背景下发展测量旅游者环境责任行为量表以及研究其形成机制显得非常重要（何学欢等，2017），因此结合中国文化情境研究适合于本土旅游者行为的理论模型势在必行；最后，目前研究旅游者行为运用比较普

遍的理性行为理论、计划行为理论和价值 – 信念 – 规范理论均从认知因素解释行为意愿及行为，忽视了情感因素，降低了理论的解释能力。综合以上特征及不足，本研究采用理论整合方法以图深入探索旅游者环境责任行为形成机理。

整合是理论发展的方法之一，整合是在两个或者两个以上已经建立起来的理论的基础上创造一个新的理论模型（陈晓萍等，2008）。本研究在整合计划行为理论和价值 – 信念 – 规范理论基础上，创新性将中国传统生态伦理价值观——人地和谐观和情感因素纳入整合模型，试图较为全面解释旅游者环境责任行为意愿形成机理。

旅游者环境责任行为意愿形成机理整合理论模型由前因变量（生物价值观、利他价值观、利己价值观、人地和谐观、生态世界观、评价对象不利后果、减少威胁感知能力、预期自豪情感、预期内疚情感、环保行为责任感、旅游者环境责任行为态度、主观规范、感知行为控制）和结果变量（旅游者环境促进行为意愿、旅游者环境遵守行为意愿）两大部分组成，其中各变量之间的影响路径如图 4 – 1 所示。

旅游者环境责任行为意愿形成机理整合理论模型的基本思路为：首先，环境价值观作为影响人们信念、态度和行为的最为稳定的变量之一，顺理成章成为影响旅游者环境责任行为意愿的前因变量，同时为了提高环境价值观的中国本土化研究水平，特将传统生态文化伦理思想价值观——人地和谐观作为环境价值观的维度之一纳入整合模型。其次，结合价值 – 信念 – 规范理论模型，验证了环境价值观→生态世界观→评价对象不利后果→减少威胁感知能力→环保行为责任感→旅游者环境责任行为意愿（二维划分）因果链关系；同时参考价值 – 信念 – 情感 – 规范理论模型，检验了预期自豪情感和预期负罪情感在减少威胁感知能力和环保行为责任感之间的作用机理。再次，结合价值 – 信念 – 规范理论与计划行为理论整合模型，检验了评价对象不利后果对旅游者环境责任行为态度、主观规范和感知行为控制的影响，以及主观规范对环保行为责任感的影响。最后，运用计划行为理论检验了旅游者环境责任行为态度、主观规范和感知行为控制对旅游者环境促进行为意愿和旅游者环境遵守行为意愿的影响。

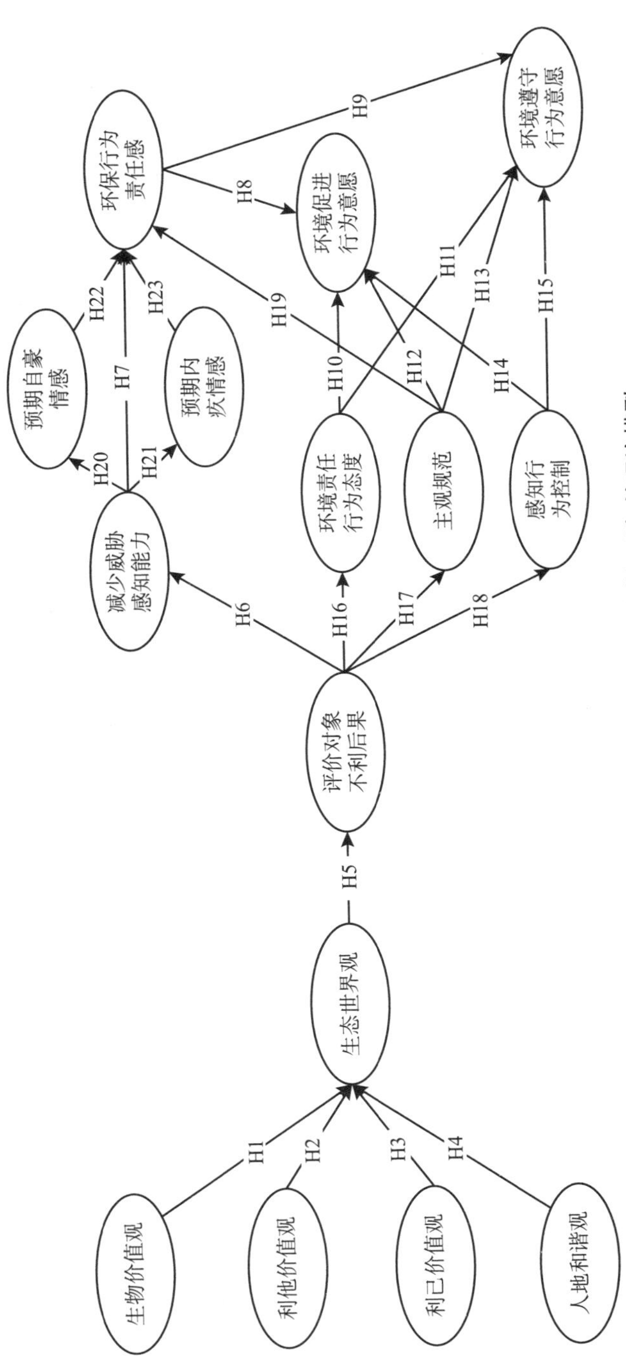

图4－1 旅游者环境责任行为意愿形成机理初始理论模型

二、旅游者环境责任行为意愿形成机理理论模型的特色优势

本研究构建的旅游者环境责任行为意愿形成机理理论模型相较于前期构建的旅游者环境责任行为理论模型，有以下几点特色和进步之处。

首先，旅游者环境责任行为意愿形成机理理论模型是对价值 - 信念 - 规范理论和计划行为理论进行的全面整合，其不同于对价值 - 信念 - 规范理论或计划行为理论增加个别变量的模型扩展，也有别于对原始理论模型的部分扩展、整合应用。本研究构建的理论模型与韩（Han，2015b）整合价值 - 信念 - 规范理论和计划行为理论构建的绿色旅馆情境下旅游者亲环境行为理论模型具有明显差异，该模型仅应用了环境价值观中的生物价值观，是对价值 - 信念 - 规范理论的部分应用，而旅游者环境责任行为意愿形成机理理论模型包含了价值 - 信念 - 规范理论和计划行为理论的所有变量。

其次，在本研究构建的理论模型中增加了中国本土化变量——人地和谐观。国内前期研究成果均直接采用施瓦茨提出的生物价值观、利他价值观和利己价值观；或引用因格哈特提出的后物质主义价值观开展研究，尽管这些构念在中国文化情境下得到了部分验证，但并未凸显中国本土文化特征，同时尚未探索人地和谐观与生物价值观、利他价值观、利己价值观之间的关系，以及尚未揭示人地和谐观对旅游者环境责任行为意愿的影响机理，而本研究理论模型则很好地回应了这一问题。

再次，本研究理论模型中将旅游者环境责任行为意愿划分为二维变量，这不同于国外研究中将旅游者环境责任行为意愿作为单维变量，或将旅游者环境责任行为意愿划分为牺牲意愿、购买意愿和口碑意愿等多维变量。本研究对旅游者环境责任行为意愿的二维划分是国内实证研究检验的结果，它更符合中国本土文化情境。因此，本研究理论模型结合中国文化情境将旅游者环境责任行为意愿划分为环境促进行为意愿和环境遵守行为意愿 2 个维度，是对旅游者环境责任行为本土化研究的有益探索，有利于提高研究结果的实践指导价值。

最后，本研究理论模型中增加了情感因素，以丰富模型的理论体系。社会心理学认为认知和情感均是影响意愿的核心因素，且有实证研究显示情感因素对亲环境行为的解释能力高于认知因素，但价值 - 信念 - 规范理论或计划行为理论中主要包含认知变量，因此在新构念的理论模型中增加情感因素

有利于发展更为全面的理论体系和模型。本研究借鉴韩等（Han et al.，2017c）的价值－信念－情感－规范理论模型，将预期情感纳入理论模型，以提高新建模型的解释力。

第二节　研究假设的提出

一、价值观与生态世界观的关系

价值观在个人认知系统处于核心地位，对行为具有显著影响力。施瓦茨价值观理论发现，价值观是环境相关信念、态度、偏好和行为的基础。克洛克纳（Klöckner，2013）指出在 VBN 理论中，价值观和生态世界观扮演着重要角色。价值观导向，如生物价值观、利他价值观和利己价值观与生态世界观相关，其中生物价值观和利他价值观对生态世界观有显著影响，而利己价值观对生态世界观影响不显著。由于亲社会研究成果未发现生物价值观和利他价值观的明显区别，通常将利他当作是从生物价值观导向划分出来的一种单独类型。随着生态问题的进一步凸显，单独的生物价值观开始出现并被当作是解释某人亲环境决策过程和行为价值导向的关键要素（De Groot et al.，2007）。

克瓦特科夫斯基和韩（Kiatkawsin and Han，2017）通过对青年团队旅游者亲环境行为意愿的研究结果显示，生物价值观和利他价值观显著正向影响新生态范式，而利己价值观对新生态范式影响不显著。韩等（Han et al.，2017c）实证研究发现生物价值观和利他价值观显著正向影响生态世界观，且生物价值观的影响程度大于利他价值观，而利己价值观对生态世界观影响不显著。韩（Han，2015b）实证研究发现在绿色酒店情境下生物价值观对生态世界观有显著正向影响。洛佩斯·摩斯奎拉和桑切斯（Lòpez-Mosquera and Sánchez，2012）通过对公园游客支付意愿的实证研究发现，生物价值观和利他价值观对新环境范式有显著正向影响，而利己价值观对新环境范式影响不显著。张玉玲等（2017）通过对四川省九寨沟与青城山－都江堰游客的实证研究结果显示，利他价值观对环境世界观——人地关系认知、环境世界观——非人类中心主义均有显著正向影响，利己价值观对环境世界观——人地关系认知有显著正向影响，而对环境世界观——非人类中心主义影响不显著；四川邻省游客实证研究结果显示，利他价值观对环境世界观——人地关系认知、环境世界观——非人类中心主义均有显著正向影响，利己价值观对二者影响不显著；中西部游客实证研究结果与四川邻省结果相同，而东部游客实证结果与四川游客实证结果相同。韩等（Han et al.，2017c）在研究消费者生态友好行为过程中发现，生物价值观和利他价值观对生态世界观有显著正向影响，而利己价值观对生态世界观影响不显著。刘贤伟和吴建平（2013）以北京和内蒙古大学生为实证研究对象，发现生物价值观对环境关心（NEP）有显著正向影响，利己价值观显著负向影响环境关心（NEP）。

综合以上研究成果发现，生物价值观和利他价值观对生态世界观或新环境范式（NEP）具有显著正向影响已得到广泛证实。利己价值观对生态世界观或新环境范式（NEP）的影响存在两种结果，分别是影响不显著和显著负向影响，结合本研究的实际情况，在参考张玉玲等（2017）对中西部旅游者研究成果的基础上，特提出以下假设：

H1：生物价值观对生态世界观有显著正向影响

H2：利他价值观对生态世界观有显著正向影响

H3：利己价值观对生态世界观影响不显著

由于个体价值观对文化情境较为敏感，所以结合不同文化情境研究环境价值观很有必要。中国传统文化历史悠久，内涵丰富，儒家、道家、佛家共同形成了中国传统生态伦理价值观。中国传统价值观的哲学基础是“天人合一”的宇宙整体观，将系统性思维植入对宏观宇宙的整体性认知，确立了自然与人文的系统联系（温小勇，2013）。“天人合一”是儒家和道家共有的自然生态观，儒家的基本思想是“三才”——天、地、人的协调一致，道家的基本思想是“四大”——道、天、地、人的协调统一；儒家的“三才”突出了天的物质性和客观实在性、天地合和、遵循自然界规律、人与自然的分职性、人对自然的能动性和天人合一性；道家的“四大”突出了自然主义本质、人对自然的顺应性、掌握天道万物变化自然规律的重大意义，以及人与自然的系统性。佛家在缘起论的基础上，提出了自然观、生命观的生态伦理观。佛家自然观肯定有情无性、重视自然物的价值，佛家生命观强调众生平等和生命轮回（徐嵩龄，1999）。与此同时，中国传统儒、道、释生态文化伦理思想不同程度地渗透到与自然联系最为紧密的乡土社会之中，“天人合一”中国哲学的基本精神、人地和谐与因地制宜主导地位为人地关系地域系统理论奠定了中国传统文化思想基础（樊杰，2018）。综合以上观点与结论，结合中国传统生态伦理思想中强调自然的重要性以及人与自然和谐与协调相处的“天人合一”理念，特提出中国传统生态伦理价值观——人地和谐观。人地和谐观是儒、道、释生态伦理思想的复合变量，作为环境价值观的维度之一与生物价值观、利他价值观和利己价值观一起进入初始理论模型。

在人地和谐观对绿色行为或环境行为影响方面，张梦霞（2005）研究发现道家价值观显著正向影响中国人的绿色消费行为和绿色购买行为。王建明和吴龙昌（2016）研究了道家价值观对家庭节水行为的影响机制，道家价值观显著正向影响态度。王建明和赵青芳（2017）发现道家价值观显著影响环境亲近感、环境尊敬感和环境愤怒感，进而对循环回收行为产生显著的影响效应。王德胜（2014）研究了消费者的儒家价值观与企业社会责任行为意向显著相关。实证研究表明，儒家价值观中的仁、义、礼、智、信均对消费者企业社会责任行为有着重要影响。程璐和邹瑞雪（2015）通过实证研究发现，农村居民的儒家价值观通过网购动机影响着网购行为。游敏惠等（2016）研究了儒家传统价值观对建言行为的作用机理，实证研究结果显示，儒家价值观中的遵从权威和宽忍利他 2 个维度均显著正向影响着抑制性和促进性两种建言行为。幺桂杰（2014）研究了儒家价值观、个体责任感对中国居民环保行为影响，实证发现儒家价值观中的环境关爱维度对直接环保行为具有显著正向影响，对间接环保行为中的说服行为具有显著正向影响，但间接环保行为中的社会行为有显著负向影响。张梦霞（2005）指出佛家文化价值观对实用购买行为有显著正向影响。综合以上观点，说明人地和谐观影响着人类绿色或生态环境行为与态度。同时，结合价值－信念－规范理论逻辑框架，特提出以下假设：

H4：人地和谐观对生态世界观有显著正向影响

二、价值－信念－规范理论各变量之间的关系

信念的第一个构念是生态世界观，有时也称为新环境范式/新生态范式（NEP），它直接影响着后果意识。信念的另外两个构念是后果意识和责任归

属，二者均是规范激活理论的核心构念。根据施瓦茨（Schwartz，1977）的规范激活框架，个体意识到有害结果并将后果责任归因于自身没有履行亲社会或亲环境行为，进而激发决定他们是否采取阻止破坏结果的特定行为的个体规范。狄·格罗特和斯蒂格（De Groot and Steg，2009）发现后果意识、责任归属、个体规范和亲社会意愿之间有显著关联，通过实证研究验证了原始规范激活模型及其时序进程。斯蒂格和狄·格罗特（Steg and De Groot，2010）发现责任归属在后果意识和个体规范之间有完全中介作用，个体规范在责任归属和亲社会意愿之间具有完全中介作用。斯特恩（Stern，2000）将价值观和生态世界观整合进规范激活模型，并将其应用于亲环境情境构建了VBN 理论框架。该理论获得了各种环境情境下大量的实证数据支持，进而进一步确认了 VBN 理论涉及各变量之间的因果时序关系，即价值观→生态世界观→评价对象不利后果→责任归属→亲环境行为责任感→意愿/行为。范·里珀和凯尔（Van Riper and Kyle，2014）验证发现 VBN 理论中环境世界观→责任归属→后果意识→个人规范→亲环境行为因果链完全成立。韩等（Han et al.，2017c）发现生态世界观对评价对象不利后果有显著正向影响、评价对象不利后果对降低威胁感知能力有显著正向影响、降低威胁感知能力对亲环境行为责任感有显著正向影响，亲环境行为责任感对牺牲意愿、购买意向和口碑意向具有显著正向影响。由此，得出以下假设：

H5：生态世界观对评价对象不利后果有显著正向影响

H6：评价对象不利后果对降低威胁感知能力有显著正向影响

H7：降低威胁感知能力对环保行为责任感有显著正向影响

H8：环保行为责任感对环境促进行为意愿有显著正向影响

H9：环保行为责任感对环境遵守行为意愿有显著正向影响

三、计划行为理论各变量之间的关系

按照计划行为理论（TPB），意愿是预测行为的相邻变量，行为受采用该行为意愿的显著影响。意愿的决定因素为对行为的态度、主观规范和感知行为控制（Ajzen，1991）。如前所述，计划行为理论有别于理性行为理论，它包含了意志和非意志 2 个维度。计划行为理论是应用最为广泛的行为预测理论之一，近年来已广泛应用到亲环境行为及旅游情境。很多实证研究均验证了对行为的态度、主观规范和感知行为控制对行为意愿及行为的显著影响。金等（Kim et al.，2013）指出顾客态度、主观规范和感知行为控制在决定顾客阅读菜单标签中扮演着重要角色。陈和彼少普（Chan and Bishop，2013）证实个体态度、主观规范和感知行为控制直接显著影响着回收意愿，进而激发真正的回收行为。陈和彭（Chen and Peng，2012）发现个人态度、主观规范和感知行为控制能提高游客旅游活动中住宿绿色酒店的意愿。韩（Han，2015b）研究了在绿色住宿情境下，对行为的态度、主观规范和感知行为控制对绿色酒店住宿行为意愿具有显著正向影响。由此，提出以下假设：

H10：环境责任行为态度对环境促进行为意愿有显著正向影响

H11：环境责任行为态度对环境遵守行为意愿有显著正向影响

H12：主观规范对环境促进行为意愿有显著正向影响

H13：主观规范对环境遵守行为意愿有显著正向影响

H14：感知行为控制对环境促进行为意愿有显著正向影响

H15：感知行为控制对环境遵守行为意愿有显著正向影响

四、计划行为理论与信念、规范之间的关系

对行为的态度、主观规范和感知行为控制是计划行为理论包含的基本变量，由于三个变量是提高某人亲环境行为预测能力的关键因素，其经常被运用到社会心理学理论研究亲社会动机（Klöckner，2013）。研究发现个体对生态友好行为的态度、感知社会压力和感知能力控制和诸如评价对象后果意识、亲环境行为责任感等亲社会动机理论中的变量有较强的相关关系。特别是研究者努力将态度、主观规范和感知行为控制进行合并，对规范激动模型进行扩展尤为显著。班伯格等（Bamberg et al.，2007）实证研究显示，当他们对环境问题有较高意识时个体感知社会压力水平会提高，以及当他们感受到明显的社会压力时亲环境行为道德责任感会上升。班伯格和莫斯（Bamberg and Möser，2007）也发现个人的问题意识是解释态度、主观规范和感知行为控制的一个重要概念，同时道德规范对主观规范具有促进功能。陈和董（Chen and Tung，2014）发现环境问题意识在游客住宿亲环境行为态度、主观规范和感知行为控制形成访问绿色酒店意愿方面扮演重要角色。奥文森等（Onwezen et al.，2013）发现态度、主观规范和感知行为控制以及规范激活理论

中的变量在形成亲环境意愿或行为方面扮演着重要角色。主观规范引起了个体亲环境行为责任感。班伯格（Bamberg，2003）指出个体对于环境问题负面结果的关注对主观规范、感知行为控制和信念（规范、行为和控制信念）有直接效应。金和韩（Kim and Han，2010）在生态友好酒店背景下，发现具有环境问题严重性意识的顾客比不关注环境话题的顾客，对绿色消费活动有更积极的态度，感受到绿色消费的社会压力以及对购买绿色产品感知更容易。韩（Han，2015b）结合绿色住宿情境，发现评价对象不利后果显著正向影响对行为的态度、主观规范和感知行为控制，同时主观规范对亲环境行为责任感具有显著正向影响。结合以上研究成果，提出如下假设：

H16：评价对象不利后果对环境责任行为态度有显著正向影响

H17：评价对象不利后果对主观规范有显著正向影响

H18：评价对象不利后果对感知行为控制有显著正向影响

H19：主观规范对环保行为责任感有显著正向影响

五、降低威胁感知能力与预期情感之间的关系

奥文森等（Onwezen et al.，2013）指出当个体从事特定行为时会产生情感体验，当人们从事特定行为时会有将要体验的预期情感。预期情感过程是意愿形成的重要方面，它在亲社会/亲环境决策过程中具有重要的基础功能。预期行为后自豪或内疚情感反应被应用于各种情景的亲社会/亲环境研究。韩（Han，2014）检查了国际会议旅游者参加环境友好会议的决策过程，实证研究结果显示，旅游者的亲环境决策行为的发生是对被预期自豪和内疚情感显著影响的道德规范的积极响应。该研究还发现当旅游者相信他们与环境破坏后果有连带责任时，鉴别了这些积极和消极的情感增加/降低的预期方式。受没有表现出亲环境方式导致不良后果责任情感的影响，个体会评估如果他们未来的行为是适当或不适当，当未来履行特定行为时他们会体验过去行为情感状态类型的预期，以及感受亲环境行为道德责任。刘易斯（Lewis，1993）也发现个体对特定生态友好行为的估计会激发个体自豪和内疚感，而不是激发所有的自我意识情感因素。很多亲社会和亲环境行为研究强调预期自豪和内疚的特征和重要作用。在亲社会情境下，帕克等（Parker et al.，1995）发现不利预期情感影响着个体违规驾驶汽车的行为期望。班伯格和莫斯（Bamberg and Möser，2007）使用元分析结构方程模型检查了亲环境意愿和行为的形成，发现预期情感是认知过程（责任归属/内部归因和问题意识）的基础，情感过程直接影响着道德规范。

H20：降低威胁感知能力对预期自豪情感有显著正向影响

H21：降低威胁感知能力对预期负罪情感有显著正向影响

六、预期情感与环保行为责任感之间的关系

施瓦茨（Schwartz，1977）指出个体行为方式产生的预期自豪情感与道德规范一致，而没有发生行为的预期内疚情感与他们的道德责任感一致。班伯格等（Bamberg et al.，2007）基于规范激活理论提出了整合理论框架，研究了个体规范在个人使用公共交通决策过程中的角色。实证研究采用包括认知和情感过程的亲环境行为社会心理学理论，它对于激活个体规范至关重要。特别是预期内疚情感可以显著预测个体规范，使用汽车导致的不利后果意识、问题感知和社会规范等认知因素影响着长远的情绪状态。预期情感是各类生态行为中必不可少的概念（Klöckner and Matthies，2004）。魏华飞（2018）以情感为中介变量，研究了授权型领导对知识型员工创新绩效的影响。实证研究结果显示，授权型领导风格对知识型员工的积极情感具有正向影响作用，而对知识型员工的消极情感具有负向影响作用；积极情感对创新绩效具有正向影响作用，消极情感对创新绩效有负向影响。佩鲁吉尼和巴格齐（Perugini and Bagozzi，2001）提出 MGB 涉及预期情感，除了认知因素之外，个体在评价某种行为在未来带来结果时会被激发出积极或消极的情感。目前已有研究结果表明，情感的预期形式经常被当作自我情感意识，并认为自我情感意识与亲环境决策过程和行为强相关。奥文森等（Onwezen et al.，2013）证实预期内疚和自豪与个人规范显著相关，这些关系为亲环境意愿和行为形成做出了贡献。进一步研究发现，责任归属和社会规范影响着两种行为后情感反应的预期和道德责任感。韩（Han，2015c）指出如果个体考虑他要做的某事对环境是有价值的，他们对行为可能有一种预期自豪情感，相反地，如果他们相信要做的某事对环境是不恰当的，他们对行为可能有一种预期内疚情感。对个人而言重要的是，为了体验/避免这种积极/消极的预期情感，个体会跟随道德标准。韩等（Han et al.，2017c）在研究消费者生态友好行为过程中

发现预期自豪情感对亲环境行为责任感有显著正向影响，预期内疚情感对亲环境行为责任感影响不显著。综合以上研究成果，提出以下假设：

H22：预期自豪情感对环保行为责任感有显著正向影响

H23：预期负罪情感对环保行为责任感有显著正向影响

第五章
旅游者环境责任行为意愿问卷设计与信度效度检验

第一节 相关变量内涵与测量

一、价值观的内涵与测量

（一）价值观的内涵

价值观在解释特殊信念和行为时扮演重要角色，以及被用来预测态度和行为意愿。价值观是人们在不同情境下对既定目标的重要性做出的判断，它也是个人生活或社会实体行为的指导原则（Schwartz，1992）。在环境领域，价值观有不同目标（如自我、普通民众或生物），直接关注与价值观一致的信息，转而影响与环境行为相关的信念、态度、偏好和规范，以及支持环境保护的意愿（Stern and Dietz，1994）。价值观能同时影响各种信念、偏好和行为（Rohan，2000），且不随着时间改变，相对稳定。比起其他的普通信念，如环境关注和世界观，价值观对环境相关信念、偏好和行为似乎具有更强的预测能力。价值观从文化角度可以共享，人们会认可不同的价值观。然而，不同个体拥有各类不同的价值观，也就是说当人们面临冲突的价值观时，他们会选择他们认为最重要的价值观行动，结果是优先价值观差异造成人们选择不同。

根据施瓦茨（Schwartz，1994）的价值观理论，在广泛研究的基础上发现人类价值观系统划分为二维空间。第一个维度反映改变保守主义价值观，反映个体是否对新事物和想法保持开放，对应于他们是否对传统和整合有偏好。第二个维度是自我提升价值观，反映某人对自身利益的关注，与反映关注集体利益的自我超越价值观相对立。许多研究者使用两个维度的价值观解释与环境相关信念、偏好和行动，发现相背离的自我超越价值观与自我提升价值观 2 个维度在环境情境下具有相关性，具有强烈自我超越价值观认同的个体有更多的亲环境信念、态度、偏好，以及能践行亲环境，然而具有强烈自我提升价值观的个体则表现出相反情形（Collins et al.，2007；Kalof et al.，1999）。

自我超越价值观指出当人们选择时主要考虑集体利益。同时相关研究显示自我超越价值观根据与环境相关的信念、态度、偏好和利益效应的差异划分为两种类别：利他价值观和生物价值观。生物价值观主要反映对自然质量和环境自身利益的关注，和人类福利没有清晰的联系。利他价值观主要反映对于人类福利的关注（Steg et al.，2012）。一般看来，利他价值观和生物价值观正向影响亲环境信念、态度、偏好和行为（De Groot and Steg，2008）。另外，生物价值观和利他价值观显著相关，但生物价值观对于亲环境信念、态度、偏好和行为的预测能力超过利他价值观。自我提升价值观指在选择个体集中于自身的个人成本和收益：当个体行动感知收益超过感知成本时有强烈自我提升价值观的个体会履行亲环境行为。在环境研究中，自我提升价值观被多半概念化为利己价值观，集中于选择的成本和收益，受拥有资源的影响，如财富、权力和成就（Nordlund and Garvill，2002）。自我提升价值观和利己价值观与亲环境信念、态度、偏好和行为显著负相关。当人们更关注个体私利而很少关注环境时，反映出强烈的利己价值观。

但是，不同文化背景的消费者表现出不同的价值取向和行为特征，引导着旅游消费者的感知、倾向和行为，跨文化旅游消费行为研究逐渐成为学术领域热点（余风龙等，2017）。潘煜等（2014）结合中国社会文化背景和中国消费者价值观数据，发现中国消费者价值观为二阶因素结构，处世哲学二阶因素包括实用理性和中庸之道 2 个一阶因素；自我意识二阶因素包括面子形象、独立自主和奋斗进取 3 个一阶因素；人际关系二阶因素包括差序关系、人情往来和权威从众 3 个一阶因子。同时通过与西方学者提出的中国消费者价值观量表比较发现，二阶三因素结构的中国消费者价值观的特征和结构更全面，对消费者感知产品意义有更强的诠释能力。

对于中国传统生态伦理价值观念而言，道家和儒家的生态伦理规则包括生态从善性原则（儒家“仁民爱物”、道家“道法自然”）、生态弃恶性原则（儒家“钓而不纲”、道家“无己无为”）和生态完善性原则（儒家的“与天地参”、道家“物我两忘”）三个方面（徐嵩龄，1999）。道家思想认为大德之人的行为都是遵循大道的自然规律。“自然”是老子学说的核心理念，是人们理解天地万物共生共荣规律的关键，同时在掌握规律的基础上应按照规律行事。胡化凯（2008）将道家生态伦理价值观凝练为尊重万物本性、万物平等和动物权利，明确了道家价值观对人类社会可持续发展的重要价值，道家思想强调“先天地生、为天下母”，指出包含人在内的天地万物在大自然面前都不是特别存在，人不具有优先权，唯有遵循自然规律，按照自然规律开展各项活动（王建明、赵青芳，2017）。儒家思想突出人是自然界的一部分，自然界有普遍规律，人要服从这种普遍规律；同时要求处理好人与人、人与自然之间的关系，实现人与自然相融合，人顺应自然的禀赋而提升自己的道德内涵（幺桂杰，2014）。同时儒家强调人们的道德自觉、生态伦理行为规范和资源立法、控制贪欲和鼓励节俭、与自然协同进化等生态伦理思想。佛家以众生平等作为其核心价值，突出自然价值要求尊重自然，以及强调尊重生命、珍惜生命的不杀生伦理观念，追求圆融无碍的终极目标（邵鹏、安启念，2014）。人地和谐观要求人们尊重自然、顺应自然和善待自然，追求人与自然之间的和谐统一，人地和谐观具有显著的生态自然观和生态价值观，与可持续发展理念具有较高的契合度，有助于促进旅游者环境责任行为的形成。

（二）环境价值观的测量

在环境价值观操作化方面，斯特恩等（Stern et al. , 1999）指出利他价值观测量题项为“社会公正，改变不公平，照顾弱者”“阻止污染，保护自然资源”“平等，所有物种机会均等”“与自然和谐统一，融入自然”“世界和平，没有战争和冲突”“尊重地球，与其他物种和谐相处”“保护环境，保护自然”；利己价值观测量题项为“社会权力，控制和支配他人”“有影响力，对人和事件有影响”“财富、财产和钱”“权威、领导或指挥权”。狄·格罗特和斯蒂格（De Groot and Steg，2007）提出采用社会权力、财富、权威影响力和野心测量利己价值观导向，采用平等、世界和平、社会公正和乐于助人测量利他价值观导向，使用阻止污染、尊重地球、与自然和谐统一和保护环境测量生物价值观导向。

狄·格罗特和斯蒂格（De Groot and Steg，2008）测量价值观时主要选择自我超越和自我提升2个维度的相关题项。分别用4个题项测量利己价值观和生物价值观，用3个题项测量利他价值观，为了保证构念题项数量的平衡，补充了前期研究中与该变量内部一致性的题项，共12个题项，如表5－1所示。

表5－1　　价值观测量量表

变量名称	维度划分	测量题项	来源出处
环境价值观	生物价值观	阻止环境污染：保护自然资源	狄·格罗特和斯蒂格（De Groot and Steg，2008）
		尊重地球：与其他物种和谐相处	
		与自然和谐统一：融入自然	
		保护环境：保护自然	
	利他价值观	平等：所有人机会均等	
		世界和平：没有战争与冲突	
		社会公正：改变不公平，照顾弱者	
		乐于助人：为他人福利而工作	
	利己价值观	社会权力：控制和主导他人	
		财富：物质财富，钱	
		权威：领导或指挥权	
		影响力：对人和事有影响	

克瓦特科夫斯基和韩（Kiatkawsin and Han，2017）提出了价值观的测量题项，用4个题项测量生物价值观，分别为“阻止污染，保护自然资源”“尊重地球，与其他物种和谐相处”“与自然和谐相处，融入自然”“保护环境，保护自然资源”；测量利他价值观的4个题项为：“平等，所有物种机会均等”“世界和平，没有战争和冲突”“社会公正、照顾弱者”“乐于助人，帮助他人”；测量利己价值观的4个题项为：“社会权力，控制和主导他人”“财富，物质财产和钱”“权威，领导和指挥权”和“影响力，对人和事有影响力”。

对于人地和谐观的测量，目前尚未开发出直接测量量表，但围绕着儒家价值观、道家价值观和佛家价值观分别形成了部分测量量表。儒家价值观测量方面，潘煜（2009）发现儒家价值观由行为与身份匹配、好面子和倾听他人3个维度，9个题项构成（见表5－2）。

表5－2　　儒家价值观测量量表

变量名称	维度划分	测量题项	来源出处
儒家价值观	行为与身份匹配	个人的行为应与其社会地位相匹配	潘煜等（2009）
		一个人的穿着打扮应与其身份相匹配	
		消费行为应当与消费者的身份相匹配	
	好面子	如果我失业了，我觉得会丢家人的面子	
		当着同事的面，我几乎不会购买降价的商品	
		在工作中，我不希望别人批评我	
	倾听他人	我总是重视老师的教诲	
		谦虚使人进步，骄傲使人落后	
		对于我而言，有属于某个集体或组织的感觉是很重要的事情	

程璐和邹瑞雪（2015）将儒家价值观划分为好面子、行为与地位相符、倾听他人和朴实稳健4个维度。游敏惠等（2016）对儒家价值观从遵从权威和宽忍利他2个维度进行了测量。幺桂杰（2014）将儒家价值观划分为环境关爱、群体性和面子观3个维度。

道家价值观测量方面，张梦霞（2005）将道家价值观划分为崇尚自然、和谐自然2个维度，崇尚自然包括“我崇尚自然美”“理想的住所应该像一幅山水画”和“我偏爱消费绿色食品”3个题项；和谐自然包括“生活顺其自然”和“实现宇宙万物间的自然和谐”2个题项（见表5－3）。

王建明和吴龙昌（2016）将道家价值观作为单维变量对待，包括“我喜欢生活顺其自然”“我崇尚清静淡泊的生活”和“我希望人与自然和谐共处”3个题项。王建明和赵青芳（2017）则在以上3个题项的基础上，增加了“我崇尚简单朴实的生活”，由4个题项来测量道家价值观。

表 5-3　　道家价值观测量量表

变量名称	维度划分	测量题项	来源出处
道家价值观	崇尚自然	我崇尚自然美	张梦霞（2005）
		理想的住所应该像一幅山水画	
		我偏爱消费绿色食品	
	和谐自然	生活顺其自然	
		实现宇宙万物间的自然和谐	

佛家价值观测量方面，张梦霞（2005）将佛家文化价值观由公正平等、奢侈无用和相信缘分 3 个维度、8 个题项构成（见表 5-4）。

表 5-4　　佛家文化价值观测量量表

变量名称	维度划分	测量题项	来源出处
佛家文化价值观	公正平等	种瓜得瓜，种豆得豆	张梦霞（2005）
		善待生灵，来世有好报	
		有得必有失	
		谎言终将被揭穿	
	奢侈无用	奢侈品没用	
		我基本不买高档品牌商品，因为其价不符实	
	相信缘分	存在缘分	
		与某人偶遇是一种缘分	

综合表 5-1～表 5-4 可以发现，道家价值观测量量表与环境友好行为紧密相关，体现出较为明显的生态环境伦理思想；而儒家价值观和佛家价值观主要围绕消费者行为、购买行为和生产行为等情境开发设计，对旅游者环境责任行为有一定的借鉴价值，但其生态环境伦理特征不明显，需要结合环境行为情境进行修正或增补。

二、价值-信念-规范理论涉及变量的定义与测量

按照价值-信念-规范理论，生态世界观是评价对象不利后果、减少威胁感知能力和环保行为责任感的前因变量。生态世界观是指个体对于人和环

境之间联系感知的一般信念（Stern，2000）。后果意识指当个体没有采取亲环境行为时对于评价对象不良后果的意识水平；责任归属指没有履行亲环境行为带来后果的个体自我责任感（De Groot and Steg，2009）。在规范激活框架中，信念的认知概念激活了个体道德规范，道德规范是指个人是否从事环境责任行为道德责任的个体感觉。

（一）生态世界观的测量

生态世界观的测量主要使用新环境范式量表（new environmental paradigm，NEP），新环境范式量表由邓拉普（Dunlap）和范·李尔（Van Liere）于1978年提出，经过一段时间的使用，邓拉普等（Dunlap et al.，2000）对NEP量表进行了修订，提出了新生态范式量表，共包括15个题项，如表5－5所示。

表5－5　新环境范式测量量表

变量名称	测量题项	来源出处
新生态范式	我们正在接近地球所能承受人口数量的极限	邓拉普等（Dunlap et al.，2000）
	人类有权利改造自然环境来满足自身需要	
	当人类扰乱自然，通常产生灾难性后果	
	人类智慧将确保我们不会使地球不适宜居住*	
	人类严重的滥用环境	
	只要我们知道如何开发，地球上自然资源很充足	
	动植物和人类一样拥有同等生存权	
	自然界平衡能力足够强，完全可以应付现代工业社会的冲击	
	尽管人类有特殊能力，但仍受自然规律的支配	
	所谓人类面临的生态危机，被过分夸大了	
	地球像一个空间和资源有限的宇宙飞船	
	人类要统治自然界的其他部分	
	自然界平衡非常脆弱，很容易打乱	
	人类最终将学习到足够多自然规律，并能控制它*	
	如果按照目前的样子继续，我们将很快经历一场巨大的生态灾难	

注：*为后期删除题项。

由于 NEP 量表基于非中国文化情境下提出，洪大用（2003）通过实证研究，发现邓拉普等（Dunlap et al.，2000）提出的 NEP 量表结合中国文化情境有必要修正，在中国情境下使用 NEP 量表时建议删除“人类智慧将确保我们不会使地球不适宜居住”和“人类最终将学习到足够多自然规律，并能控制它”两项，保留 13 个题项，明显地改进了量表的信度和效度。

范·里珀和凯尔（Van Riper and Kyle，2014）对 NEP 采用 6 个题项进行测量，题项分别为“我们正在接近地球所能承受人口数量的极限”“当人类扰乱自然，通常产生灾难性后果”“动植物和人类一样拥有同等生存权”“地球像一个空间和资源有限的宇宙飞船”“自然界平衡非常脆弱，很容易打乱”“人类要统治自然界的其他部分”。韩等（Han et al.，2017c）使用 3 个题项测量生态世界观，具体为“自然界平衡非常脆弱，很容易打乱”“人类严重的滥用环境”“地球像一个空间和资源有限的宇宙飞船”。克瓦特科夫斯基和韩（Kiatkawsin and Han，2017）在 3 个题项的基础上，增加了“我们没有足够的时间保护环境”1 个题项，共 4 个题项来测量生态世界观。

（二）评价对象不利后果、减少威胁感知能力和环保行为责任感的测量

狄·格罗特（De Groot，2007）结合规范激活模型理论提出了后果意识、责任归属和个体规范的测量题项，如表 5－6 所示。

表 5－6　后果意识、责任归属和个体规范测量量表

变量名称	测量题项	来源出处
后果意识（AC）	使用汽车导致稀有资源枯竭，比如石油	狄·格罗特（De Groot，2007）
	使用汽车占用许多空间，导致自行车、行人和孩子的空间减少	
	使用汽车是交通事故的重要原因	
	使用汽车产生汽车噪声和难闻尾气，进而降低城市的生活质量	
	通过减少使用汽车会降低空气污染水平	
责任归属（AR）	我觉得要共同为使用汽车造成的石化能源枯竭负责任	
	我为使用汽车产生的问题负连带责任	
	不只是他人，像政府为拥挤的交通负责，我也要负责	
	我觉得要共同为汽车交通对全球变暖产生的贡献负责任	
	我对使用汽车产生问题的贡献是微不足道的	

续表

变量名称	测量题项	来源出处
个体规范（PN）	我觉得个体有责任在旅行中采用对环境无害的方式，如使用自行车或公共交通	狄·格罗特（De Groot，2007）
	如果我经常使用其他交通方式而不是汽车，我会觉得我是个好人	
	像我一样的人应该做任何能使他们最少使用汽车的事情	
	当旅行选择时我觉得有责任将使用汽车的环境后果计算在内	
	尽管有其他可行的替代交通，当我使用汽车时我没有内疚感	
	如果我买新车，我觉得道德上有责任购买节能汽车	
	不管其他人怎么做，我觉得道德责任上应尽可能少使用汽车	
	我没有尽可能少使用汽车的个人责任	

韩（Han，2015b）结合绿色酒店情境下的旅游者亲环境行为，提出了后果意识、责任归属和亲环境行为责任感的测量题项，如表5-7所示。

表5-7　后果意识、责任归属和亲环境行为责任感测量量表

变量名称	测量题项	来源出处
后果意识	酒店业造成污染、气候变化和自然资源枯竭	韩（Han，2015b）
	酒店对相邻地区和大环境产生环境影响	
	酒店导致环境恶化（如客房、餐厅和其他设施产生的垃圾，能源/水的过度使用）	
	绿色酒店践行节约能源/水、减少垃圾和各类环境友好活动，帮助环境退化最小化	
责任归属	我认为每一个酒店顾客为酒店业造成的环境问题负部分责任	
	我觉得每一个酒店顾客共同为酒店业造成的环境退化负责任	
	每一个酒店顾客必须要为酒店业造成的环境问题负责任	
亲环境行为责任感	旅游时我觉得有道德责任住在绿色酒店而不是传统酒店	
	我觉得个人有责任采取对环境无害的方式旅游，如住绿色酒店	
	我觉得在选择酒店时有道德责任将酒店造成的环境问题计算在内	

同时，韩等（Han et al.，2017c）在巡游旅游情境下研究旅游者的生态友好行为，使用4个题项测量亲环境行为责任感，具体题项为“在巡游旅游

决策时，我觉得有责任选择可持续巡游代替常规巡游”“不管别人怎么做，基于我自身的价值/原则我觉得巡游旅游时我应该表现出环境友好方式”“我觉得使巡游环境可持续，减少对海洋和周边环境的危害很重要”“我觉得巡游旅游中游客选择巡游时采取生态友好决策很重要”。

三、计划行为理论涉及变量的定义与测量

按照阿杰增（Ajzen，1991）的计划行为理论，影响行为的相邻因素为从事该行为的意愿。意愿指个体努力履行行为的决心，它又受个体对行为的态度、主观规范和感知行为控制的影响。个体对行为的态度是对行为积极或消极的评价，主观规范是指对他或她重要的其他人希望或期望他或她按一定方式表现行为的个体感知。感知行为控制是个体自身对执行行为难易的感知。

莫安和莱斯（Moan and Rise，2006）通过扩展计划行为理论预测成年人吸烟减少行为，提出了计划行为理论相关变量的测量题项。对行为态度的测量使用语音差别法、5 个题项测量：“接下来几年减少抽烟对我来讲是：坏的/好的、没用的/有用的、不利的/有利的、错的/对的、愚蠢的/聪明的”。使用2 项测度项 7 级量表测量主观规范，分别为“对我重要的人认为我接下来几年应该少抽烟”和“对我重要的人希望我接下来几年少抽烟”。使用 2 项测度项 7 级量表测量感知行为控制，分别为“接下来几年，如果我想我能很容易减少抽烟”和“接下来几年，如果我真想我减少抽烟没有任何问题”。减少抽烟意愿使用 5 个测度项 7 级量表进行测量，题项分别为：“在接下来几年，我打算少抽烟”“在接下来几年，我会试着少抽烟”“在接下来几年，我计划少抽烟”“在接下来几年，我希望我会少抽烟”“在接下来几年，我会少抽烟”。韩（Han，2015b）在绿色酒店情境下提出了计划行为理论相关变量的测量量表，对行为的态度采用4 个题项测量，分别为“对我来讲，旅游时住绿色酒店是：坏的/好的、愚蠢的/聪明的、令人不快的/令人愉快的、有害的/有利的”。采用 3 个题项测量主观规范，分别为“对我重要的大部分人认为我旅游时应该住绿色酒店”“对我重要的大部分人希望我旅游时住绿色酒店”“他们的意见对我有价值的人更喜欢我旅游时住绿色酒店”。采用 3 个题项测量感知行为控制，分别为“旅游时是否住在绿色酒店完全取决于

我”“我很自信如果我想，旅游时我能够住在绿色酒店”“旅游时我有资源、时间和机会住绿色酒店”。

埃利奥特等（Elliott et al. , 2003）对于计划行为理论构念测量量表也较为常用，对行为的态度测量采用语义差别法，要求完成3对形容词，“如果我未来3个月在规定区域不超速驾驶是：有害的/有益的、不愉快的/愉快的、消极的/积极的”。主观规范采用3个题项测量，分别为“对我重要的人希望我未来3个月在规定区域不超速驾驶”“对我重要的人（赞成—不赞成）我未来3个月在规定区域不超速驾驶”“对我重要的人考虑我未来3个月（应该–不应该）在规定区域不超速驾驶”。感知行为控制用5个题项测量，包括“我相信我有能力未来3个月在规定区域不超速驾驶（我清楚不做或者我清楚做）”“你想你能够未来3个月在规定区域不超速驾驶（清楚是或者不是）”“如果完全取决于我，我自信我能够未来3个月在规定区域不超速驾驶（非常同意或非常不同意）”“你是否自信你能够未来3个月在规定区域不超速驾驶（一点都不自信到非常自信）”“我在规定区域不超速驾驶是可能的（困难到容易）”。

周玲强等（2013）在研究行为效能、人地情感与旅游者环境负责行为意愿关系的情境下，提出了旅游者环境责任行为态度与主观规范的测量量表，如表5–8所示。

表5–8　环境责任行为态度与主观规范测量量表

变量名称	测量题项	来源出处
环境责任行为态度	在这个景区保护环境是有益的	周玲强等（2013）
	在这个景区保护环境是明智的	
	在这个景区保护环境是让人满足的	
	在这个景区保护环境是让人高兴的	
	我很愿意在这个景区主动保护环境	
主观规范	那些对我重要的人会认为我应该采取行动保护景区环境	
	那些对我重要的人都会希望我采取行动保护景区环境	
	如果我采取行动保护景区环境，那些对我重要的人会高兴	

四、旅游者环境责任行为意愿的定义与测量

环境责任行为（environmentally responsible behavior，ERB）概念最早出现在国外环境心理学研究文献中，它与亲环境行为（pro-environmental behavior）较为相似，有时混合使用。博登和谢蒂诺（Borden and Schettino，1979）首先提出环境责任行为（ERB）概念，主要用于评价态度和行为之间的关系，并将环境责任行为定义为个人和群体为补救环境问题而实施的一切行动。西维科和亨格福德（Sivek and Hungerford，1990）认为环境责任行为是指个体或群体为解决环境问题和处理环境话题而采取的一系列行动。范钧等（2014）认为旅游者环境责任行为是指在度假区特定情境下旅游者做出有利于度假区环境可持续发展的行为。亲环境行为则是指个体有意识地对自然和构建世界的负面影响最小化的行动（Kollmuss et al.，2002）。里德（Ried，2010）认为亲环境行为是所有对环境产生较少负面影响的行为；王建明和吴龙昌（2015）指出亲环境行为是人们使自身活动对生态环境的负面影响尽量降低的行为。由上可见，环境责任行为与亲环境行为非常接近，所以可以将二者视为不同学科背景下意涵等同的概念（李秋成，2015）。也有学者提出了环境显著行为（environmentally significant behavior）、可持续行为（sustainable behavior）和环境友好行为（environmentally friendly behavior），则体现了不同学科立场和理论视角特征，本书主要围绕旅游者游览过程中主动表现出减少对自然资源的负面影响和利用，对环境负责任的行为，故统一使用旅游环境责任行为概念。

在前期研究成果的基础上，许多学者对环境责任行为进行了操作化定义，斯特恩（Stern，1999）从社会运动的视角对环境责任行为进行解构，将环境责任行为划分为激进的环境行为、公共领域的非激进行为、私人领域的环境行为和环境政策支持。史密斯－塞巴斯托和达科斯塔（Smith-Sebasto and D'Costa，1995）将环境责任行为划分为公民行为、实践行为、教育行为、法律行为、财务行为和说服行为6个维度、28个题项。

李等（Lee et al.，2013）基于社区旅游者视角开发出了一个包括7个维度、24个测度项的环境责任行为量表，并将环境责任行为划分为一般环境责任行为和特定场所环境责任行为，一般环境责任行为包括公民行为、财政行

为、教育意义行为、物理行为、法律行为和劝说行为；特定场所环境行为包括亲环境行为、可持续行为和环境友好行为，具体内容如表5－9所示。

表5－9　　社区旅游环境责任行为测量量表

变量名称	维度划分	测量题项	来源出处
环境责任行为	公民行为	我捐款或花时间支持环境组织（包括特定目的地）	李等（Lee et al.，2013）
		为了保护环境我愿意支付更高税金	
		我志愿为救助环境社团（涉及更多环境问题）工作	
		我努力加入社区清理环境工作	
	财政行为	我购买那些能重复使用或循环使用或由循环材料制成的产品包装袋	
		我用二次使用的包装袋购买商品	
		我尽量从当地购买水果和蔬菜	
		我购买环境友好型商品	
	物理行为	我在洗碟子和刷牙时关闭水龙头以节约用水	
		如果我离开房间十分钟以上我会关灯	
		我会尽可能重复和循环使用物品以减少家庭废物数量	
	劝说行为	我说服某人用宽松袋子购买水果和蔬菜而不使用塑料袋	
		我说服某人购买那些能重复使用或循环使用或由循环材料制成的产品包装袋	
		我说服某人通过刷牙、剃须时关闭水龙头或在卫生间安装节水设备以节约用水	
	可持续行为	我了解居民的生活方式	
		我详细地观察历史和文化遗产	
		我详细地观察自然和野生动植物	
		我（或鼓励他人）捡起别人遗留下的废弃物	
	亲环境行为	我志愿少访问一个喜欢的景点，假如它需要从环境破坏中恢复	
		我自愿停止访问一个喜欢的景点，假如它需要从环境破坏中恢复	
		在旅途中我优先选择有生态标签的产品和服务	
	环境友好行为	我不打算打扰任何动物和植物	
		我告诉我的同伴不要向动物喂食	
		野餐后，我将野餐地打扫得和原来一样再离开	

凯瑟（Kaiser，1998）将环境责任行为划分为亲社会行为、生态垃圾处理、水资源保护、生态消费行为、垃圾抑制、环境志愿者行动、生态交通工具选择7个维度。科斯泰特等（Kerstetter et al.，2004）将环境责任行为作为单维变量，包括9个测量题项，如表5－10所示。

表5－10　　环境责任行为意愿测量量表

变量名称	测量题项	来源出处
环境责任行为意愿	我会接受控制政策不进入湿地	科斯泰特等（Kerstetter et al.，2004）
	我会帮助维持当地环境质量	
	如果发现环境污染或破坏现象，我会向当地行政部门表达我的意见	
	我会在当地花费金钱	
	我会积极帮助旅游者学习湿地知识	
	我会购买当地纪念品	
	我会购买具有生态环境特征的商品	
	我愿意加入保护协会，并积极扮演一个志愿者角色	
	为了开心，我会触摸动植物	

周玲强等（2013）以湿地旅游者为研究对象，采用6个题项测量“环境责任行为意愿”，具体题项为：“我会去学习湿地自然知识”“我会提醒朋友不要在景区乱丢垃圾”“我会捐款支持这个景区的环保”“我会参加志愿者活动保护景区环境”“我会参加保护景区环境的社会活动”“如果这个景区有关于环境保护的项目，我会花时间参加。”崔等（Chiu et al.，2014）也将环境责任行为作为单维变量，共包含7个题项，如表5－11所示。

雷基森等（Ramkissoon et al.，2013）以澳大利亚国家公园游客为研究对象，通过探索性因子分析和验证性因子分析将亲环境行为意愿划分为“低努力亲环境行为意愿”和“高努力亲环境行为意愿”2个维度，具体如表5－12所示。

李秋成和周玲强（2014）以湿地旅游者为研究对象，探究了社会资本与旅游者环境友好行为意愿之间的关系。通过探索性因子分析和验证性因子分析，将旅游者环境友好行为意愿划分为环境维护行为意愿和环境促进行为意愿为2个维度、7个题项，具体如表5－13所示。

表 5 – 11　　环境责任行为单维测量量表

变量名称	测量题项	来源出处
环境责任行为	我接受控制政策不进入湿地	崔等（Chiu et al.，2014）
	我帮助保持当地的环境质量	
	我向公园行政部门报告环境污染和破坏	
	我在当地花费金钱	
	我帮助其他旅游者学习湿地知识	
	在旅游景点，我将垃圾分类	
	在我旅游过程中我尽量不干扰动植物	

表 5 – 12　　亲环境行为意愿测量量表

变量名称	维度划分	测量题项	来源出处
亲环境行为意愿	低努力亲环境行为意愿	如果国家公园需要从环境破坏中恢复，我自愿减少去喜爱的景点	雷基森等（Ramkissoon et al.，2013）
		告诉我的朋友不要向国家公园动物喂食	
		签名请愿支持国家公园	
	高努力亲环境行为意愿	参加国家公园管理计划的公共会议	
		志愿为帮助国家公园项目花费时间	
		写信支持国家公园	

表 5 – 13　　旅游者环境友好行为意愿测量表

变量名称	维度划分	测量题项	来源出处
旅游者环境友好行为意愿	环境维护行为意愿	我会去学习湿地保护方面的知识	李秋成和周玲强（2014）
		我会提醒朋友不要在景区丢垃圾和破坏草木	
		我在游览中会把自己的果皮垃圾收集好	
	环境促进行为意愿	我会参加志愿者活动促进景区的环境保护	
		我会向管理方写信反映环保方面的问题和意见	
		我会捐款支持景区的生态环境保护	
		如景区有环保主题的公益项目，我会花时间参加	

柳红波等（2017）以绿洲城市居民为研究对象，在参考相关量表的基础上将环境责任行为划分为“遵守型环境行为”和“主动型环境行为”2个维度，具体测量量表如表5－14所示。

表5－14　环境责任行为二维测量量表

变量名称	维度划分	测量题项	来源出处
环境责任行为	遵守型环境行为	遵守景区控制政策不进入湿地保护区域	柳红波等（2017）
		说服同伴对湿地自然环境采取积极行为	
		如果景区需要修复，自愿减少或停止相应活动	
	主动型环境行为	看到破坏环境的行为，我会上前劝阻	
		主动捡起其他人丢下的垃圾，并归类投进垃圾箱	
		帮助其他人学习湿地知识	
		花时间阅读有关湿地环境保护的文章或书籍	
		花时间参加志愿者活动保护湿地环境	
		愿意支付额外的资金来支持湿地公园保护	

万基财（2014）在借鉴雷基森等（Ramkissoon et al.，2013）量表的基础上，以九寨沟旅游者为研究对象，将环保行为意向划分为遵守型环保行为意向和主动型环保行为意向2个维度，各有3个测量题项。遵守型环保行为倾向的测量题项分别为：“我会遵守景区的环境准则”“我会妥善处理旅行中的垃圾”“我有责任保护景区环境”；主动型环保行为倾向的3个测量题项分别为：“我愿意捐款帮助景区保护环境”“我愿意捐款帮助景区防治自然灾害”“遇到破坏环境的行为我会劝说”。

邱宏亮和周国忠（2017）结合中国本土化情境将旅游者环境责任行为划分为遵守型环保行为、消费型环保行为、节约型环保行为及促进型环保行为4个维度，包括18个测量指标，见表5－15。

表 5-15　　中国本体化旅游者环境责任行为量表

变量名称	维度划分	测量题项	来源出处
旅游者环境责任行为	遵守型环保行为	遵守景区游览规定	邱宏亮和周国忠（2017）
		不破坏景区环境卫生	
		爱护景区动植物	
		爱护景观文物与旅游设施	
	消费型环保行为	选择本地当季食物	
		选择旅游酒店或环保民宿	
		选择绿色生态食品或有机食品	
		选择重视环保的商店或餐厅	
		选择简易包装的土特产或旅游纪念品	
	节约型环保行为	节约用电	
		节约用水	
		徒步、使用当地公共交通或非机动交通工具	
		使用可循环利用的物品	
		减少食物浪费	
	促进型环保行为	鼓励同行游客实施环境友好行为	
		提醒同行游客不要破坏景区环境	
		主动捡起旅途遗留垃圾	
		劝导甚至阻止同行游客景区环境破坏行为	

五、预期情感定义与测量

预期情感是指人们预期做出或不做出某种行为时产生的积极或消极情感（Rivis et al.，2009），预期情感由预期自豪情感和预期内疚情感构成，它们一般被认为是解释环境责任决策过程和行为的关键因素。预期情感也是在进行特定行为时个体体验到的愉快或不愉快的情感，以及他们通过这样做将要体验到的预期积极和消极情感（Han et al.，2017f）。二者的特征是当个体感觉到行为的责任以及评价这些行为遵从个人和社会标准时会发生情感（Onwezen et al.，2014）。

佩鲁吉尼和巴格齐（Perugini and Bagozzi，2001）研究了欲望和预期情感在目标导向行为中的作用，提出了预期情感测量量表。积极情感方面的测量题项为“如果未来四周我成功达到我的目标，我会觉得：兴奋的、愉快的、高兴的、乐意的、满意的、自豪的和自信的（每一项根据认可程度打分）”；消极方面的测量题项为“如果未来四周我没有成功达到我的目标，我会觉得：生气的、挫折的、内疚的、羞愧的、悲伤的、失望的、沮丧的、闷闷不乐的、难受的和害怕的（根据认可程度打分）”。贝辛·奥尔森等（Bissing-Olson et al.，2016）研究了当亲环境描述规范更积极时，自豪和非内疚体验对亲环境行为的影响，在参考“国家耻辱感量表”的基础上提出了环境行为的自豪和内疚量表，用3个情感题项来评价每个情感：用“自豪的”“满意的”和“高兴的”来测量自豪；用“内疚的”“懊悔的”“遗憾的”来测量内疚。韩（Han，2014）在研究环境责任会议决策过程中提出了预期情感测量量表。预期自豪情感测量方面，具体题项为：“想象你参加对东道主社区和野生环境负面影响最小化的环境责任会议，你会感觉？自豪的、有修养的、自信的和划算的（根据认可程度从1~7打分）”；预期内疚情感测量方面，具体题项为：“想象你参加对东道主社区和环境产生负面影响的会议，你会觉得？自豪的、懊悔的和抱歉的（根据认可程度从1~7打分）”。奥文森等（Onwezen et al.，2013）指出预期自豪和内疚情感采用比较方式测量，预期内疚情感采用5个题项测量，测量题项为：“想象你进入一个商店，决定不购买生态友好产品，你会觉得？内疚的、懊悔的、抱歉的、糟糕的和羞愧的（根据认可程度从1~7打分）”；预期自豪感的测量也采用5个题项，具体题项为：“想象你进入一个商店，决定购买生态友好产品，你会觉得？自豪的、有修养的、自信的、满意的和值得的（根据认可程度从1~7打分）”。王建明和吴龙昌（2016）在研究家庭节水行为响应机制的过程中，各采用3个题项测量积极情感和消极情感，积极情感测量题项为：“如果我做到了节约用水，我会感到自豪”“如果我做到了节约用水，我会感到兴奋”“如果我做到了节约用水，我会感到愉快”；消极情感测量题项为：“如果我在家里做不到节约用水，我会感到愤怒”“如果我在家里做不到节约用水，我会感到懊悔”“如果我在家里做不到节约用水，我会感到丢脸”。

第二节　研究问卷设计

一、问卷的构成

本书研究初始问卷的生成主要基于研究中所选择的变量及定义，以及借鉴已有的成熟量表，同时结合专家意见和游客访谈结果，并根据地质地貌景区特征进行了修正。本书基于计划行为理论和价值－信念－规范理论的整合视角，构建了旅游者环境责任行为意愿理论模型，涉及变量较多，初始量表开发设计经历了较长时间。

本书研究问卷主要由三部分构成（见表5－16），第一部分为旅游者环境责任行为意愿形成机理组成变量构成；各变量的测量主要借鉴已有的成熟量表，同时结合专家和旅游者的访谈结果，并根据中国文化情境进行了本土化修正。由于本研究构建的旅游者环境责任行为意愿形成机理模型涉及变量较多，所以量表中包括的测量题项也较多。

表5－16　旅游者环境责任行为意愿形成机理测量量表

研究变量	维度或因素	测量题项来源	理论来源
受访者人口统计学变量	性别	《中国统计年鉴》	—
	婚姻状况		
	年龄		
	受教育程度		
	收入		
	职业		
旅游者环境责任行为意愿	环境促进行为意愿	科斯泰特等（Kerstetter et al.，2004）；雷基森等（Ramkissoon et al.，2013）；李秋成和周玲强（2014）；柳红波（2017）	计划行为理论
	环境遵守行为意愿		

续表

研究变量	维度或因素	测量题项来源	理论来源
TPB 相关变量	环境责任行为态度	莫安和莱斯（Moan and Rise，2006）；韩（Han，2015b）；埃利奥特等（Elliott et al.，2003）；周玲强等（2013）	计划行为理论
	主观规范		
	感知行为控制		
价值观	利己价值观	斯特恩等（Stern et al.，1999）；狄·格罗特和斯蒂格（De Groot and Steg，2008）；克瓦特科夫斯基和韩（Kiatkawsin and Han，2017）	价值－信念－规范理论
	生物价值观		
	利他价值观		
	人地和谐观	张梦霞（2005）；王建明和赵青芳（2017）；幺桂杰（2014）	
VBN 相关变量	生态世界观	邓拉普等（Dunlap et al.，2000）；范·里珀和凯尔（Van Riper and Kyle，2014）	
	评价对象不利后果	狄·格罗特（De Groot，2007）；韩（Han，2015b）；韩等（Han et al.，2017c）	
	减少威胁感知能力		
	环保行为责任感		
预期情感因素	预期自豪情感	佩鲁吉尼和巴格齐（Perugini and Bagozzi，2001）；贝辛·奥尔森等（Bissing-Olson et al.，2016）；韩（Han，2014）；王建明和吴龙昌（2016）	认知－情感－意向理论
	预期负罪情感		

第二部分为受访者人口统计学特征变量组成，主要包括性别、婚姻状况、年龄、受教育程度、收入和职业六个方面。

第三部分为开放性题项，具体为“您对景区环境保护的意见和建议”。

二、初始问卷基本题项

结合旅游者环境责任行为意愿理论模型中涉及的相关变量概念及测量指标，形成初始问卷。

（一）环境价值观测量题项

环境价值观测量题项设置分为两部分：一是关于生物价值观、利他价值观、利己价值观的测量；二是人地和谐观的测量。生物价值观、利他价值观、利己价值观的测量主要参考斯特恩等（Stern et al.，1999）、狄·格罗特和斯蒂格（De Groot and Steg，2008）、克瓦特科夫斯基和韩（Kiatkawsin and Han，2017）的测量量表。用4个题项测量生物价值观，具体为："人类应该防止污染，保护自然环境""人类应该尊重地球，和其他物种和谐相处""人类应该融入自然，与自然和谐一致""人类应该保护自然、保护环境"。利他价值观的测量包括"所有物种应该拥有平等的地位和均等发展机会""我觉得世界和平，没有战争和冲突""社会应该公正，要照顾弱者""我们应该乐于助人，帮助他人"4个题项。利己价值观的测量题项包括"人类应该拥有社会权利，控制和主导他人""财富、财产和钱很重要""权威、领导权或指挥权很重要""要有影响力，对他人和事件有影响"4个题项。

人地和谐观题项是对文献和题项进行全面梳理的基础上，通过征求专家意见并经研究小组充分讨论形成测量量表。首先，在参考张梦霞（2005）、王建明和吴龙昌（2016），以及王建明和赵青芳（2017）道家价值观测量量表基础上，依据儒家价值观中的生态从善性、生态弃恶性原则增补"善待自然、热爱自然""人类活动应顺应自然"2个题项；其次，结合佛家自然观和生命观增补"尊重自然、崇尚自然""所有物种地位平等"2个题项；再次，经研究小组讨论分析，发现利他价值观中的"所有物种应该拥有平等的地位和均等发展机会"与佛家"所有物种地位平等"意义相近，故予以删除；最后，确定人地和谐观共由5个测量题项构成，分别为"人与自然和谐共处""崇尚清净淡泊的生活""尊重自然、崇尚自然美""人类活动应顺应自然""善待自然、热爱自然"。

（二）价值－信念－规范理论涉及变量的测量题项

除了环境价值观之外，价值－信念－规范理论涉及的变量主要有生态世界观、评价对象不利后果、减少威胁感知能力和环保行为责任感，其测量题项具体为：

生态世界观或新环境范式（NEP）测量题项设置方面，主要参考在邓拉普初始开发量表和洪大用（2003）结合中国情境开发量表的基础上，参考范·里珀和凯尔（Van Riper and Kyle，2014）、克瓦特科夫斯基和韩（Kiatkawsin and Han，2017）的测量量表，共使用5个题项进行测量，分别为"动植物与人类一样有着生存权""尽管人类有着特殊能力，但是仍受自然规律的支配”“地球就像资源和空间有限的宇宙飞船”“自然界的平衡很脆弱，很容易被打乱”“按照目前样子继续，我们将很快遭受严重的环境灾难”。

评价对象不利后果、减少威胁感知能力、环保行为责任感测量题项设置方面，主要参考狄·格罗特（De Groot，2007）和韩（Han，2015b）的测量量表，并结合旅游者环境责任行为研究主题和七彩丹霞景区对测量题项进行了情景化修正。随后利用4个题项测量评价对象不利后果，题项分别为“旅游会引起环境污染和资源破坏”“随意踩踏地质地貌破坏了景区生态环境”“旅游会对景区生态环境造成巨大冲击”“到地质地貌景区旅游会导致景区环境恶化”。同样采用4个题项测量减少威胁感知能力方面，题项分别为“对环境负责任的旅游行为会对景区环境影响最小化”“我相信每个游客都要为丹霞景区的环境问题负一定责任”“我认为每个游客要共同为丹霞景区的环境恶化负责任”“每个游客必须为丹霞景区的环境问题负责任”。

环保行为责任感测量题项设置方面，还参考了韩等（Han et al.，2017c）的测量量表，共采用6个题项进行测量，题项分别为“我觉得有责任在旅游过程中减少对景区环境的负面影响”“不管其他人怎么做，基于自己的价值和原则应该在旅游过程中对丹霞景区环境的负面影响最小化”“我觉得在旅游过程中对景区环境影响最小化非常重要”“我觉得有义务在旅游过程中避免对景区环境的破坏”“我觉得游客在旅游过程中的环境友好行为方式很重要”“我觉得我应该保护丹霞景区环境”。

（三）计划行为理论涉及变量的测量题项

计划行为理论中涉及的变量主要为旅游者环境责任行为态度、主观规范和感知行为控制3个变量，3个变量的测量题项设置具体如下：

由于计划行为理论相关变量的测量已经非常成熟，本研究对旅游者环境责任行为态度、主观规范和感知行为控制的测量题项，主要参考莫安和莱斯（Moan and Rise，2006）、韩（Han，2015b）、埃利奥特等（Elliott et al.，2003）、周玲强等（2013）的测量量表，并结合旅游者环境责任行为和景区具体情境对测量题项进行了修正。测量旅游者环境责任行为态度的题项有5个，分别为“旅游时对丹霞景区环境的负责任行为是有益的”“旅游时对丹霞景区环境的负责任行为是明智的”“旅游时对丹霞景区环境的负责任行为是让人高兴的”“旅游时对丹霞景区环境的负责任行为是非常正确的”“我很愿意在丹霞景区主动表现出对环境负责任的行为”。测量主观规范的题项有3个，分别为“我的亲朋好友认为我应该采取行动对景区环境负责任”“我的亲朋好友都希望我采取行动对景区环境负责任”和“如果采取行动对景区环境负责任，我的亲朋好友会很高兴”。测量感知行为控制的题项有3个，分别为“我完全有信心在旅游过程中采取行动对景区环境负责任”“我很容易做出对景区环境负责任的行动”和“我有时间和意愿采取对景区环境负责任的行动”。

（四）预期情感测量题项

预期情感的测量，主要参考佩鲁吉尼和巴格齐（Perugini and Bagozzi，2001）、贝辛·奥尔森等（Bissing-Olson et al.，2016）、韩（Han，2014）、王建明和吴龙昌（2016）等测量量表，同时结合旅游者环境责任行为研究主题和景区环境保护情境进行了修正。预期情感包含预期自豪情感和预期负罪情感2个维度，预期自豪情感采用3个题项进行测量，分别为“旅游中如果我做到了对景区环境负责任我会觉得很自豪”“旅游中如果我做到了对景区环境负责任我会觉得很愉快”和“旅游中如果我做到了对景区环境负责任我会觉得很兴奋”。预期负罪情感也采用3个题项进行测量，分别为“旅游中如果我做不到对景区环境负责任我会觉得很内疚”“旅游中如果我做不到对景区环境负责任我会觉得很懊悔”和“旅游中如果我做不到对景区环境负责任我会觉得很丢脸”。

（五）旅游者环境责任行为意愿测量题项

关于旅游者环境责任行为意愿的测量，主要参考科斯泰特等（Kerstetter et al.，2004）、雷基森等（Ramkissoon et al.，2013）、李秋成和周玲强（2014）、柳红波（2017）的测量量表，并结合地质地貌景区情境对测量题项进行了修正。最后确定采用11个题项进行测量，分别为“我愿意学习地质地貌保护方面的知识”“我会遵守丹霞景区环境保护相关规定”“我和其他人经常讨论自然景区的环境保护问题”“景区如有环境污染和破坏行为我会向管理部门汇报”“我愿意支付额外资金支持景区的环境保护”“我愿意帮助其他旅游者学习地质地貌保护知识”“在旅游过程中，我会将垃圾投入垃圾箱”“旅游过程中我会鼓励他人遵守景区环保的相关规定”“看到别人有破坏地质地貌的行为，我肯定会劝止”“我愿意购买有当地特色的生态环保商品”“我愿意参加地质地貌保护方面的志愿者活动”。

（六）旅游者社会人口统计学测量题项

旅游者社会人口统计学特征测量题项主要参考了《中国统计年鉴》，以及借鉴了国内外学者在研究旅游者环境责任行为中人口统计特征划分方法，同时结合本书的研究主题和目标，将旅游者社会人口统计学特征划分为性别、婚姻状况、年龄、受教育程度、月收入和职业6个方面。其中：性别划分为2类：①男；②女。婚姻状况划分为2类：①单身；②已婚。年龄划分为6个阶段：①≤20岁；②21～30岁；③31～40岁；④41～50岁；⑤51～60岁；⑥≥61岁。受教育程度划分为5个层次：①初中及以下；②高中/中专；③大专；④本科；⑤硕士及以上。月收入划分为7个等级：①2500元及以下；②2501～4000元；③4001～5500元；④5501～7000元；⑤7001～8500元；⑥8501～10000元；⑦10001元及以上。职业类型划分为16个类别：①国企职员；②外企职员；③私企职员；④事业单位职员；⑤个体商人；⑥政府公务员；⑦专业技术人员；⑧服务人员；⑨教师；⑩学生；⑪退休人员；⑫家庭主妇；⑬军人；⑭农民；⑮工人；⑯其他。

第三节　初始问卷信度效度检验

初始量表生成之后，首先进行了小范围的预调查，然后根据预调查的数据分析结果，以及调查过程中问卷中存在的歧义、语义重复等问题与旅游者反馈的相关信息，对初始问卷进行质量检验和模型修正，进而形成正式量表。本研究初始问卷的预调查采用实地面对面调查的形式进行。预调查的实施期为3天，于2017年6月10日至2017年6月12日在张掖七彩丹霞景区进行，预调查期间采用随机抽样的方式进行，共发放调查问卷130份，回收127份，回收率为98%，剔除填写不规范、不完整和无效问卷，共获得有效问卷113份，有效率为89%，能较好满足统计分析的需要。为了保证量表效度和信度，采用主成分分析法和最大方差法对初始因子进行旋转，取特征根大于1，因子载荷大于0.4为标准提取公因子，以确保量表的聚合效度和区别效度；采用内部一致性信度指标来检验初始量表的信度，以保证量表质量。

一、初始量表的效度和信度检验

效度是指测量工具或手段能够准确预测出所需测量的事物的程度。测量结果与要考察的内容越吻合，则效度越高；反之则效度越低（谢彦君，2018）。效度一般分为内容效度和建构效度。内容效度关乎测量内容的全面性与否，本研究所涉及的变量均来自相关成熟量表，同时通过专家咨询和旅游者访谈生成，保证了研究目标与调查目标较好的一致性，内容效度得到较好保证。建构效度对于解释性科学研究而言，旨在探索变量之间的关系并作出相应的因果解释，目前主要采用因子分析法进行测量。按照因子分析步骤，在进行因子分析之前，首先进行KMO（Kaise-Meyer-Olkin）和Bartlett球形检验，当KMO值在0.6以上判定做因子分析的程度为平庸的，0.7以上判定为做因子分析的程度为中度的，0.8以上判定为做因子分析的程度为良好的，0.9以上做因子分析的程度为极佳的（邱政皓，2013）。对于Bartlett球形检验，当p值小于0.05，表示统计量间的相关性非常显著且接受净相关矩阵是单元矩阵的假设，代表总体的相关矩阵间有共同因素存在，变量适合做因子分析。

信度是评价一个由若干的题目编制而成的测验、量表和问卷优劣的重要指标。主要包括重测信度、复本信度和内部一致性信度，由于重测信度与复本信度都需要对同一组被试测两次，基于条件的限制，有的测验很难编制复本，所以如果充分利用一次测验所得的资料计算信度，将会大大降低时间和人力成本，因此内部一致性信度有一定优势。

内部一致性信度又称为同质性信度，测量的内在信度重在考察一组评价项目是否测量同一概念，这些项目之间是否具有较高的内在一致性（张红坡等，2012）。本研究主要采用该题项与整体相关系数（corrected item-total correlation，CITC）来检验变量的内部一致性系数。具备步骤为，首先测算出测试旅游者环境责任行为意愿形成机理各影响因子的内部一致性信度系数，即

α 系数；然后测算各变量 CITC、多元相关平方系数和删除该项后的 α 系数，CICT 表示对应的题项与其他题项总分的积差相关系数，系数值越高，表示该题项与其他题项的内部一致性越高；反之亦然。多元相关平方系数的含义是将被删除的项目作为因变量，将其他项目作为因变量，进行多元回归分析后所得的决定系数（杜智敏，2010）。此系数越高，表示各个题项对该题项的解释力越大。删除该项后的 α 系数表示若某些题项导致问卷内部一致性较低，删除该题项后内部一致性系数会提高。

对于旅游者环境责任行为意愿形成机理各影响因子信度指标接受标准方面，吴明隆（2010）认为各构念的内部一致性系数 $\alpha \geq 0.7$ 时，表明各影响因子信度较好；当 $\alpha < 0.5$ 时，说明系数不理想，应该放弃。CITC 方面，按照严格标准，其小于 0.5 时可以考虑删除该题项，但也有学者认为小于 0.3 时删除该题项也符合研究要求（卢纹岱，2002），本研究选取 0.3 为删除标准。

（一）旅游者环境责任行为意愿的效度和信度检验

1. 旅游者环境责任行为意愿效度检验

为了证明旅游者环境责任行为意愿测量题项的建构效度，需要对测量旅游者环境责任行为意愿的 11 个题项进行探索性因子分析。在进行因子分析之前，首先进行旅游者环境责任行为意愿的 KMO（Kaise-Meyer-Olkin）和 Bartlett 球形检验，检验结果显示 KMO 值为 0.899，Bartlett 球形检验卡方值为 1803.248，自由度 = 55，$p = 0.000 < 0.001$（见表 5－17），达到显著水平，说明样本数据适合做因子分析。然后采用主成分分析法，通过最大方差法的直交旋转对初始因子进行旋转，提取特征根大于 1，因子载荷大于 0.4 的因子，共抽取 2 个公因子，分别命名为“旅游者环境促进行为意愿”和“旅游者

表 5－17　游客受访者关于旅游者环境责任行为意愿探索性因子分析适宜度检验

KMO 值		0.899
Bartlett 球形检验	卡方	1803.248
	自由度	55
	显著性	0.000

环境遵守行为意愿”，累计方差贡献率为61.899%（见表5-18）。由表5-18数据可知，测量旅游环境责任行为意愿各题项因子载荷均大于0.4的最低水平，所有题项较好分布在2个公因子之上，这与提出的理论模型及假设相符合，说明旅游者环境责任行为具有较好的建构效度。

表5-18　游客受访者关于旅游者环境责任行为意愿探索性因子分析

公因子	因子	因子载荷	初始特征值	旋转方差贡献率（%）	累计方差贡献率（%）
环境促进行为意愿	愿意支付额外资金支持景区环保	0.829	5.683	38.431	38.431
	帮助游客学习地质地貌保护知识	0.764			
	会向管理部门汇报环境破坏行为	0.750			
	和他人经常讨论景区的环保问题	0.724			
	愿意参加地质地貌保护志愿活动	0.684			
	愿意购买有特色的生态环保商品	0.660			
	看到破坏地质地貌行为主动劝止	0.600			
环境遵守行为意愿	旅游过程中会将垃圾投入垃圾箱	0.838	1.126	23.467	61.899
	愿意遵守景区环境保护相关规定	0.724			
	鼓励他人遵守景区环境保护规定	0.624			
	愿意学习地质地貌保护相关知识	0.621			

2. 旅游者环境责任行为意愿信度检验

旅游者环境促进行为意愿信度方面，从表5-19旅游者环境促进行为意愿变量的CICT和内部一致性信度检验分析发现，初始量表中各题项与总体的相关系数均在0.3以上，主要分布在0.540~0.743之间，多元相关平方系数均大于0.3，均达到了最低要求，旅游者环境促进行为意愿变量的整体α系数为0.882，大于0.7的最低标准，且删除任何一个题项旅游者环境促进行为意愿变量的整体α系数无显著提高。由此可知，旅游者环境促进行为意愿变量具有较好的内部一致性、可靠性和稳定性。因此，此处7个测度题项均予以保留。

表5-19　　游客受访者关于旅游者环境促进行为意愿内部一致性信度检验

测量条款	该题项与整体相关系数	多元相关平方系数	删除该项后的α系数	整体α系数
和他人经常讨论景区的环保问题	0.696	0.517	0.862	0.882
会向管理部门汇报环境破坏行为	0.725	0.595	0.858	
愿意支付额外资金支持景区环保	0.724	0.579	0.858	
帮助游客学习地质地貌保护知识	0.743	0.614	0.855	
看到破坏地质地貌行为主动劝止	0.645	0.430	0.868	
愿意购买有特色的生态环保商品	0.540	0.371	0.882	
愿意参加地质地貌保护志愿活动	0.625	0.438	0.870	

旅游者环境遵守行为意愿信度方面，从表5-20旅游者环境遵守行为意愿变量的CICT和内部一致性信度检验分析发现，初始量表中各题项与总体的相关系数均在0.3以上，主要分布在0.543~0.675之间，多元相关平方系数均大于0.3，均达到了最低要求，旅游者环境遵守行为意愿变量的整体α系数为0.786，大于0.7的最低标准，且删除任何一个题项旅游者环境遵守行为意愿变量的整体α系数无显著提高。由此可知，旅游者环境遵守行为意愿变量具有较好的内部一致性、可靠性和稳定性。因此，此处4个测度题项均予以保留。

表5-20　　游客受访者关于旅游者环境遵守行为意愿内部一致性信度检验

测量条款	该题项与整体相关系数	多元相关平方系数	删除该项后的α系数	整体α系数
愿意学习地质地貌保护相关知识	0.675	0.525	0.692	0.786
愿意遵守景区环境保护相关规定	0.665	0.502	0.702	
旅游过程中会将垃圾投入垃圾箱	0.543	0.317	0.780	
鼓励他人遵守景区环境保护规定	0.571	0.331	0.745	

（二）环境价值观的效度和信度检验

1. 环境价值观效度检验

为了证明环境价值观测量题项的建构效度，需要对测量环境价值观的16

个题项进行探索性因子分析。在进行因子分析之前，首先进行环境价值观KMO（Kaise-Meyer-Olkin）和Bartlett球形检验，检验结果显示KMO值为0.850，Bartlett球形检验卡方值为2112.411，自由度 = 120，p = 0.000 < 0.001（见表5－21），达到显著水平，说明样本数据适合做因子分析。然后采用主成分分析法，通过最大方差法的直交旋转对初始因子进行旋转，提取特征根大于1，因子载荷大于0.4的因子，共抽取4个公因子，分别命名为"生物价值观""人地和谐观""利己价值观"和"利他价值观"，但由于题项"所有物种应该拥有平等地位和均等发展机会"为"生物价值观"和"利他价值观"2个公因子共有题项，且在2个公子上的因子载荷较为接近，违反了公因子之间的区分效度原则，同时通过分析发现该题项在生物价值观和利他价值观归属方面存在一定的模糊性，所以对该题项予以删除；删除该题项后，4个公因子的累计方差贡献率提高到66.574%（见表5－22）。由表5－22数据可知，测量环境价值观各题项因子载荷均大于0.4的最低水平，所有题项较好分布在4个公因子之上，这与提出的理论模型及假设相符合，说明环境价值观具有较好的建构效度。

表5－21　游客受访者关于环境价值观探索性因子分析适宜度检验

KMO值		0.850
Bartlett球形检验	卡方	2112.411
	自由度	120
	显著性	0.000

表5－22　游客受访者关于环境价值观探索性因子分析

公因子	因子	因子载荷	初始特征值	旋转方差贡献率（%）	累计方差贡献率（%）
生物价值观	尊重地球，物种和谐相处	0.874	5.079	23.143	23.143
	融入自然，自然和谐一致	0.847			
	防止污染，保护自然资源	0.836			
	保护自然，保护自然环境	0.790			

续表

公因子	因子	因子载荷	初始特征值	旋转方差贡献率（%）	累计方差贡献率（%）
人地和谐观	崇尚清静淡泊生活	0.849	2.027	17.248	40.391
	人类活动顺应自然	0.829			
	人与自然和谐共处	0.694			
	尊重自然崇尚自然	0.616			
	善待自然热爱自然	0.607			
利己价值观	控制权和领导权很重要	0.833	1.694	13.309	53.700
	财富、财产、钱很重要	0.791			
	对他人和事件有影响力	0.598			
	拥有社会权力控制他人	0.535			
利他价值观	世界和平，没有战争	0.813	1.187	12.875	66.574
	社会公正，照顾弱者	0.744			
	乐于助人，帮助他人	0.576			

2. 环境价值观信度检验

探索性因子分析发现，环境价值观由生物价值观、人地和谐观、利己价值观和利他价值观 4 个维度组成，分别对其进行信度检验。环境价值观之生物价值观信度方面，从表 5－23 游客受访者生物价值观变量的 CICT 和内部一致性信度检验分析发现，初始量表中各题项与总体的相关系数均在 0.3 以上，主要分布在 0.696～0.819 之间，多元相关平方系数均大于 0.3，达到了最低

表 5－23　游客受访者关于环境价值观之生物价值观内部一致性信度检验

测量条款	该题项与整体相关系数	多元相关平方系数	删除该项后的 α 系数	整体 α 系数
防止污染，保护自然资源	0.751	0.588	0.862	0.890
尊重地球，物种和谐相处	0.819	0.678	0.836	
融入自然，自然和谐一致	0.775	0.604	0.853	
保护自然，保护自然环境	0.696	0.493	0.882	

要求，游客受访者生物价值观的整体 α 系数为 0.890，大于 0.7 的最低标准，且删除任何一个题项游客受访者生物价值观变量的整体 α 系数无显著提高。由此可知，游客受访者生物价值观变量具有较好的内部一致性、可靠性和稳定性。因此，此处 4 个测度题项均予以保留。

环境价值观之人地和谐观信度方面，从表 5 - 24 游客受访者人地和谐观变量的 CICT 和内部一致性信度检验分析发现，初始量表中各题项与总体的相关系数均在 0.3 以上，主要分布在 0.615 ~ 0.720 之间，多元相关平方系数均大于 0.3，达到了最低要求，游客受访者人地和谐观的整体 α 系数为 0.828，大于 0.7 的最低标准，且删除任何一个题项游客受访者人地和谐观变量的整体 α 系数无显著提高。由此可知，游客受访者人地和谐观变量具有较好的内部一致性、可靠性和稳定性。因此，此处 5 个测度题项均予以保留。

表 5 - 24　游客受访者关于环境价值观之人地和谐观内部一致性信度检验

测量条款	该题项与整体相关系数	多元相关平方系数	删除该项后的 α 系数	整体 α 系数
人类活动顺应自然	0.604	0.461	0.801	0.828
崇尚清静淡泊生活	0.720	0.549	0.743	
人与自然和谐共处	0.679	0.534	0.772	
尊重自然崇尚自然	0.615	0.505	0.793	
善待自然热爱自然	0.623	0.512	0.746	

环境价值观之利己价值观信度方面，从表 5 - 25 游客受访者利己价值观变量的 CICT 和内部一致性信度检验分析发现，初始量表中各题项与总体的相关系数均在 0.3 以上，主要分布在 0.421 ~ 0.538 之间，多元相关平方系数均大于 0.3，达到了最低要求，游客受访者利己价值观的整体 α 系数为 0.702，大于 0.7 的最低标准，且删除任何一个题项游客受访者利己价值观变量的整体 α 系数无显著提高。由此可知，游客受访者利己价值观变量具有较好的内部一致性、可靠性和稳定性。因此，此处 4 个测度题项均予以保留。

环境价值观之利他价值观信度方面，从表 5 - 26 游客受访者利他价值观变量的 CICT 和内部一致性信度检验分析发现，初始量表中各题项与总体的相关系数均在0.3以上，主要分布在0.513~0.597之间，多元相关平方系数均大于0.3，达到了最低要求，游客受访者利他价值观的整体α系数为0.687，接近0.7的最低标准，且删除任何一个题项游客受访者利他价值观变量的整体α系数无显著提高。由此可知，游客受访者利他价值观变量具有较好的内部一致性、可靠性和稳定性。因此，此处3个测度题项均予以保留。

表5-25　游客受访者关于环境价值观之利己价值观内部一致性信度检验

测量条款	该题项与整体相关系数	多元相关平方系数	删除该项后的α系数	整体α系数
拥有社会权力控制他人	0.452	0.315	0.651	0.702
财富、财产、钱很重要	0.508	0.393	0.507	
控制权和领导权很重要	0.538	0.416	0.492	
对他人和事件有影响力	0.421	0.304	0.625	

表5-26　游客受访者关于环境价值观之利他价值观内部一致性信度检验

测量条款	该题项与整体相关系数	多元相关平方系数	删除该项后的α系数	整体α系数
世界和平，没有战争	0.525	0.313	0.675	0.687
社会公正，照顾弱者	0.597	0.372	0.497	
乐于助人，帮助他人	0.513	0.322	0.630	

（三）旅游环境信念-情感-规范和行为态度效度和信度检验

1. 旅游环境信念-情感-规范及行为态度变量效度检验

为了证明旅游者环境责任行为形成机制中各前置变量测量题项的建构效度，需要对测量前置变量的37个题项进行探索性因子分析。在进行因子分析之前，首先进行前置变量KMO（Kaise-Meyer-Olkin）和Bartlett球形检验，检验结果显示KMO值为0.918，Bartlett球形检验卡方值为7009.399，自由度=595，p=0.000<0.001（见表5-27），达到显著水平，说明样本数据适合做因子分析。然后采用主成分分析法，通过最大方差法的直交旋转对初始因子进行旋转，提取特征根大于1，因子载荷大于0.4的因子，共抽取7个公因

子，分别命名为“预期情感”“环保行为责任感”“环境责任行为态度”“主观规范”“评价对象不利后果”“生态世界观”和“减少威胁感知能力”。但由于题项“我完全有信心采取行动对环境负责任”为主观规范和减少威胁感知能力2个公因子共有题项，且在2个公子上的因子载荷较为接近，违反了公因子之间的区分效度原则，所以对该题项予以删除；另外，题项“我很愿意在景区表现出环境责任行为”为环境责任行为态度和预期情感2个公因子共有题项，且在2个公子上的因子载荷较为接近，违反了公因子之间的区分效度原则，所以对该题项予以删除。删除该题项后，7个公因子的累计方差贡献率提高到66.807%（见表5-28）。

表5-27　游客受访者关于环境信念-情感-规范及行为态度因子分析适宜度检验

KMO值		0.918
Bartlett球形检验	卡方	7009.399
	自由度	595
	显著性	0.000

表5-28　游客受访者关于环境信念-情感-规范及行为态度的探索性因子分析

公因子	因子	因子载荷	初始特征值	旋转方差贡献率（%）	累计方差贡献率（%）
预期情感	对环境不负责任我会觉得很丢脸	0.832	11.488	13.424	13.424
	对环境不负责任我会觉得很内疚	0.816			
	对环境不负责任我会觉得很懊悔	0.808			
	对环境负责任我会觉得非常愉快	0.711			
	对环境负责任我会觉得非常自豪	0.710			
	对环境负责任我会觉得非常兴奋	0.708			
环保行为责任感	游客有义务避免对景区环境的破坏	0.791	2.986	11.942	25.367
	景区环境负面影响最小化非常重要	0.788			
	旅游中环境友好行为方式非常重要	0.769			
	基于原则应对景区环境影响最小化	0.719			
	有责任减少对景区环境的负面影响	0.687			
	游客应该保护旅游景区的自然环境	0.499			

续表

公因子	因子	因子载荷	初始特征值	旋转方差贡献率（%）	累计方差贡献率（%）
环境责任行为态度	对景区环境的负责任行为是明智的	0.811	2.240	10.376	35.743
	对景区环境的负责任行为是有益的	0.790			
	对景区环境的负责任行为让人高兴	0.751			
	对景区环境负责任的行为非常正确	0.721			
主观规范	亲友认为我应该采取行动对环境负责任	0.834	1.838	9.713	45.456
	亲友希望我采取行动对景区环境负责任	0.832			
	采取环境负责任行动我的亲友会很高兴	0.786			
	有时间和意愿采取对环境负责任的行动	0.502			
	做出对景区环境负责任的行动非常容易	0.468			
评价对象不利后果	到地质地貌景区旅游会导致景区环境恶化	0.825	1.610	7.699	53.155
	旅游会对景区生态环境造成巨大负面冲击	0.812			
	自然景区旅游会引起环境污染和资源破坏	0.785			
	随意踩踏地质地貌破坏了景区的生态环境	0.492			
生态世界观	自然界的平衡非常脆弱，很容易被打乱	0.726	1.404	7.169	60.324
	继续保持现状很快将遭受严重环境灾难	0.667			
	地球就好像空间和资源有限的宇宙飞船	0.659			
	尽管人类有特殊能力仍受自然规律支配	0.500			
	自然界动、植物与人类一样有着生存权	0.426			
减少威胁感知能力	每个游客必须为景区环境问题负责任	0.737	1.149	6.484	66.807
	每个游客共同为景区环境恶化负责任	0.657			
	每个游客都要为景区问题负一定责任	0.517			
	负责任旅游会对景区环境影响最小化	0.486			

由表 5－28 可知，通过探索性因子分析发现旅游者环境责任行为意愿影响因素构成与初始假设模型有一定的出入。首先，主观规范 3 个测量题项与感知行为控制 2 个测量题项归属同一个公因子，仔细分析发现测量主观规范的 3 个题项因子载荷较高，而测量感知行为控制 2 个题项的因子载荷较小；同时考虑到感知行为控制是计划行为理论对理性行为理论扩展时增加的非意志力控制变量，由于旅游者环境责任行为属于个体环保行为，采取行动不需

要额外的资源和机会，行为与否完全取决于自身意愿，属于典型的意志力控制范畴，这一观点已得到其他学者的证实（党宁等，2017）。结合以上特征和理性行为理论观点，将该公因子称为“主观规范”。其次，预期自豪情感3个测量题项和预期内疚情感3个测量题项归属同一个公因子，这与先前研究结论存在一定差异，但有学者指出预期情感早期即为单维变量，是从内疚情感到自豪情感的程度划分（Onwezen et al.，2014），将该因子称为“预期情感”。总体来看，除去共变关系删除的测量题项，剩余各题项因子载荷均大于0.4的最低水平，所有题项较好分布在7个公因子之上，说明作为中介变量的生态世界观、评价对象不利后果、减少威胁感知能力、环保行为责任感、环境责任行为态度、主观规范和预期内疚情感具有较好的建构效度。

2. 旅游环境信念－情感－规范及行为态度信度检验

结合探索性因子分析，对旅游者环境责任行为意愿形成机理中的各前置变量分别进行信度检验。预期情感信度方面，从表5－29游客受访者预期情感变量的CICT和内部一致性信度检验分析发现，初始量表中各题项与总体的相关系数均在0.3以上，主要分布在0.745～0.822之间，多元相关平方系数均大于0.3，达到了最低要求，游客受访者预期情感的整体α系数为0.928，大于0.7的最低标准，且删除任何一个题项游客受访者预期情感变量的整体α系数无显著提高。由此可知，游客受访者预期情感变量具有较好的内部一致性、可靠性和稳定性。因此，此处6个测度题项均予以保留。

表5－29　游客受访者关于环境预期情感内部一致性信度检验

测量条款	该题项与整体相关系数	多元相关平方系数	删除该项后的α系数	整体α系数
对环境不负责任我会觉得很丢脸	0.822	0.777	0.912	0.928
对环境不负责任我会觉得很内疚	0.815	0.703	0.912	
对环境不负责任我会觉得很懊悔	0.813	0.775	0.913	
对环境负责任我会觉得非常自豪	0.775	0.683	0.917	
对环境负责任我会觉得非常愉快	0.798	0.732	0.916	
对环境负责任我会觉得非常兴奋	0.745	0.643	0.921	

环保行为责任感信度方面，从表5-30游客受访者环保行为责任感变量的CICT和内部一致性信度检验分析发现，初始量表中各题项与总体的相关系数均在0.3以上，主要分布在0.599~0.733之间，多元相关平方系数均大于0.3，达到了最低要求，游客受访者环保行为责任感的整体α系数为0.880，大于0.7的最低标准，且删除任何一个题项游客受访者环保行为责任感变量的整体α系数无显著提高。由此可知，游客受访者环保行为责任感变量具有较好的内部一致性、可靠性和稳定性。因此，此处6个测度题项均予以保留。

表5-30　游客受访者关于环保行为责任感内部一致性信度检验

测量条款	该题项与整体相关系数	多元相关平方系数	删除该项后的α系数	整体α系数
景区环境负面影响最小化非常重要	0.728	0.559	0.852	0.880
游客有义务避免对景区环境的破坏	0.733	0.592	0.852	
旅游中环境友好行为方式非常重要	0.712	0.559	0.855	
基于原则应对景区环境影响最小化	0.704	0.525	0.857	
有责任减少对景区环境的负面影响	0.655	0.502	0.865	
游客应该保护旅游景区的自然环境	0.599	0.375	0.874	

环境责任行为态度信度方面，从表5-31游客受访者环境责任行为态度的CICT和内部一致性信度检验分析发现，初始量表中各题项与总体的相关系数均在0.3以上，主要分布在0.706~0.795之间，多元相关平方系数均大于0.3，达到了最低要求，行为态度的整体α系数为0.884，大于0.7的最低标准，且删除任何一个题项游客受访者环境责任行为态度变量的整体α系数无显著提高。由此可知，游客受访者环境责任行为态度变量具有较好的内部一致性、可靠性和稳定性。因此，此处4个测度题项均予以保留。

主观规范信度方面，从表5-32游客受访者主观规范的CICT和内部一致性信度检验分析发现，初始量表中各题项与总体的相关系数均在0.3以上，主要分布在0.619~0.792之间，多元相关平方系数均大于0.3，达到了最低要求，主观规范的整体α系数为0.879，大于0.7的最低标准，且删除任何一个题项游客受访者主观规范变量的整体α系数无显著提高。由此可知，游客受访者主观规范变量具有较好的内部一致性、可靠性和稳定性。因此，此处 5 个测度题项均予以保留。

表 5－31　游客受访者关于环境责任行为态度内部一致性信度检验

测量条款	该题项与整体相关系数	多元相关平方系数	删除该项后的 α 系数	整体 α 系数
对景区环境的负责任行为是明智的	0.795	0.643	0.833	0.884
对景区环境的负责任行为是有益的	0.706	0.535	0.867	
对景区环境的负责任行为让人高兴	0.739	0.564	0.854	
对景区环境负责任的行为非常正确	0.751	0.597	0.850	

表 5－32　游客受访者关于环境责任主观规范内部一致性信度检验

测量条款	该题项与整体相关系数	多元相关平方系数	删除该项后的 α 系数	整体 α 系数
亲友认为我应该采取行动对环境负责任	0.788	0.755	0.835	0.879
亲友希望我采取行动对景区环境负责任	0.792	0.746	0.833	
采取环境负责任行动我的亲友会很高兴	0.719	0.568	0.852	
有时间和意愿采取对环境负责任的行动	0.646	0.533	0.869	
做出对景区环境负责任的行动非常容易	0.619	0.493	0.874	

评价对象不利后果信度方面，从表 5－33 游客受访者评价对象不利后果的 CICT 和内部一致性信度检验分析发现，初始量表中各题项与总体的相关系数均在 0.3 以上，主要分布在 0.435～0.665 之间，但测度题项“随意踩踏地质地貌破坏了景区生态环境”的多元相关平方系数小于 0.3，仅为 0.201，没有达到最低要求，且删除该测度题项后游客受访者评价对象不利后果变量的整体 α 系数会从 0.781 提高到 0.799，考虑到踩踏地貌是景区环境恶化和景区资源破坏的具体表现形式，其意义已包括在其他测度题项中，此项调查意义较低，因此对该题项予以删除。

删除该题项后的内部一致性信度检验如表 5－34 所示，发现除了各题项与总体的相关系数均在 0.3 以上之外，多元相关平方系数均大于 0.3，达到了最低要求，同时不利后果变量的整体 α 系数提高到 0.799，大于

0.7 的最低标准，且删除任何一个题项游客受访者评价对象不利变量的整体 α 系数无显著提高。由此可知，游客受访者评价对象不利后果变量具有较好的内部一致性、可靠性和稳定性。因此，此处 3 个测度题项均予以保留。

表 5-33　游客受访者关于环境评价对象不利后果内部一致性信度检验

测量条款	该题项与整体相关系数	多元相关平方系数	删除该项后的 α 系数	整体 α 系数
到地质地貌景区旅游会导致景区环境恶化	0.665	0.503	0.687	0.781
旅游会对景区生态环境造成巨大负面冲击	0.639	0.478	0.700	
自然景区旅游会引起环境污染和资源破坏	0.616	0.381	0.712	
随意踩踏地质地貌破坏了景区的生态环境	0.435	0.201	0.799	

表 5-34　删除题项后关于环境评价对象不利后果内部一致性信度检验

测量条款	该题项与整体相关系数	多元相关平方系数	删除该项后的 α 系数	整体 α 系数
到地质地貌景区旅游会导致景区环境恶化	0.695	0.500	0.673	0.799
旅游会对景区生态环境造成巨大负面冲击	0.666	0.474	0.704	
自然景区旅游会引起环境污染和资源破坏	0.576	0.334	0.799	

生态世界观信度方面，从表 5-35 游客受访者生态世界观的 CICT 和内部一致性信度检验分析发现，初始量表中各题项与总体的相关系数均在 0.3 以上，主要分布在 0.481～0.572 之间，多元相关平方系数均大于或接近 0.3，符合最低要求，生态世界观的整体 α 系数为 0.710，大于 0.7 的最低标准，且删除任何一个题项生态世界观变量的整体 α 系数无显著提高。由此可知，生态世界观变量具有较好的内部一致性、可靠性和稳定性。因此，此处 5 个测度题项均予以保留。

减少威胁感知能力信度方面，从表 5-36 游客受访者降低威胁感知能力的 CICT 和内部一致性信度检验分析发现，对于游客受访者降低威胁感知能力变量，初始量表中各题项与总体的相关系数均在 0.3 以上，主要分布在 0.330～0.661 之间，但测度题项“负责任旅游会对景区环境影响最小化”的多元相关平方系数小于0.3，仅为0.124，没有达到了最低要求，且删除该测度题项后游客受访者减少威胁感知能力变量的整体α系数会从0.754提高到0.798，考虑到“负责任旅游会对景区环境影响最小化”是游客受访者减少威胁感知能力意义的反问形式，其意义与其他测度题项较为相似，此项调查意义较低，因此对该题项予以删除。

表5－35　　游客受访者关于生态世界观内部一致性信度检验

测量条款	该题项与整体相关系数	多元相关平方系数	删除该项后的α系数	整体α系数
自然界的平衡非常脆弱，很容易被打乱	0.512	0.323	0.652	0.710
继续保持现状很快将遭受严重环境灾难	0.572	0.351	0.618	
地球就好像空间和资源有限的宇宙飞船	0.498	0.302	0.700	
尽管人类有特殊能力仍受自然规律支配	0.506	0.311	0.667	
自然界动、植物与人类一样有着生存权	0.481	0.297	0.668	

表5－36　游客受访者关于环境减少威胁感知能力内部一致性信度检验

测量条款	该题项与整体相关系数	多元相关平方系数	删除该项后的α系数	整体α系数
每个游客必须为景区环境问题负责任	0.634	0.450	0.648	0.754
每个游客共同为景区环境恶化负责任	0.661	0.510	0.632	
每个游客都要为环境问题负一定责任	0.599	0.382	0.672	
负责任旅游会对景区环境影响最小化	0.330	0.124	0.798	

删除该题项后的内部一致性信度检验如表5－37所示，发现除了各题项与总体的相关系数均在0.3以上之外，主要分布在0.586～0.713之间，多元相关平方系数均大于0.3，达到了最低要求，同时游客受访者减少威胁感知能力变量的整体α系数提高到0.798，大于0.7的最低标准，且删除任何一个题项游客受访者减少威胁感知能力变量的整体α系数无显著提高。由此可知，游客受访者减少威胁感知能力变量具有较好的内部一致性、可靠性和稳定性。因此，此处3个测度题项均予以保留。

表 5－37　删除题项后关于环境减少威胁感知能力内部一致性信度检验

测量条款	该题项与整体相关系数	多元相关平方系数	删除该项后的α系数	整体α系数
每个游客必须为景区环境问题负责任	0.640	0.435	0.733	0.798
每个游客共同为景区环境恶化负责任	0.713	0.510	0.647	
每个游客都要为环境问题负一定责任	0.586	0.359	0.782	

通过对初始量表效度和信度的检验分析，发现计划行为理论中的主观规范和感知行为控制在本研究中属于同一变量，说明在旅游者环境责任行为意愿情境中理性行为理论解释能力更强；同时预期情感因素中的二维划分在本研究中遇到挑战，本研究数据分析发现预期自豪情感和预期内疚情感内部具有同一性，预期情感因素为单维变量。其余变量之间区分度明显，证明各变量具有较好的分区分效度和聚合效度；另外，各变量与测量题项之间具有良好的对应关系，各变量测量题项具有较好的内部一致性、可靠性和稳定性，信度良好。说明在问卷设计过程中，通过对国内外相关研究成果的梳理和总结取得了良好效果，同时通过专家咨询和旅游者访谈，并结合张掖七彩丹霞景区环境保护实际等综合设计的问卷质量较高，为正式调研奠定了基础，为本研究理论模型检验提供了科学保障。

二、理论模型修正

在初始理论模型的基础上，根据各研究变量内涵及测量题项，结合访谈资料和景区情境构建了本研究的初始量表。通过预调研，结合实证数据对量表信度的和效度进行检验，探索性因子分析发现，在构建理论模型中感知行为控制与主观规范为同一个公因子，考虑到感知行为控制是计划行为理论对理性行为理论扩展时增加的非意志力控制变量，由于旅游者环境责任行为属于个体环保行为，采取行动不需要额外的资源和机会，行为与否完全取决于自身意愿，属于典型的意志力控制范畴，说明新构建的理论模型中理性行为理论比计划行为理论有更强的解释能力；其次，通过探索性因子分析发现，初始预设的预期情感为双维变量——预期自豪情感和预期内疚情感，在本研究中实证数据显示其为单维变量，因此需对模型和研究假设予以修正。

在模型修正方面，结合理论模型内容的变化，首先删除计划行为理论中的感知行为控制变量以及和它相关的研究假设；其次将预期情感由双维变量变为单维变量，对原有理论模型和研究假设进行重修调整，修正后的理论模型如图 5－1 所示，调整后的研究假设如表 5－38 所示。

表 5－38　旅游者环境责任行为意愿形成机理模型修正研究假设一览

假设序号	假设内容
H1	生物价值观对生态世界观有显著正向影响
H2	利他价值观对生态世界观有显著正向影响
H3	利己价值观对生态世界观影响不显著
H4	人地和谐观对生态世界观有显著正向影响
H5	生态世界观对评价对象不利后果有显著正向影响
H6	评价对象不利后果对降低威胁感知能力有显著正向影响
H7	降低威胁感知能力对环保行为责任感有显著正向影响
H8	环保行为责任感对环境促进行为意愿有显著正向影响
H9	环保行为责任感对环境遵守行为意愿有显著正向影响
H10	环境责任行为态度对环境促进行为意愿有显著正向影响
H11	环境责任行为态度对环境遵守行为意愿有显著正向影响
H12	主观规范对环境促进行为意愿有显著正向影响
H13	主观规范对环境遵守行为意愿有显著正向影响
H14	评价对象不利后果对环境责任行为态度有显著正向影响
H15	评价对象不利后果对主观规范有显著正向影响
H16	主观规范对环保行为责任感有显著正向影响
H17	减少威胁感知能力对预期情感有显著正向影响
H18	预期情感对环保行为责任感有显著正向影响

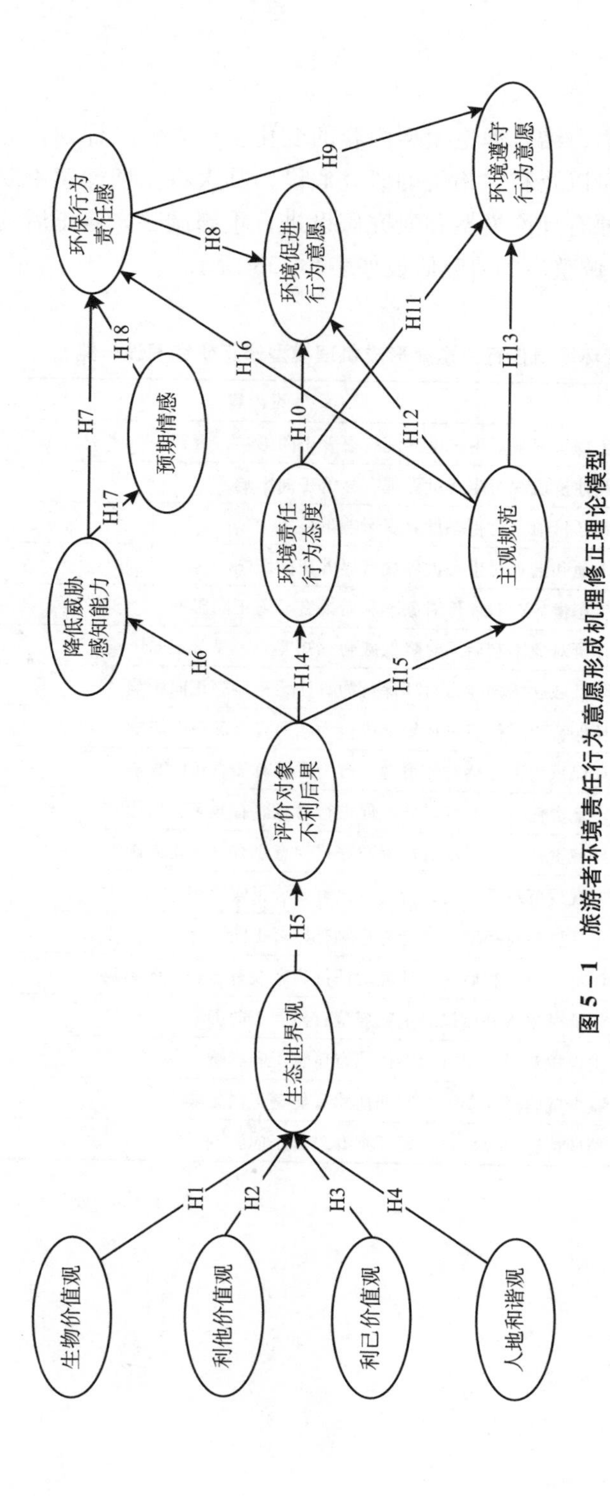

图 5－1 旅游者环境责任行为意愿形成机理修正理论模型

| 第六章 |

旅游者环境责任行为意愿形成机理模型检验与分析

第一节 实证研究区域与数据收集

针对学术界关于旅游者环境责任行为研究现状、实证研究区域以及实证研究对象选择特征，结合西北地区旅游产业快速发展对生态环境造成严峻挑战以及生态文明建设中全球生态安全的现实需求，本研究选择中国西北地区为实证研究区域，选择张掖国家地质公园七彩丹霞景区为实证研究对象。

一、地质公园概况及特征

（一）世界地质公园概况及特征

地质公园是以具有特殊的地质科学意义、稀有性和美学观赏价值的地质遗迹景观为主体，并融合其他自然景观与人文景观而构成的一种独特的自然区域（何小芊等，2018）。为了更好保护地质地貌遗迹，1999 年 4 月联合国教科文组织第 156 次常务委员会议中提出了建立地质公园计划（UNESCO Geoparks），并从 2000 年开始推行世界地质公园计划。2004 年 2 月，联合国教科文组织宣布了包括中国张家界在内的 8 处地质公园为首批世界地质公园。经过近 20 年的建设，截至 2019 年 3 月，根据世界地质公园网络公园目录，全球共有世界地质公园 140 处，分布在 38 个国家和地区，其中欧洲地区 73 处、亚洲地区 58 处、美洲地区 7 处和非洲地区 2 处，欧洲地区最多，超过总数的 50%。就国家范围而言，中国境内世界地质公园达到 37 处，占全球总数的 26.4%，远超过其他国家；其次为西班牙 12 处、意大利 10 处、日本 9 处，具体数量分布见表 6－1。

表 6－1　　世界地质公园一览

地　区	总　数	国　别	数　量	地　区	总　数	国　别	数　量
亚洲地区	58	中国	37	欧洲地区	73	奥地利	3
		印度尼西亚	4			克罗地亚	1
		日本	9			捷克	1
		韩国	3			芬兰	1
		马来西亚	1			法国	7
		越南	2			丹麦	1
		伊朗	1			德国	5
		泰国	1			德国/波兰	1
非洲地区	2	摩洛哥	1			希腊	5
		坦桑尼亚	1			匈牙利	1
美洲地区	7	巴西	1			匈牙利/斯洛伐克	1
		加拿大	3			冰岛	2
		乌拉圭	1			爱尔兰	2
		墨西哥	2			爱尔兰/北爱尔兰	1
欧洲地区		罗马尼亚	1			意大利	10
		西班牙	12			荷兰	1
		土耳其	1			挪威	2
		英国	6			葡萄牙	4
		塞浦路斯	1			斯洛文尼亚/奥地利	1
		比利时	1			斯洛文尼亚	1

资料来源：世界地质公园网络办公室．联合国教科文组织支持的世界地质公园网络［EB/OL］．公园介绍，http：//cn. globalgeopark. org/parkintroduction/index. htm，2019－02－05。

表 6-2　　中国世界地质公园一览

省区市	公园名称	数量	省区市	公园名称	数量
河南	云台山世界地质公园 嵩山世界地质公园 王屋山-黛眉山世界地质公园 伏牛山世界地质公园	4	四川	自贡世界地质公园 兴文世界地质公园 光雾山-诺水河地质公园	3
内蒙古	阿拉善沙漠世界地质公园 克什克腾世界地质公园 阿尔山国家地质公园	3	江西	龙虎山世界地质公园 三清山世界地质公园 庐山世界地质公园	3
北京	房山世界地质公园 延庆世界地质公园	2	福建	泰宁世界地质公园 宁德世界地质公园	2
黑龙江	五大连池世界地质公园 镜泊湖世界地质公园	2	云南	大理苍山世界地质公园 石林世界地质公园	2
安徽	天柱山世界地质公园 黄山世界地质公园	2	湖北	神农架世界地质公园 黄冈大别山地质公园	2
青海	昆仑山世界地质公园	1	浙江	雁荡山世界地质公园	1
甘肃	敦煌世界地质公园	1	贵州	织金洞世界地质公园	1
山东	泰山世界地质公园	1	广西	乐业-凤山世界地质公园	1
湖南	张家界世界地质公园	1	海南	雷琼世界地质公园（海南、广东）	1
广东	丹霞山世界地质公园	1	新疆	可可托海国家地质公园	1
陕西	秦岭终南山世界地质公园	1	香港	香港世界地质公园	1

资料来源：世界地质公园网络办公室．联合国教科文组织支持的世界地质公园网络［EB/OL］．中国的世界地质公园，http：//cn. globalgeopark. org/fytt/distribution/6493. htm，2019-02-05。

通过表 6-2 可以发现，中国境内 37 处世界地质公园分布在 22 个省区市，其中河南最多，为 4 处，四川、江西和内蒙古各有 3 处，北京、福建、安徽、黑龙江、云南和湖北各有 2 处，浙江、青海、甘肃、贵州、山东、广西、湖南、海南、广东、陕西、新疆和香港各有 1 处。

（二）中国国家地质公园概况及特征

中国国家地质公园是为了配合建设世界地质公园而提出，2001 年 4 月国家公布了第一批 11 家中国国家地质公园，经过近 20 年地质公园的快速发展，截至 2019 年 3 月，正式批准中国国家地质公园为 214 处，其中华北地区 33 处、华东地区 47 处、东北地区 16 处、中南地区 50 处、西南地区 41 处、西北地区 26 处，港澳台地区 1 处；从各省份来看，河南和四川最多，均为 14 处，其次为安徽 12 处，河北、山东、湖南为 11 处，福建、云南为 10 处，贵州为 9 处，山西、内蒙古、湖北、广西、广东均为 8 处，天津、上海、海南、宁夏和香港最少，仅为 1 处，具体见表 6－3。

表 6－3　中国国家地质公园一览

地　区	省区市	数量	地　区	省区市	数量
华北地区	北　京	5	中南地区	河　南	14
	天　津	1		湖　北	8
	河　北	11		湖　南	11
	山　西	8		广　西	8
	内蒙古	8		广　东	8
华东地区	上　海	1		海　南	1
	江　苏	4	西南地区	重　庆	6
	浙　江	4		四　川	14
	安　徽	12		云　南	10
	福　建	10		贵　州	9
	江　西	5		西　藏	2
	山　东	11	西北地区	陕　西	7
东北地区	辽　宁	5		甘　肃	7
	吉　林	4		宁　夏	1
	黑龙江	7		青　海	6
港澳台地区	香　港	1		新　疆	5

资料来源：世界地质公园网络办公室．联合国教科文组织支持的世界地质公园网络［EB/OL］．中国的国家地质公园，http：//cn. globalgeopark. org/fytt/distribution/6497. htm，2019－02－05。

二、甘肃省区位特征及旅游发展概况

（一）甘肃省区位和区划概况

甘肃以古甘州（今张掖）、肃州（今酒泉）两地首字而得名。甘肃地处北纬 32°31′～42°57′，东经 92°13′～108°46′，位于青藏高原、黄土高原、内蒙古高原三大高原和青藏高寒区、西北干旱区、东部季风区三大自然区域的交汇之处，总土地面积为42.58万平方公里，地形呈狭长状，东西长1655公里，南北宽530公里。甘肃省位于西北地区的核心区域，东邻陕西省，南与四川省、青海省接壤，西与新疆维吾尔自治区相邻，北与内蒙古自治区和蒙古国交界，东北部与宁夏回族自治区连接。闻名中外的古丝绸之路和新亚欧大陆桥横贯甘肃全境，使甘肃成为西北地区连接中、东部地区的桥梁和纽带，成为贯通东亚与亚洲中部、西亚与欧洲之间的陆上交通通道。甘肃省下辖兰州、嘉峪关、金昌、白银、天水、酒泉、张掖、武威、定西、陇南、平凉和庆阳12个市、临夏和甘南2个自治州。甘肃地貌复杂多样，山地、高原、平川、沙漠、河谷、戈壁，类型齐全，交错分布，地势自西南向东北倾斜。

（二）甘肃省旅游业发展概况

甘肃省区位特殊、海拔落差大，具有地形地貌多样、自然景观众多等特征；同时古丝绸之路贯穿甘肃全境，遗留下丰富的历史文化遗产，具备发展旅游业的天然优势。特别是2014年成功申报“丝绸之路：长安－天山廊道的路网”世界文化遗产，甘肃拥有敦煌莫高窟、长城、麦积山石窟、炳灵寺石窟、锁阳城遗址、悬泉置遗址、玉门关遗址7处世界文化遗产（点），为甘肃丝绸之路遗产旅游发展开创了新局面。

“十二五”期间，甘肃省旅游接待人数52046.5万人次，实现旅游综合收入3180.5亿元，增速连续五年排在全国前5位（谭安丽，2016），2017年甘肃旅游发展延续了强劲的发展势头，接待国内外游客人次数和实现旅游经济收入增长率均达到25%以上（秦娜，2018），其增幅均远超全国平均水平。2018年2月，甘肃正式提出了“旅游强省”战略，2018年甘肃省共接待旅游人数为3.02亿人次，同比增长26.38%；旅游综合收入2060.1亿元，同比增长30.37%（见图6－1）。甘肃省文化旅游产业占比已达到全省GDP的7%，文化旅游产业成为甘肃省十大生态产业中的首位产业（张栎，2019）。

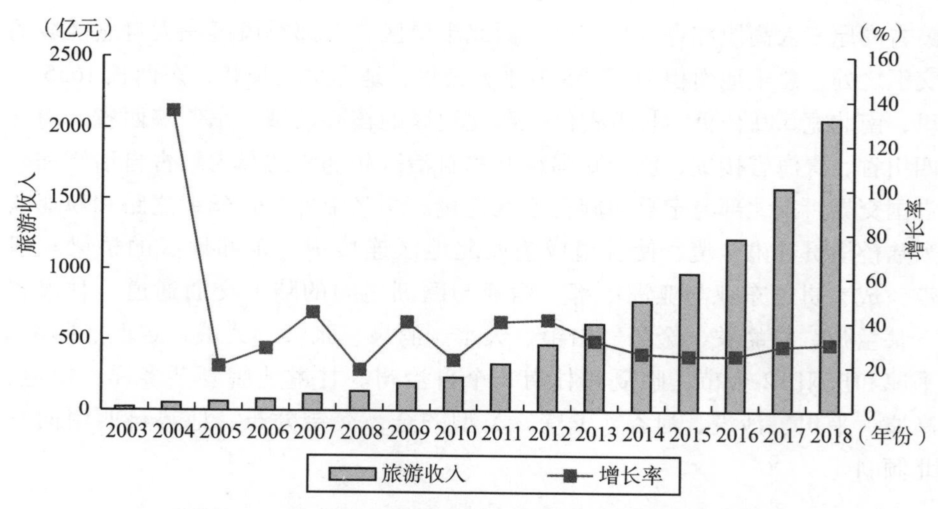

图 6-1 甘肃省 2003~2018 年旅游收入与增长率统计

资料来源：2003~2018 年甘肃省国民经济和社会发展统计公报。

三、张掖市区位特征及旅游发展概况

（一）张掖市区位与区划概况

张掖以“张国臂掖，以通西域”而得名，古称甘州。张掖位于甘肃省西部，河西走廊中段，地处东经 97°20′~102°12′，北纬 37°28′~39°57′。张掖位处祁连山北麓，承接青藏高原与内蒙古高原的过渡分界段，地形上整体东南高西北低，位于中国的第二级地形阶梯，南枕祁连山、北依合黎山-龙首山，黑河贯穿全境。整个地貌由南向北分为祁连山山地、中部走廊平原、北部山地三大区域，海拔从最高 5547 米，降至最低处的 1200 米，跨度较大，加上水热条件差异显著，因此形成了复杂多样、变化无穷的地貌特征，被称为“中国地貌景观大观园”；同时又形成了湖泊、湿地、沙漠、戈壁、冰川、草原、雪山、丘陵等多样的独特自然景观。张掖东靠武威、金昌，西至嘉峪关、酒泉，南与青海省接壤，北和内蒙古毗邻，下辖甘州区、临泽县、民乐县、山丹县、高台县、肃南裕固族自治县六个县区，总面积 39436.53 平方公里，占甘肃省总面积的 8.67%。同时，张掖是古丝绸之路文化重镇，是新亚欧大陆桥的要道和交通枢纽。

(二) 张掖市旅游业发展概况

张掖素有“金张掖”之美誉，是古丝绸之路重镇和新亚欧大陆桥的要道，现为国家级历史文化名城、中国优秀旅游城市和国家全域旅游示范区。近年来，张掖立足张掖“西部生态安全屏障”的功能定位，以发展旅游业为突破口，积极调整产业结构，推进实现绿色发展崛起。目前张掖有国家 AAAA 级旅游景区 19 个，占全省 94 个景区的 1/5，列甘肃全省 14 个市州的首位（齐兴福，2018）。

基于独特的旅游资源优势，张掖市通过创新宣传营销手段、加强项目建设和景区经营权制度创新，采用国家特许经营 + 地方优惠政策 = “零”成本获取国家级景区经营权的方式提高了景区使用效率，激活了市场潜力，实现了旅游资源与资本的有效融合，推动了旅游产业的快速发展。张掖市 2018 年共接待游客 3178 万人次，同比增长 22.3%；旅游综合收入为 210.7 亿元，同比增长 33.9%；2018 年旅游收入是 2006 年旅游收入的 67 倍（见图 6－2）。张掖游客接待量连续 6 年以平均 30% 以上的速度增长，2018 年张掖市文化旅游产业收入占全市 GDP 的 51%，成为名副其实的龙头产业，张掖市旅游产业已迈入由高速度增长向高质量发展的新阶段（秦娜，2018）。

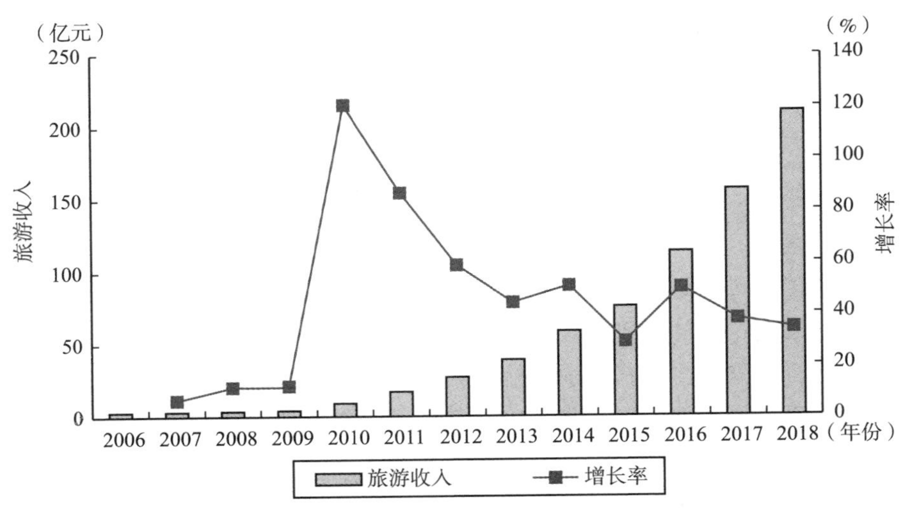

图 6－2　张掖市 2006～2018 年旅游收入与增长率统计

资料来源：2006～2018 年张掖市国民经济和社会发展统计公报。

四、张掖七彩丹霞景区旅游发展概况

（一）张掖七彩丹霞景区旅游资源特征

张掖七彩丹霞景区属于张掖丹霞国家地质公园，位于祁连山北麓临泽、肃南县境内，总面积约410平方公里，其中彩色丘陵面积约40平方公里。张掖七彩丹霞场面壮观、造型奇特、色彩艳丽，是中国干旱地区最典型的丹霞地貌。景区色彩斑斓、观赏性极强、面积冠绝全国，是国内唯一的丹霞地貌和彩色丘陵复合区，具有很高的科考和旅游观赏价值，被中国丹霞地貌旅游开发研究会终身名誉会长、著名的地理学家中山大学黄进教授誉为“张掖彩色丘陵中国第一”。张掖丹霞地貌发育于距今约200万年的前侏罗纪至第三纪，主要由红色砾石、砂岩和泥岩组成；受气候环境因素影响，沉积岩层中含有三价铁化合物和二价铁化合物在不同条件下呈现红、黄、橙、绿、白、灰黑、灰白、黛青、暗褐等颜色，形成了色彩艳丽的彩色丘陵；同时在热力崩解、流水侵蚀和风力侵蚀作用下形成形态各异的地貌景观。张掖七彩丹霞被《中国国家地理》杂志“选美中国”活动评选为“中国最美的七大丹霞地貌”之一、《图说天下·国家地理》评选为“奇险灵秀美如画——中国最美的六处奇异地貌”之一、《美国国家地理杂志》评选为“世界十大神奇地理奇观”之一、《赫芬顿邮报》评选为“全球最刻骨铭心22处风景”之一，入选“全球二十五处梦幻旅行地”和“全球最美外景拍摄地”。

（二）张掖七彩丹霞景区旅游发展现状

联合国教科文组织支持世界地质公园在保护地质资源的同时，通过地学旅游业的发展，增加财政收入来源。2008年，张掖七彩山旅游有限公司与临泽县签订合作开发协议获得了张掖七彩丹霞景区临泽片区的经营权，开启了张掖七彩丹霞景区的开发之路。2009年，著名导演张艺谋将七彩丹霞景区作为其执导电影《三枪拍案惊奇》的外景拍摄主场地之一，影片在全国各地上映后，七彩丹霞景区受到国内外游客的广泛关注，成为著名旅游胜地。2013年，在甘肃省和张掖市政府主导下，由甘肃省公路航空旅游投资集团有限公司、张掖七彩山旅游有限公司、张掖市山水文体旅游集团有限公司共同发起成立了张掖丹霞文化旅游股份有限公司，作为张掖七彩丹霞旅游景区开发主体，加大了景区开发力度。

近年来，张掖七彩丹霞景区周边累计实施重点项目26项，完成投资38.86亿元（任开明，2019），旅游基础设施日臻完善，服务质量明显提高。张掖七彩丹霞景区荣获“2016年十一黄金周旅游秩序最佳奖”，“最美丹霞·裕固风情游”被评为《魅力中国城》“2018年度魅力主题线路”、2018年度中国人眼中的丝绸之路“十佳旅游景区”和“2018中国品牌旅游景区TOP20”等荣誉称号。2018年七彩丹霞景区共接待境内外游客232.3万人次，同比增长18.1%，2018年景区接待游客数量是2008年接待游客数量的193倍（见图6－3），张掖七彩丹霞旅游者人数实现了“井喷式”增长。张掖七彩丹霞景区现为国家AAAA级旅游景区，中国国家地质公园。

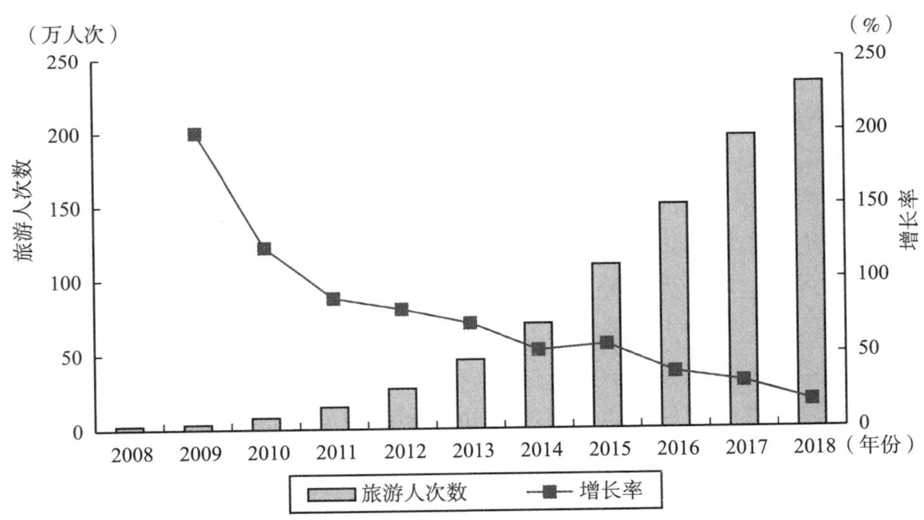

图6－3　张掖七彩丹霞景区2008～2018年旅游人次数与增长率统计

数据来源：张掖丹霞文化旅游股份有限公司。

（三）张掖国家地质公园七彩丹霞景区实证研究典型性

本书选择张掖国家地质公园七彩丹霞景区作为案例地，开展实证调查研究，该案例地的典型性表现在以下三个方面：首先，张掖国家地质公园七彩丹霞景区旅游发展速度较快。自 2008 年景区开发以来，七彩丹霞作为全球垄断性旅游资源受到海内外游客的青睐和追捧；随着景区知名度范围不断扩大、景区投资开发力度的加大和游客接待能力持续提高，接待游客人数以每年平均超过 20% 的幅度增长，2015 年接待游客达到 100 万人次，正式迈入百万人次大景区行列，2018 年 8 月 30 日景区当年营业收入已达到 1 亿元（张文斌，2018），经济效益显著。2016 年，张掖七彩丹霞景区正式启动创建国家 AAAAA 级旅游景区，2018 年，张掖市政府确定以张掖丹霞国家地质公园为基础申报世界地质公园。其次，张掖国家地质公园地质资源脆弱、不可再生。张掖国家地质公园七彩丹霞景区是国内唯一的丹霞地貌和彩色丘陵复合区，是不可复制、不可再生的地质地貌遗迹。七彩丹霞景区彩色丘陵区域地质是粉砂岩和结构砂岩，在遭受人为破坏或踩踏后会加速风化和流水侵蚀，且自然恢复周期长、修复难度大。同时构成彩色丘陵的砂砾岩类似古化石，如果被人为破坏，地表层分布的屑岩会被轻易地破坏，一个脚印地表需要 60 年甚至更久的时间才会恢复原貌（邓敏敏，2018）。最后，游客对环境不负责任行为威胁着地质遗迹类旅游景区可持续发展。2018 年 8 月 13 日，一位游客不顾其他游客和景区工作人员的多次提醒和劝止，执意翻越张掖七彩丹霞景区栈道护栏，进入内部踩在保护区地表拍照；8 月 28 日，四位游客踩踏张掖七彩丹霞地貌岩体的抖音短视频在网络热传，视频中两名男子和一名女子行走在七彩丹霞地貌岩体的表面，另一位录制视频的男子，光着脚踢起岩体表面的沙土，并炫耀到自己破坏了 6000 年的原始地貌，经专家鉴定游客踩踏特别严重的彩色丘陵部分保护层已被完全破坏，无法修复。综合以上三个方面，张掖七彩丹霞景区以独特的丹霞地貌和彩色丘陵为核心吸引物，游客数量大幅上升，景区发展势头良好、经济效益显著。但游客不负责任环境行为或不文明旅游行为频发对生态环境脆弱的地质地貌景区形成严峻挑战。旅游者环境责任行为强调旅游者主动减少对自然资源的利用，尽可能对自然环境负面影响最小化，以及促进自然资源可持续利用的行为。旅游者环境责任行为是实现旅游目的地或景区可发展和环境保护协同共生的有效手段，张掖七彩丹霞景区发展现状与旅游者环境责任行为应用情境和本书研究主题完全吻合，所以选择张掖七彩丹霞景区作为实证研究区域是基于理论和实践层面的双重考虑。

五、旅游者环境责任行为意愿形成机理实证数据收集

通过预调研数据对初始问卷的信度和效度进行分析的基础上，对初始假设模型进行了修正，进而形成了正式量表。为了保证正式调研科学性和数据质量，在正式调研之前成立了由 5 人组成的调研小组，笔者本人担任小组组长，组员由有调研经验和较强责任心的 2 名教师和 2 名本科生组成。调研之前由调研小组组长对调研内容和研究主题进行了说明，并围绕着调研方法和调研技巧在进行了培训和充分讨论，明确了调研分工和发放问卷具体场所，并准备好了工作证件、调研工具和辅助设施。

本研究的正式调研于 2018 年 6 月 10 ~ 16 日在张掖七彩丹霞景区实施，景区内调研地点分别为 1 号和 4 号观景台凉亭下，景区外调研地点分别为游客接待中心、停车场、七彩镇客栈与餐厅、商店以及周边农家乐，采用随机拦截的方式进行抽样调查。调研过程中，在征得受访者同意并说明调查目的前提下，采用现场发放问卷、现场作答、现场回收的形式开展调查，为了保证受访者对调查内容有准确理解，建议受访者对不清楚的题项提出疑问，由调研小组成员进行解答。正式调研共发放问卷 800 份，回收 774 份，回收率为 97%，剔除回答不完整、选择有歧义以及填写错误的无效问卷，共获得有效问卷 733 份，有效率为 95%，调研数据能较好地满足研究需要。

第二节　受访游客描述性统计分析与信度效度检验

一、受访游客描述性统计分析

从表 6 – 4 可以看出，正式问卷调查收回了 733 份有效问卷，张掖七彩丹霞景区游客受访者的人口社会结构特征主要包括性别、婚姻状况、年龄、学历、月收入和职业 6 个方面。其中男性为 370 人，占总样本的 50. 5%，女性为 363 人，占总样本的 49. 5%，男女比例较为均衡；婚姻状况方面，单身为 319 人，占总样本的 43. 5%，已婚为 414 人，占样本总数的 56. 5%，已婚者

表 6－4　　张掖七彩丹霞景区游客受访者的社会人口统计学特征

变量	类别	样本	有效百分比（%）	变量	类别	样本	有效百分比（%）
性别	男	370	50.5	月收入	7001～8500 元	51	7
	女	363	49.5		8501～10000 元	35	4.8
婚姻	单身	319	43.5		10001 元以上	53	7.2
	已婚	414	56.5	职业	国企职员	61	8.3
年龄	≤20 岁	54	7.4		外企职员	23	3.1
	21～30 岁	311	42.4		私企职员	118	16.1
	31～40 岁	145	19.8		事业单位职员	54	7.4
	41～50 岁	124	16.9		个体商人	54	7.4
	51～60 岁	68	9.3		政府公务员	36	4.9
	≥61 岁	31	4.2		专业技术人员	37	5
学历	初中及以下	30	4		服务人员	63	8.6
	高中/中专	109	14.9		教师	27	3.7
	大专	178	24.3		学生	112	15.3
	本科	373	50.9		退休人员	35	4.8
	硕士及以上	43	5.9		家庭主妇	12	1.6
月收入	2500 元以下	154	21		军人	12	1.6
	2501～4000 元	181	24.7		农民	17	2.3
	4001～5500 元	187	25.5		工人	18	2.5
	5501～7000 元	72	9.8		其他	54	7.4

多于单身；年龄方面，受访游客中 21～30 岁最多，为 311 人，占总样本的 42.4%，其次为 31～40 岁，为 145 人，占样本总数的 19.8%，第三为 41～50 岁，为 124 人，占受访者总数的 16.9%，其余依次为 51～60 岁（68 人）、20 岁及以下（54 人）、61 岁及以上（31 人），分别占受访游客的 9.3%、7.4% 和 4.2%，说明游客受访者年龄分布较为全面；学历方面，本科最多，为 373 人，占到总样本的 50.9%，大专次之，为 178 人，占到游客总数的 24.3%，其余依次为高中/中专（109 人）、硕士及以上（43 人）、初中及以下（30 人），分别占到样本数的 14.9%、5.9% 和 4.1%，各层次学历群体均有涉及。月收入方面，月收入为 4001～5500 元的收入群体最多，为 187 人，

占到受访总体的25.5%，其次为2501～4000元的月收入群体，人数为181人，占到受访游客的24.7%，第三为2500元及以下群体，人数为154人，占到样本总数的21%，其余依次为5501～7000元（72人）、10001元及以上（53人）、7001～8500元（51人）、8501～10000元（35人），各占到受访游客总数的9.8%、7.2%、7.0%和4.8%；职业方面，各种职业分布较为广泛，私企职员人数最多，为118人，占到总样本的16.1%，其次为学生群体，为112人，占到总样本的15.3%，其余依次为服务人员（63人）、国企职员（61人）、事业单位职员和个体商人（各为54人）、专业技术人员（37人）、政府公务员（36人）、退休人员（35人）、教师（27人）、外企职员（23人）、工人（18人）、农民（17人）、家庭主妇和军人（各为12人）和其他（54人），各占到样本总数的8.6%、8.3%、7.4%、5.0%、4.9%、4.8%、3.7%、3.1%、2.5%、2.3%、1.6%和7.4%；总体来讲，游客受访者社会人口统计学特征较为显著，覆盖了不同特征群体，样本分布广泛、全面，保证了样本的多元性，为随后科学统计分析奠定了基础。

二、旅游者环境责任行为意愿形成机理信度和效度检验

本研究在初始量表形成之后进行了预调研，根据预调研数据对初始量表进行了信度和效度检验，并依据检验结果和专家意见对初始量表进行了修正，最终生成了正式调查量表。但由于旅游者环境责任行为意愿形成机理模型中多数变量量表源自西方文化情境，所以在中国文化情境下检验不同变量测量量表非常有必要。因此，在对量表正式统计分析之前，为了保证数据有效性，率先进行正式量表的信度和效度检验。信度检验方面，继续采用CITC进行，通过最低指标要求来检验变量题项的内部一致性以保证量表质量。效度检验方面，在确保研究目标与调查目标具有一致性，保证内容效度的前提下，通过探索性因子分析来来检验量表的建构效度。但由于探索性因子分析具有一定的局限性，一是它假定所有的因子（旋转后）都会影响测度项，但实际中往往会假定一些因子没有因果关系，可能不会影响另外一个因子的测度项；二是探索性因子分析假定测度项残差之间相互独立，实际上可能相关；三是探索性因子分析强制所有的因子为独立的，不符合大部分模型的实际情况（徐云杰，2011）。而验证性因子分析不允许交叉载荷，它的强项正是在于允

许研究者明确描述一个理论模型的细节。比较而言，探索性因子分析的目的是建立量表或问卷的建构效度，而验证性因子分析要检验此建构效度的适切性和真实性（吴明隆，2009）。

探索性因子分析是根据数据来判断潜在的因子结构，探索性因子分析之后还需要验证性因子分析来检验前者的正确性。验证性因子分析是在研究之初已提出某种特定的结构关系假设，通过因子分析来确认数据模式是否即为研究者所预期的形式，它具有理论检验和确认功能（邱政皓，2013）。目前，验证性因子分析主要通过结构方程模型实现，本研究主要使用 AMOS 21.0 进行验证性因子分析。在运用结构方程模型进行验证性因子分析时，验证性因子分析模型能否被接受，关键在于研究者所设定模型是否能够反映观测数据的共变结构，称为模型适配检验。模型适配指标的功能是用来评估一个验证性因子分析模型是否与观测数据适配，适配包括绝对适配和相对或增量适配两种意义，本书主要使用绝对适配。目前绝对适配度指标包括卡方值（χ^2），该值越小则表示模型的因果路径图模型与观察数据越匹配，当卡方值为 0 时，表示假设模型与观测数据十分适配。但卡方值对样本量的大小非常敏感，样本量越大卡方值越容易达到显著，当采用问卷调查法时，样本量均在 200 以上，所以模型是否适配需要再参考其他的适配度指标。另一个指标是卡方自由度比（χ^2/df），一般而言，卡方自由度比小于 2 时，表示假设模型的适配度较佳，当值介于 1～3 之间表示模型适配良好，但根据经验法则在大样本量的情况下不大于 5 亦可以接受。除了卡方值和卡方自由度比之外，还有其他适配度指标，具体包括渐进残差均方和平方根（root mean square error of approximation，RMSEA），其值越小，表示模型的适配度越佳，当值介于 0.05～0.08 之间表示模型良好，其值小于 0.05 表示模型适配度非常好；良适性适配指标（goodness-of-fit index，GFI），其值介于 0～1 之间，数据越靠近 1，表示模型适配度越佳，一般判别标准为 GFI 大于 0.90；调整后适配度指数（adjusted goodness-of-fit index，AGFI），其值介于 0～1 之间，数据越靠近 1，表示模型适配度越佳，一般判别标准为 AGFI 大于 0.90；规准适配指数（normed fit index，NFI），其值介于 0～1 之间，数据越靠近 1，表示模型适配度越佳，越小表示模型契合度越差，一般判别标准为 NFI 大于 0.90；比较适配指数（comparative fit index，CFI），其值介于 0～1 之间，数据越靠近 1，表示模型适配度越佳，越小表示模型契合度越差，一般判别标准为 CFI 大于

0.90。具体适配指标和判断标准如表6－5所示。

表6－5　　模型绝对适配度指标与判别标准一览

绝对适配度指标	判别标准	来源出处
卡方值（χ^2）	越小越好	吴明隆（2009）
卡方自由度比（χ^2/df）	小于3良好，小于5可接受	
渐进残差均方和平方根（RMSEA）	小于0.05适配良好，小于0.08适配合理	
良适性适配指标（GFI）	大于0.90	
调整后适配度指数（AGFI）	大于0.90	
规准适配指数（NFI）	大于0.90	
比较适配指数（CFI）	大于0.90	

（一）旅游者环境责任行为意愿形成机理信度检验

正式量表信度检测继续采用该题项与整体相关系数（corrected item-total correlation，CITC）来检验变量的内部一致性系数。通过表6－6可见，正式量表中生物价值观Cronbach's α系数为0.867，人地和谐观Cronbach's α系数为0.802，利己价值观Cronbach's α系数为0.652，利他价值观Cronbach's α系数为0.669，预期情感Cronbach's α系数为0.912，环保行为责任感Cronbach's α系数为0.875，环境责任行为态度Cronbach's α系数为0.873，主观规范Cronbach's α系数为0.877，评价对象不利后果Cronbach's α系数为0.799，生态世界观Cronbach's α系数为0.710，减少威胁感知能力Cronbach's α系数为0.814，环境促进行为意愿Cronbach's α系数为0.876，环境遵守行为意愿Cronbach's α系数为0.787，所有变量的Cronbach's α系数均大于0.6，且除了利己价值观和利他价值观，Cronbach's α系数均大于0.7，说明各公因子信度良好；同时公因子各题项与整体相关系数均大于0.4，多元相关平方系数均达到0.3的最低要求，同时删除公因子对应的任何一个题项后α系数均无明显提高，表明正式量表具有较高的信度，说明正式量表具有较好的内部一致性、可靠性和稳定性，量表质量良好。

表6-6　游客受访者关于旅游者环境责任行为意愿形成机理内部一致性信度检验

变量	测量题项	该题项与整体相关系数	多元相关平方系数	删除该项后的α系数	Cronbach's α系数
生物价值观	尊重地球，物种和谐相处	0.769	0.603	0.809	0.867
	融入自然，自然和谐一致	0.718	0.516	0.830	
	防止污染，保护自然资源	0.728	0.557	0.826	
	保护自然，保护自然环境	0.656	0.437	0.854	
人地和谐观	崇尚清静淡泊生活	0.694	0.509	0.712	0.802
	人类活动顺应自然	0.584	0.426	0.772	
	人与自然和谐共处	0.640	0.473	0.750	
	尊重自然崇尚自然	0.576	0.440	0.771	
	善待自然热爱自然	0.569	0.431	0.781	
利己价值观	领导权或指挥权很重要	0.538	0.416	0.492	0.652
	财富、财产、钱很重要	0.508	0.393	0.507	
	对他人和事件有影响力	0.421	0.315	0.625	
	拥有社会权利控制他人	0.429	0.318	0.651	
利他价值观	世界和平，没有战争	0.467	0.323	0.642	0.669
	社会公正，照顾弱者	0.543	0.334	0.373	
	乐于助人，帮助他人	0.521	0.354	0.554	
预期情感	对环境不负责任我会觉得很丢脸	0.778	0.715	0.894	0.912
	对环境不负责任我会觉得很内疚	0.773	0.664	0.894	
	对环境不负责任我会觉得很懊悔	0.784	0.731	0.893	
	对环境负责任我会觉得非常愉快	0.757	0.690	0.897	
	对环境负责任我会觉得非常自豪	0.723	0.628	0.901	
	对环境负责任我会觉得非常兴奋	0.726	0.628	0.901	
环保行为责任感	游客有义务避免对景区环境的破坏	0.715	0.549	0.847	0.875
	景区环境负面影响最小化非常重要	0.698	0.506	0.849	
	旅游中环境友好行为方式非常重要	0.699	0.514	0.850	
	基于原则应对景区环境影响最小化	0.703	0.526	0.849	
	有责任减少对景区环境的负面影响	0.662	0.486	0.856	
	游客应该保护丹霞景区的自然环境	0.594	0.364	0.867	

续表

变量	测量题项	该题项与整体相关系数	多元相关平方系数	删除该项后的α系数	Cronbach's α系数
环境责任行为态度	对景区环境的负责任行为是明智的	0.788	0.623	0.814	0.873
	对景区环境的负责任行为是有益的	0.665	0.470	0.863	
	对景区环境的负责任行为让人高兴	0.723	0.543	0.840	
	对景区环境负责任的行为非常正确	0.741	0.573	0.833	
主观规范	亲友认为我应该采取行动对环境负责任	0.772	0.714	0.834	0.877
	亲友希望我采取行动对景区环境负责任	0.776	0.706	0.833	
	采取环境负责任行动我的亲友会很高兴	0.718	0.543	0.848	
	有时间和意愿采取对环境负责任的行动	0.645	0.498	0.865	
	做出对景区环境负责任的行动非常容易	0.629	0.478	0.868	
评价对象不利后果	到地质地貌景区旅游会导致景区环境恶化	0.678	0.466	0.690	0.799
	旅游会对景区生态环境造成巨大负面冲击	0.656	0.443	0.713	
	自然景区旅游会引起环境污染和资源破坏	0.598	0.359	0.774	
生态世界观	自然界的平衡非常脆弱，很容易被打乱	0.521	0.312	0.656	0.710
	继续保持现状很快将遭受严重环境灾难	0.530	0.321	0.638	
	地球就好像空间和资源有限的宇宙飞船	0.496	0.298	0.688	
	尽管人类有特殊能力仍受自然规律支配	0.513	0.311	0.663	
	自然界动、植物与人类一样有着生存权	0.501	0.305	0.668	
减少威胁感知能力	每个游客必须为景区环境问题负责任	0.684	0.503	0.730	0.814
	每个游客共同为景区环境恶化负责任	0.739	0.552	0.668	
	每个游客都要为景区问题负一定责任	0.589	0.356	0.813	
环境促进行为意愿	愿意支付额外资金支持景区环保	0.695	0.535	0.854	0.876
	帮助游客学习地质地貌保护知识	0.718	0.569	0.850	
	会向管理部门汇报环境破坏行为	0.713	0.559	0.851	
	和他人经常讨论景区的环保问题	0.665	0.483	0.857	
	愿意参加地质地貌保护志愿活动	0.640	0.451	0.860	
	愿意购买有特色的生态环保商品	0.554	0.377	0.872	
	看到破坏地质地貌行为主动劝止	0.633	0.419	0.862	
环境遵守行为意愿	旅游过程中会将垃圾投入垃圾箱	0.512	0.314	0.785	0.787
	愿意遵守景区环境保护相关规定	0.663	0.486	0.706	
	鼓励他人遵守景区环境保护规定	0.597	0.359	0.735	
	愿意学习地质地貌保护相关知识	0.664	0.504	0.701	

（二）旅游者环境责任行为意愿形成机理探索性因子分析

1. 旅游者环境价值观探索性因子分析

首先，根据旅游者环境责任行为意愿形成机理初始理论模型，环境价值观分别由“生物价值观”“利他价值观”“利己价值观”“人地和谐观”4个维度、16个题项构成。但由于本研究在原有环境价值观构念增加了人地和谐观维度，为明确中国文化背景下的环境价值观构成维度，以及证明环境价值观测量题项的建构效度，需要对环境价值观进行探索性因子分析。在进行因子分析之前，首先进行KMO（Kaise-Meyer-Olkin）和Bartlett球形检验，检验结果显示KMO值为0.828，Bartlett球形检验卡方值为2810.842，自由度=105，$p = 0.000 < 0.001$（见表6-7），达到显著水平，说明样本数据适合做因子分析。

表6-7　游客受访者关于环境价值观探索性因子分析适宜度检验

KMO值		0.828
Bartlett球形度检验	卡方	2810.842
	自由度	105
	显著性	0.000

然后采用主成分分析法，通过最大方差法的直交旋转对初始因子进行旋转，提取特征根大于1，因子载荷大于0.4的因子，共抽取4个公因子，累计方差贡献率为64.211%（见表6-8）。

第一个公因子包括“尊重地球，物种和谐相处”“防止污染，保护自然资源”“融入自然，自然和谐一致”“保护自然，保护自然环境”4个题项，旋转方差贡献率为21.932%，4个题项均体现了人类对于自然和物种重要性的判断，所以命名为“生物价值观”；第二个公因子包括“崇尚清静淡泊生活”“人类活动顺应自然”“人与自然和谐共处”“尊重自然崇尚自然”“善待自然热爱自然”5个题项，旋转方差贡献率为16.800%，5个题项均体现了天人合一和顺应自然的中国传统生态环境价值理念，所以命名为“人地和谐观”；第三个公因子包括“领导权或指挥权很重要”“财富、财产、钱很重要”“对他人和事件有影响力”和“拥有社会权力控制他人”4个题项，旋转方差贡献率为13.568%，4个题项均体现了对自身利益的关注，具有明显的利己特征，所以命名为“利己价值观”；第四个公因子包括“世界和平，没有战争”“社会公正，照顾弱者”“乐于助人，帮助他人”3个题项，旋转方差贡献率为11.912%，3个题项均关注集体利益和社会福利，有明显的利他特征，所以命名为“利他价值观”。

表6-8　游客受访者关于环境价值观探索性因子分析

公因子	因子	因子载荷	初始特征值	旋转方差贡献率（%）	累计方差贡献率（%）
生物价值观	尊重地球，物种和谐相处	0.852	4.678	21.932	21.932
	防止污染，保护自然资源	0.829			
	融入自然，自然和谐一致	0.819			
	保护自然，保护自然环境	0.771			
人地和谐观	崇尚清静淡泊生活	0.844	2.095	16.800	38.731
	人类活动顺应自然	0.828			
	人与自然和谐共处	0.663			
	尊重自然崇尚自然	0.612			
	善待自然热爱自然	0.604			
利己价值观	领导权或指挥权很重要	0.838	1.633	13.568	52.299
	财富、财产、钱很重要	0.814			
	对他人和事件有影响力	0.583			
	拥有社会权力控制他人	0.555			
利他价值观	世界和平，没有战争	0.802	1.226	11.912	64.211
	社会公正，照顾弱者	0.726			
	乐于助人，帮助他人	0.540			

2. 旅游者环境责任行为意愿探索性因子分析

首先，根据旅游者环境责任行为意愿形成机理初始理论模型，旅游者环境责任行为意愿分别由“旅游者环境促进行为意愿”和“旅游者环境遵守行为意愿”2个维度、11个题项构成。但由于目前国内外研究成果旅游者环境责任行为意愿维度构成存在争议，为了证明旅游者环境责任行为意愿测量题项的建构效度，需要对旅游者环境责任行为意愿进行探索性因子分析。在进行因子分析之前，首先进行 KMO（Kaise-Meyer-Olkin）和 Bartlett 球形检验，检验结果显示 KMO 值为 0.902，Bartlett 球形检验卡方值为 2765.750，自由度 =55，$p = 0.000 < 0.001$（见表 6 –9），达到显著水平，说明样本数据适合做因子分析。然后采用主成分分析法，通过最大方差法的直交旋转对初始因子进行旋转，提取特征根大于 1，因子载荷大于 0.4 的因子，共抽取 2 个公因子，累计方差贡献率为 61.287%（见表 6 –10）。

表 6 –9　游客受访者关于旅游者环境责任行为意愿探索性因子分析适宜度检验

KMO 值		0.902
Bartlett 球形度检验	卡方	2765.750
	自由度	55
	显著性	0.000

表 6 –10　游客受访者关于旅游者环境责任行为意愿探索性因子分析

公因子	因子	因子载荷	初始特征值	旋转方差贡献率（%）	累计方差贡献率（%）
环境促进行为意愿	愿意支付额外资金支持景区环保	0.825	5.540	35.751	35.751
	帮助游客学习地质地貌保护知识	0.745			
	会向管理部门汇报环境破坏行为	0.717			
	愿意购买有特色的生态环保商品	0.707			
	愿意参加地质地貌保护志愿活动	0.689			
	和他人经常讨论景区的环保问题	0.659			
	看到破坏地质地貌行为主动劝止	0.563			
环境遵守行为意愿	旅游过程中会将垃圾投入垃圾箱	0.799	1.201	25.536	61.287
	愿意遵守景区环境保护相关规定	0.744			
	鼓励他人遵守景区环境保护规定	0.687			
	愿意学习地质地貌保护相关知识	0.653			

第一个公因子包括“愿意支付额外资金支持景区环保”“帮助游客学习

地质地貌保护知识”“会向管理部门汇报环境破坏行为”“愿意购买有特色的生态环保商品”“愿意参加地质地貌保护志愿活动”“和他人经常讨论景区的环保问题”“看到破坏地质地貌行为主动劝止”7个题项，旋转方差贡献率为35.751%，7个题项体现了旅游者参与和谈论景区环境保护等相关话题，以及购买、劝止、汇报等行为特征，属于较高程度的环境责任行为意愿，所以命名为“旅游者环境促进行为意愿”；第二个公因子包括“旅游过程中会将垃圾投入垃圾箱”“愿意遵守景区环境保护相关规定”“鼓励他人遵守景区环境保护规定”“愿意学习地质地貌保护相关知识”4个题项，旋转方差贡献率为25.536%，4个题项体现出旅游者遵守景区相关环保规定以及学习相关知识等行为特征，属于较低努力程度环境责任行为意愿，所以命名为“旅游者环境遵守行为意愿”。

3. 旅游者环境信念－情感－规范和行为态度探索性因子分析

根据旅游者环境责任行为意愿形成机理初始理论模型，除去自变量环境价值观和因变量旅游者环境责任行为意愿2个变量，共有信念、规范、情感和行为态度等7个变量扮演了传导作用，为了证明各变量的建构效度，需要对相关变量进行探索性因子分析。

在进行因子分析之前，首先进行KMO（Kaise-Meyer-Olkin）和Bartlett球形检验，检验结果显示KMO值为0.920，Bartlett球形检验卡方值为9337.538，自由度=496，p=0.000<0.001（见表6－11），达到显著水平，说明样本数据适合做因子分析。然后采用主成分分析法，通过最大方差法的直交旋转对初始因子进行旋转，提取特征根大于1，因子载荷大于0.4的因子，共抽取7个公因子，累计方差贡献率为67.158%（见表6－12）。

表6－11　游客关于环境信念、规范、情感及态度探索性因子分析适宜度检验

KMO值		0.920
Bartlett球形检验	卡方	9337.538
	自由度	496
	显著性	0.000

表 6－12　游客受访者关于环境信念、规范、情感及态度变量的探索性因子分析

公因子	因子	因子载荷	初始特征值	旋转方差贡献率（%）	累计方差贡献率（%）
环保行为责任感	游客有义务避免对景区环境的破坏	0.806	10.733	12.598	12.598
	景区环境负面影响最小化非常重要	0.790			
	旅游中环境友好行为方式非常重要	0.760			
	基于原则应对景区环境影响最小化	0.732			
	有责任减少对景区环境的负面影响	0.681			
	游客应该保护旅游景区的自然环境	0.555			
预期情感	对环境不负责任我会觉得很丢脸	0.838	2.730	12.303	24.901
	对环境不负责任我会觉得很内疚	0.812			
	对环境不负责任我会觉得很懊悔	0.802			
	对环境负责任我会觉得非常愉快	0.660			
	对环境负责任我会觉得非常兴奋	0.644			
	对环境负责任我会觉得非常自豪	0.629			
环境责任行为态度	对景区环境的负责任行为是明智的	0.807	2.325	10.828	35.729
	对景区环境的负责任行为是有益的	0.752			
	对景区环境的负责任行为让人高兴	0.752			
	对景区环境负责任的行为非常正确	0.743			
主观规范	亲友希望我采取行动对景区环境负责任	0.845	1.754	10.424	46.154
	亲友认为我应该采取行动对环境负责任	0.825			
	采取环境负责任行动我的亲友会很高兴	0.750			
	有时间和意愿采取对环境负责任的行动	0.598			
	做出对景区环境负责任的行动非常容易	0.579			
生态世界观	自然界的平衡非常脆弱，很容易被打乱	0.714	1.456	7.304	53.458
	地球就好像空间和资源有限的宇宙飞船	0.673			
	继续保持现状很快将遭受严重环境灾难	0.669			
	尽管人类有特殊能力仍受自然规律支配	0.547			
	自然界动、植物与人类一样有着生存权	0.470			
评价对象不利后果	到地质地貌景区旅游会导致景区环境恶化	0.824	1.383	6.953	60.411
	旅游会对景区生态环境造成巨大负面冲击	0.814			
	自然景区旅游会引起环境污染和资源破坏	0.800			

续表

公因子	因子	因子载荷	初始特征值	旋转方差贡献率（%）	累计方差贡献率（%）
减少威胁感知能力	每个游客必须为景区环境问题负责任	0.806	1.109	6.747	67.158
	每个游客共同为景区环境恶化负责任	0.804			
	每个游客都要为景区问题负一定责任	0.638			

第一个公因子包括“游客有义务避免对景区环境的破坏”“景区环境负面影响最小化非常重要”“旅游中环境友好行为方式非常重要”“基于原则应对景区环境影响最小化”“有责任减少对景区环境的负面影响”“游客应该保护旅游景区的自然环境”6个题项，旋转方差贡献率为12.598%，6个题项均体现了旅游者对景区环境保护的应有义务和强烈的环境责任感，所以命名为“环保行为责任感”；第二个公因子包括“对环境不负责任我会觉得很丢脸”“对环境不负责任我会觉得很内疚”“对环境不负责任我会觉得很懊悔”“对环境负责任我会觉得非常愉快”“对环境负责任我会觉得非常兴奋”“对环境负责任我会觉得非常自豪”6个题项，旋转方差贡献率为12.303%，6个题项体现了旅游者预期做出或不做出景区环境责任行为时产生的积极和消极情感，所以命名为“预期情感”；第三个公因子包括“对景区环境的负责任行为是明智的”“对景区环境的负责任行为是有益的”“对景区环境的负责任行为让人高兴”“对景区环境负责任的行为非常正确”4个题项，旋转方差贡献率为10.828%，4个题项均体现了旅游者对环境责任行为的评价，突出了态度特征，所以命名为“环境责任行为态度”；第四个公因子包括“亲友希望我采取行动对景区环境负责任”“亲友认为我应该采取行动对环境负责任”“采取环境负责任行动我的亲友会很高兴”“有时间和意愿采取对环境负责任的行动”“做出对景区环境负责任的行动非常容易”5个题项，旋转方差贡献率为10.424%，5个题项主要体现了对旅游者重要的其他人希望表现行为出环境负责任行为以及采取这种行为难易的个体感知，所以命名为“主观规范”；第五个公因子包括“自然界的平衡非常脆弱，很容易被打乱”“地球就好像空间和资源有限的宇宙飞船”“继续保持现状很快将遭受严重环境灾难”“尽管人类有特殊能力仍受自然规律支配”“自然界动、植物与人类一样有着生存权”5个题项，旋转方差贡献率为7.304%，5个题项均反映了旅游

者对于人和自然、环境之间联系感知的一般信念，所以命名为“生态世界观”；第六个公因子包括“到地质地貌景区旅游会导致景区环境恶化”“旅游会对景区生态环境造成巨大负面冲击”“自然景区旅游会引起环境污染和资源破坏”3个题项，旋转方差贡献率为6.953%，3个题项均体现出旅游者开展旅游活动时对景区带来不良后果的意识水平，所以命名为“评价对象不利后果”；第七个公因子包括“每个游客必须为景区环境问题负责任”“每个游客共同为景区环境恶化负责任”“每个游客都要为景区问题负一定责任”3个题项，旋转方差贡献率为6.747%，3个题项均体现出旅游者在未履行环境责任行为带来后果的个体自我责任感，所以命名为“减少威胁感知能力”。

（三）旅游者环境责任行为意愿形成机理验证性因子分析

1. 旅游者环境价值观验证性因子分析

在探索性因子分析的基础上进行验证性因子分析，首先结合环境价值观维度构建一阶四因子验证性因子模型，运用AMOS 21.0对模型分析发现，原始模型适配度指标χ^2/df值为4.290，GFI值为0.909，AGFI值为0.870，NFI值为0.873，CFI值为0.899，RMSEA值为0.081，除了χ^2/df和GFI达到理想状态之外，其余指标均未达到理想状态（如表6-13所示）。

表6-13　游客受访者关于环境价值观模型适配度分析

测量模式	χ^2	χ^2/df	GFI	AGFI	NFI	CFI	RMSEA
建议值	越小越好	<5	>0.90	>0.90	>0.90	>0.90	<0.08
修正前	360.345	4.290	0.909	0.870	0.873	0.899	0.081
修正后	161.447	2.736	0.951	0.925	0.926	0.951	0.059

所以根据回归系数和修正指标值（modification indices，MI）对模型进行修正，从分析结果中可以发现，题项“保护自然，保护自然环境”“人类活动顺应自然”和“善待自然热爱自然”的因子载荷较低且残差卡方值和其他变量存在较高的共变异，违反了单一构面原则，所以通过删除该题项对模型进行修正，即将上述变量删除以减少卡方值来增加模型的拟合度，修正后的模型如图6-4所示，修正后的模型适配度指标值如表6-13所示，其中修正后的χ^2/df值为2.736，GFI值为0.951，AGFI值为0.925，NFI值为0.926，CFI值为0.951，

RMSEA 值为 0.059，所有指标均达到理想状态，说明一阶四因子环境价值观验证性因子模型质量良好。其次，吴明隆（2009）指出构建二阶验证性因子分析模型的前提是原先一阶因子构念间具有中高度的关联程度，且一阶验证性因子模型与样本数据可以适配，此时才有构建二阶验证性因子模型的可能性。本研究中生物价值观与人地和谐观之间的相关系数为 0.54，生物价值观与利己价值观之间的相关系数为 -0.12，生物价值观与利他价值观之间的相关系数为 0.52，人地和谐观与利己价值观之间的相关系数为 -0.11，人地和谐观与利他价值观之间的相关系数为 0.66，利己价值观与利他价值观之间的相关系数为 -0.10，各一阶因子之间的关联程度不甚明显，且部分路径系数为负，故不具备构建二阶因子模型的条件；同时对于因子少的一阶模型，一般来说一阶和二阶因子模型拟合指数相差不大，难区分哪一个更好（侯杰泰等，2004）。另外，前期诸多研究成果实证研究发现环境价值观为一阶三因子模型，所以图 6-4 一阶四因子环境价值观验证性因子分析模型为本研究的理想模型。

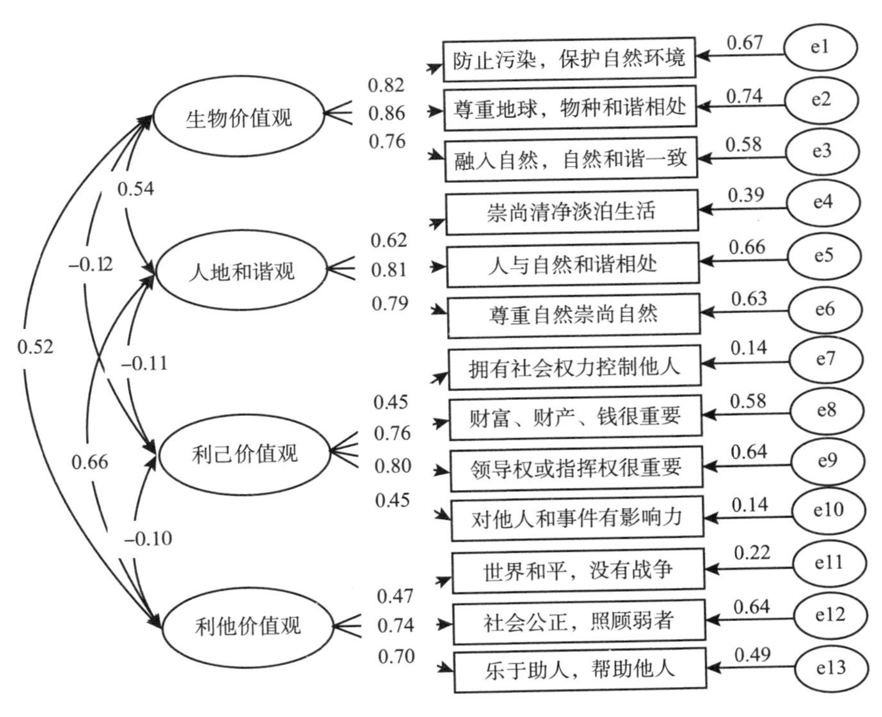

图 6-4　游客受访者关于环境价值观标准化路径系数

表 6－14　　游客受访者关于环境价值观模型参数

	研究路径	潜在变量	非标准化路径系数	S. E.	C. R.	p
融入自然，自然和谐一致	⟵	生物价值观	1.000			
尊重地球，物种和谐相处	⟵	生物价值观	1.167	0.064	18.222	***
防止污染，保护自然资源	⟵	生物价值观	1.079	0.060	17.870	***
尊重自然崇尚自然	⟵	人地和谐观	1.000			
人与自然和谐共处	⟵	人地和谐观	0.892	0.057	15.753	***
崇尚清净淡泊生活	⟵	人地和谐观	0.909	0.070	12.932	***
领导权或指挥权很重要	⟵	利己价值观	1.000			
财富、财产、钱很重要	⟵	利己价值观	0.988	0.106	9.287	***
对他人和事件有影响力	⟵	利己价值观	0.413	0.055	7.555	***
拥有社会权力控制他人	⟵	利己价值观	0.599	0.095	6.325	***
乐于助人，帮助他人	⟵	利他价值观	1.000			
社会公正，照顾弱者	⟵	利他价值观	1.325	0.125	10.599	***
世界和平，没有战争	⟵	利他价值观	1.338	0.167	8.032	***

注：*** $p<0.001$，临界比绝对值 >1.96。

由表 6－14 可知，将“生物价值观→融入自然，自然和谐一致”“人地和谐观→尊重自然崇尚自然”“利己价值观→领导权或指挥权很重要”“利他价值观→乐于助人，帮助他人”的非标准化路径系数设置为固定值 1，其标准误（S. E.）、临界比（C. R.）和显著性（p）的值为空白。“生物价值观→尊重地球，物种和谐相处”（18.222）、“生物价值观→防止污染，保护自然资源”（17.870）、“人地和谐观→人与自然和谐共处”（15.753）、“人地和谐观→崇尚清净淡泊生活”（12.932）、“利己价值观→财富、财产、钱很重要”（9.287）、“利己价值观→对他人和事件有影响力”（7.555）、“利己价值观→拥有社会权力控制他人”（6.325）、“利他价值观→社会公正，照顾弱者”（10.599）、“利他价值观→世界和平，没有战争”（8.032）的非标准化路径的临界比绝对值均大于 1.96，且非标准化路径系数具有显著性，说明游客受访者环境价值观的路径分析存在概率显著性，即各题项与潜变量之间的关系紧密且稳定，题项能够较好解释各潜变量，验证性因子分析模型较为稳定。

由表6－15可知，游客受访者环境价值观的标准化因子载荷介于0.446～0.859之间，达到了0.4的最低标准，证明环境价值观验证性因子分析模型有较好的适配度，也说明指标变量的解释率较高。另外，环境价值观各组成维度的组合信度（composite reliability，CR）介于0.6756～0.8558之间，大于0.6的最低标准，说明组合信度可以接受，量表内部一致性较好；平均变异萃取量（average variance extracted，AVE）介于0.4078～0.6647之间，部分变量平均变异萃取量较低，显示观察变量测量误比观察变量更有贡献，然而芬内尔和莱克（Fornell and Larker，1981）指出即使有超过50%的变异来自测量误，单独以建构信度为基础，研究者可以做出构念的聚合效度是适当的，所以说明模型量表具有可接受的聚合效度，内在质量良好。同时，从环境价值观各维度对应题项的均值得分和标准差得分来看，生物价值观均值得分最高，分布在4.70～4.77之间，数据分布靠近均值；其次为人地和谐观，均值得分介于4.25～4.58之间；再次为利他价值观，均值得分在3.85～4.95之间；最低者为利己价值观，均值得分介于3.04～3.68之间，得分较为分散。

表6－15　游客受访者关于环境价值观验证性因子分析

公因子	因　子	标准化因子载荷	均值	标准差	CR	AVE
生物价值观	尊重地球，物种和谐相处	0.859	4.74	0.625	0.8558	0.6647
	防止污染，保护自然资源	0.821	4.77	0.605		
	融入自然，自然和谐一致	0.763	4.70	0.603		
人地和谐观	崇尚清静淡泊生活	0.621	4.25	0.933	0.7885	0.5574
	人与自然和谐共处	0.810	4.58	0.702		
	尊重自然崇尚自然	0.794	4.48	0.803		
利己价值观	领导权或指挥权很重要	0.802	3.13	1.166	0.6840	0.4078
	财富、财产、钱很重要	0.763	3.19	1.211		
	拥有社会权力控制他人	0.450	3.04	1.475		
	对他人和事件有影响力	0.446	3.68	1.029		
利他价值观	世界和平，没有战争	0.471	3.85	1.293	0.6756	0.4278
	社会公正，照顾弱者	0.736	4.37	0.820		
	乐于助人，帮助他人	0.700	4.59	0.651		

2. 旅游者环境责任行为意愿验证性因子分析

在探索性因子分析的基础上进行验证性因子分析，结合旅游者环境责任行为意愿构建一阶二因子验证性因子模型，运用 AMOS 21.0 对模型分析发现，原始模型适配度指标 χ^2/df 值为 8.397，GFI 值为 0.886，AGFI 值为 0.825，NFI 值为 0.871，CFI 值为 0.884，RMSEA 值为 0.121，所有指标均未达到理想状态（如表 6－16 所示），所以根据回归系数和修正指标值 MI 对模型进行修正，从分析结果中可以发现，题项“愿意支付额外资金支持景区环保”“愿意购买有特色的生态环保商品”“看到破坏地质地貌行为主动劝止”“旅游过程中会将垃圾投入垃圾箱”“愿意遵守景区环境保护相关规定”的因子载荷较低且残差卡方值和其他变量存在较高的共变异，违反了单一构面原则，所以通过删除该题项对模型进行修正，即将上述变量删除以减少卡方值来增加模型的拟合度，修正后的模型如图 6－5 所示，修正后的模型适配度指标值如表 6－16 所示，其中修正后的 χ^2/df 值为 3.912，GFI 值为 0.981，AGFI 值为 0.951，NFI 值为 0.976，CFI 值为 0.982，RMSEA 值为 0.076，所有指标均达到理想状态，说明一阶二因子环境价值观验证性因子模型质量良好。此外，尽管旅游者环境促进行为意愿与旅游者环境遵守行为意愿之间的关联程度较高（路径系数为 0.95），模型与数据适配较好，但侯杰泰等（2004）指出当模型中只有 3 个一阶因子时，二阶因子模型在数学上等同于一阶因子模型。同时前期研究成果均将旅游者环境责任行为各维度当作一阶因子变量，所以图 6－5 为本研究的理想旅游者环境责任行为意愿验证性因子分析模型。

由表 6－17 可知，将“环境促进行为意愿→愿意参加地质地貌保护志愿活动”“环境遵守行为意愿→鼓励他人遵守景区环境保护规定”的非标准化路径系数设置为固定值 1，其标准误（S. E.）、临界比（C. R.）和显著性（p）

表 6－16　游客受访者关于旅游者环境责任行为意愿模型适配度分析

测量模式	χ^2	χ^2/df	GFI	AGFI	NFI	CFI	RMSEA
建议值	越小越好	<5	>0.90	>0.90	>0.90	>0.90	<0.08
修正前	361.073	8.397	0.886	0.825	0.871	0.884	0.121
修正后	31.295	3.912	0.981	0.951	0.976	0.982	0.076

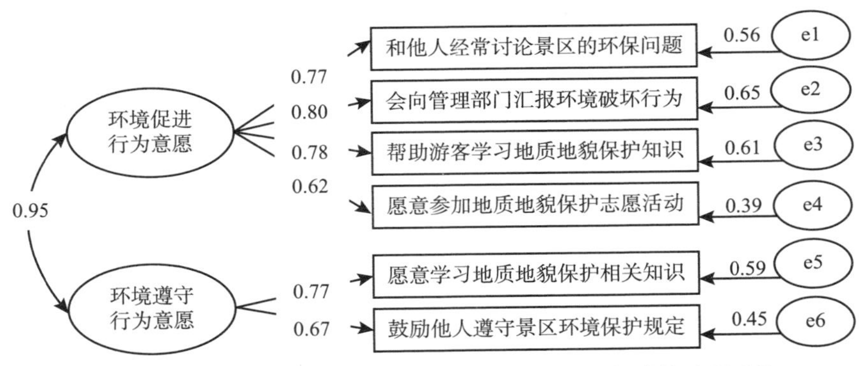

图6－5　游客受访者关于旅游者环境责任行为意愿标准化路径系数

的值为空白。“环境促进行为意愿→帮助游客学习地质地貌保护知识”（13.854）、“环境促进行为意愿→会向管理部门汇报环境破坏行为”（13.950）、“环境促进行为意愿→和他人经常讨论景区的环保问题”（13.541）、“环境遵守行为意愿→愿意学习地质地貌保护相关知识”（14.253）的非标准化路径的临界比绝对值均大于1.96，且非标准化路径系数具有显著性，说明游客受访者旅游者环境责任行为意愿的路径分析存在概率显著性，即各题项与潜变量之间的关系紧密且稳定，题项能够较好解释各潜变量，验证性因子分析模型较为稳定。

表6－17　　游客受访者关于旅游者环境责任行为意愿模型参数

观测变量	研究路径	潜在变量	非标准化路径系数	S. E.	C. R.	p
愿意参加地质地貌保护志愿活动	⟵	环境促进行为意愿	1.000			
帮助游客学习地质地貌保护知识	⟵	环境促进行为意愿	1.349	0.097	13.854	***
会向管理部门汇报环境破坏行为	⟵	环境促进行为意愿	1.318	0.094	13.950	***
和他人经常讨论景区的环保问题	⟵	环境促进行为意愿	1.245	0.092	13.541	***
鼓励他人遵守景区环境保护规定	⟵	环境遵守行为意愿	1.000			
愿意学习地质地貌保护相关知识	⟵	环境遵守行为意愿	1.256	0.088	14.253	***

注：*** $p<0.001$，临界比绝对值 >1.96。

由表6－18可知，游客受访者旅游者环境责任行为意愿的标准化因子载荷介于0.622～0.804之间，远高于0.4的最低标准，证明旅游者环境责任行为意愿验证性因子分析模型有较好的适配度，也说明指标变量的解释率较高。另外，旅游者环境责任行为意愿2个维度的CR值分别为0.8329和0.6864，大于0.6的最低标准，说明组合信度可以接受，量表内部一致性较好；AVE值分别为0.5571和0.5237，均大于0.5的标准，说明模型量表具有可接受的聚合效度，内在质量良好。同时，从旅游者环境责任行为意愿各维度对应题项的均值得分和标准差得分来看，环境遵守行为意愿题项得分较高，分别为4.26和4.18，且数据分布靠近均值；而环境促进行为意愿题项得分较低，介于3.84～3.99之间，且数据分布较为分散。

表6－18　游客受访者关于旅游者环境责任行为意愿验证性因子分析

公因子	因子	标准化因子载荷	均值	标准差	CR	AVE
环境促进行为意愿	愿意参加地质地貌保护志愿活动	0.622	3.99	1.056	0.8329	0.5571
	帮助游客学习地质地貌保护知识	0.780	3.84	1.135		
	会向管理部门汇报环境破坏行为	0.804	3.88	1.076		
	和他人经常讨论景区的环保问题	0.766	3.87	1.066		
环境遵守行为意愿	鼓励他人遵守景区环境保护规定	0.673	4.26	0.905	0.6864	0.5237
	愿意学习地质地貌保护相关知识	0.771	4.18	0.991		

3. 旅游者环保行为责任感验证性因子分析

在探索性因子分析的基础上进行验证性因子分析，在构建环保行为责任感验证性因子分析模型基础上，运用AMOS 21.0对模型分析发现，原始模型适配度指标χ^2/df值为7.363，GFI值为0.958，AGFI值为0.902，NFI值为0.952，CFI值为0.958，RMSEA值为0.112，可见除了χ^2/df和RMSEA未达到理想状态外其他所有指标均未达到理想状态（如表6－19所示），所以根据回归系数和修正指标值MI对模型进行修正，从分析结果中可以发现，题项“有责任减少对景区环境的负面影响”的因子载荷较低且残差卡方值和其他变量存在较高的共变异，违反了单一构面原则，所以通过删除该题项对模型进行修正，即将上述变量删除以减少卡方值来增加模型的拟合度，修正后的模型如图6－6所示，修正后的模型适配度指标值如表6－19所示，其中修

正后的 χ^2/df 值为 2.103，GFI 值为 0.992，AGFI 值为 0.976，NFI 值为 0.990，CFI 值为 0.995，RMSEA 值为 0.047，所有指标均达到理想状态，说明环保行为责任感验证性因子模型质量良好。

表 6-19　游客受访者关于环保行为责任感模型适配度分析

测量模式	χ^2	χ^2/df	GFI	AGFI	NFI	CFI	RMSEA
建议值	越小越好	<5	>0.90	>0.90	>0.90	>0.90	<0.08
修正前	66.270	7.363	0.958	0.902	0.952	0.958	0.112
修正后	10.517	2.103	0.992	0.976	0.990	0.995	0.047

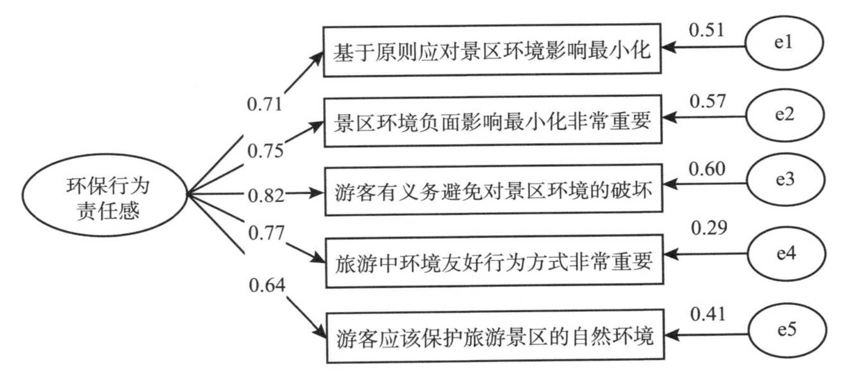

图 6-6　游客受访者关于环保行为责任感标准化路径系数

由表 6-20 可知，将环保行为责任感→景区环境负面影响最小化非常重要的非标准化路径系数设置为固定值 1，其标准误（S. E. ）、临界比（C. R. ）和显著性（p）的值为空白。“环保行为责任感→基于原则应对景区环境影响最小化”（15.432）、“环保行为责任感→游客有义务避免对景区环境的破坏”（17.567）、“环保行为责任感→旅游中环境友好行为方式非常重要”（16.541）、“环保行为责任感→游客应该保护旅游景区的自然环境”（13.579）的非标准化路径的临界比绝对值均大于 1.96，且非标准化路径系数具有显著性，说明游客受访者环保行为责任感的路径分析存在概率显著性，即各题项与潜变量之间的关系紧密且稳定，题项能够较好解释各潜变量，验证性因子分析模型较为稳定。

表 6-20　　游客受访者关于环保行为责任感模型参数

观测变量	研究路径	潜在变量	非标准化路径系数	S. E.	C. R.	p
景区环境负面影响最小化非常重要	⟵	环保责任感	1.000			
基于原则应对景区环境影响最小化	⟵	环保责任感	0.997	0.065	15.432	***
游客有义务避免对景区环境的破坏	⟵	环保责任感	1.037	0.059	17.567	***
旅游中环境友好行为方式非常重要	⟵	环保责任感	0.962	0.058	16.541	***
游客应该保护旅游景区的自然环境	⟵	环保责任感	0.840	0.062	13.579	***

注：*** $p<0.001$，临界比绝对值 >1.96。

由表 6-21 可知，游客受访者环保行为责任感的标准化因子载荷介于 0.639～0.816 之间，远高于 0.4 的最低标准，证明游客环保行为责任感验证性因子分析模型有较好的适配度，也说明指标变量的解释率较高。另外，环保行为责任感的 CR 值为 0.8582，大于 0.6 的最低标准，说明组合信度可以接受，量表内部一致性较好；AVE 值为 0.5491，大于 0.5 的标准，说明模型量表具有可接受的聚合效度，内在质量良好。同时，从环保行为责任感各题项的均值得分和标准差得分来看，旅游中环境友好行为方式非常重要得分最高，为 4.44，且数据分布靠近均值；而基于原则应对景区环境影响最小化得分最低，为 4.21，其标准差也最大。

表 6-21　　游客受访者关于环保行为责任感模型验证性因子分析

题项	标准化因子载荷	均值	标准差	CR	AVE
基于原则应对景区环境影响最小化	0.712	4.21	0.922	0.8582	0.5491
景区环境负面影响最小化非常重要	0.752	4.27	0.876		
游客有义务避免对景区环境的破坏	0.816	4.39	0.837		
旅游中环境友好行为方式非常重要	0.774	4.44	0.818		
游客应该保护旅游景区的自然环境	0.639	4.38	0.866		

4. 预期情感验证性因子分析

在探索性因子分析的基础上进行验证性因子分析，在构建预期情感验证性因子分析模型基础上，运用 AMOS 21.0 对模型分析发现，原始模型适配度指标 χ^2/df 值为 46.581，GFI 值为 0.739，AGFI 值为 0.390，NFI 值为 0.817，CFI 值为 0.820，RMSEA 值为 0.300，可见预期情感模型适配度所有指标均未达到理想状态（如表 6－22 所示）。所以根据回归系数和修正指标值 MI 对模型进行修正，从分析结果中可以发现，题项“对环境负责任我会觉得非常愉快”和“对环境负责任我会觉得非常兴奋”的因子载荷较低且残差卡方值和其他变量存在较高的共变异，违反了单一构面原则，所以通过删除该题项对模型进行修正，即将上述变量删除以减少卡方值来增加模型的拟合度，修正后的模型如图 6－7 所示，修正后的模型适配度指标值如表 6－22 所示，其中修正后的 χ^2/df 值为 0.668，GFI 值为 0.999，AGFI 值为 0.993，NFI 值为 0.999，CFI 值为 1.000，RMSEA 值为 0.000，所有指标均达到理想状态，说明预期情感验证性因子模型质量良好。

表 6－22　　游客受访者关于环境预期情感模型适配度分析

测量模式	χ^2	χ^2/df	GFI	AGFI	NFI	CFI	RMSEA
建议值	越小越好	<5	>0.90	>0.90	>0.90	>0.90	<0.08
修正前	419.227	46.581	0.739	0.390	0.817	0.820	0.300
修正后	1.336	0.668	0.999	0.993	0.999	1.000	0.000

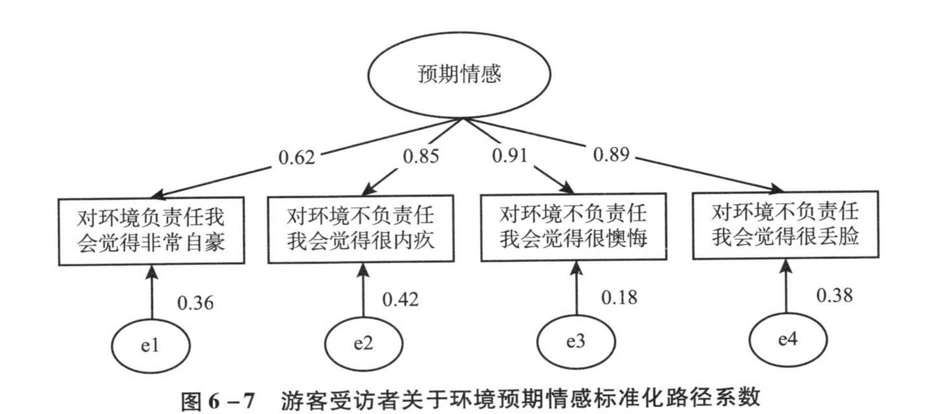

图 6－7　游客受访者关于环境预期情感标准化路径系数

由表 6－23 可知，将“预期情感→对环境不负责任我会觉得很内疚”的非标准化路径系数设置为固定值 1，其标准误（S. E.）、临界比（C. R.）和显著性（p）的值为空白。“预期情感→对环境负责任我会觉得非常自豪”（15. 139）、“预期情感→对环境不负责任我会觉得很懊悔”（26. 489）、“预期情感→对环境不负责任我会觉得很丢脸”（25. 839）的非标准化路径的临界比绝对值均大于 1. 96，且非标准化路径系数具有显著性，说明游客受访者预期情感的路径分析存在概率显著性，即各题项与潜变量之间的关系紧密且稳定，题项能够较好解释各潜变量，验证性因子分析模型较为稳定。

表 6－23　　　　游客受访者关于环境预期情感模型参数

观测变量	研究路径	潜在变量	非标准化路径系数	S. E.	C. R.	p
对环境不负责任我会觉得很内疚	←	预期情感	1. 000			
对环境负责任我会觉得非常自豪	←	预期情感	0. 693	0. 046	15. 139	***
对环境不负责任我会觉得很懊悔	←	预期情感	1. 155	0. 044	26. 489	***
对环境不负责任我会觉得很丢脸	←	预期情感	1. 154	0. 045	25. 839	***

注：*** $p < 0.001$，临界比绝对值 > 1. 96。

由表 6－24 可知，游客受访者预期情感的标准化因子载荷介于 0. 617 ~ 0. 911 之间，远高于 0. 4 的最低标准，证明游客预期情感验证性因子分析模型有较好的适配度，也说明指标变量的解释率较高。另外，预期情感的 CR 值为 0. 8938，大于 0. 6 的最低标准，说明组合信度可以接受，量表内部一致性较好；AVE 值为 0. 6822，大于 0. 5 的标准，说明模型量表具有可接受的聚合效度，内在质量良好。同时，从预期情感各题项的均值得分和标准差得分来看，“对环境负责任我会觉得非常自豪”得分较高，为 4. 19，且数据分布靠近均值；“对环境不负责任我会觉得很丢脸”得分最低，为 3. 93，其分散程度较大。

表 6－24　　　　游客受访者关于环境预期情感验证性因子分析

题项	标准化因子载荷	均值	标准差	CR	AVE
对环境负责任我会觉得非常自豪	0. 617	4. 19	0. 967	0. 8938	0. 6822
对环境不负责任我会觉得很内疚	0. 849	4. 02	1. 014		
对环境不负责任我会觉得很懊悔	0. 911	3. 95	1. 092		
对环境不负责任我会觉得很丢脸	0. 893	3. 93	1. 112		

5. 旅游者环境责任行为态度验证性因子分析

在探索性因子分析的基础上进行验证性因子分析，在构建环境责任行为态度验证性因子分析模型基础上，运用 AMOS 21.0 对模型分析发现，原始模型适配度指标 χ^2/df 值为 10.503，GFI 值为 0.979，AGFI 值为 0.893，NFI 值为 0.980，CFI 值为 0.982，RMSEA 值为 0.137，可见除了 GFI、NFI 和 CFI 达到理想状态之外，环境责任行为态度模型适配度指标中 χ^2/df、AGFI 和 RMSEA 均未达到理想状态（如表 6－25 所示），所以根据回归系数和修正指标值 MI 对模型进行修正，从分析结果中可以发现，题项“对景区环境的负责任行为是有益的”的因子载荷较低且残差卡方值和其他变量存在较高的共变异，违反了单一构面原则，所以通过删除该题项对模型进行修正，即将上述变量删除以减少卡方值来增加模型的拟合度，修正后的模型如图 6－8 所示，修正后的模型适配度指标值如表 6－25 所示，其中修正后的 χ^2/df 值为 0.490，GFI 值为 1.000，AGFI 值为 0.995，NFI 值为 1.000，CFI 值为 1.000，RMSEA 值为 0.000，所有指标均达到理想状态，说明环境责任行为态度验证性因子模型质量良好。

表 6－25　　游客受访者关于环境责任行为态度模型适配度分析

测量模式	χ^2	χ^2/df	GFI	AGFI	NFI	CFI	RMSEA
建议值	越小越好	<5	>0.90	>0.90	>0.90	>0.90	<0.08
修正前	21.007	10.503	0.979	0.893	0.980	0.982	0.137
修正后	0.490	0.490	1.000	0.995	1.000	1.000	0.000

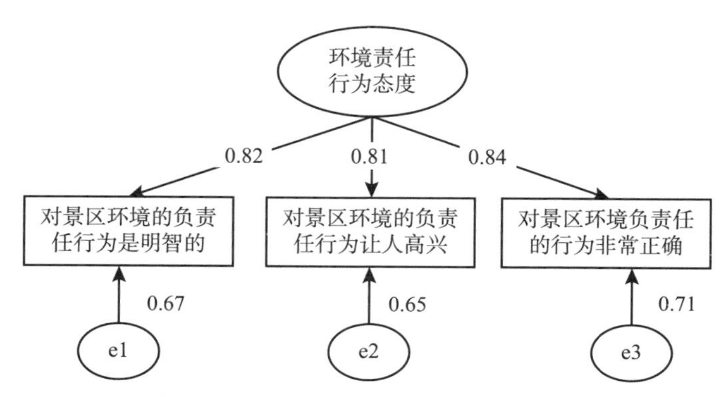

图 6－8　游客受访者关于环境责任行为态度标准化路径系数

由表 6－26 可知，将“环境责任行为态度→对景区环境的负责任行为是明智的”非标准化路径系数设置为固定值 1，其标准误（S. E.）、临界比（C. R.）和显著性（p）的值为空白。“环境责任行为态度→对景区环境的负责任行为让人高兴”（18.769）、“环境责任行为态度→对景区环境负责任的行为非常正确”（19.211）的非标准化路径的临界比绝对值均大于 1.96，且非标准化路径系数具有显著性，说明游客受访者环境责任行为态度的路径分析存在概率显著性，即各题项与潜变量之间的关系紧密且稳定，题项能够较好解释各潜变量，验证性因子分析模型较为稳定。

表 6－26　游客受访者关于环境责任行为态度模型参数

观测变量	研究路径	潜在变量	非标准化路径系数	S. E.	C. R.	p
对景区环境的负责任行为是明智的	⟵	环境责任行为态度	1.000			
对景区环境的负责任行为让人高兴	⟵	环境责任行为态度	0.973	0.052	18.769	***
对景区环境负责任的行为非常正确	⟵	环境责任行为态度	0.999	0.052	19.211	***

注：*** $p < 0.001$，临界比绝对值 > 1.96。

由表 6－27 可知，游客受访者环境责任行为态度的标准化因子载荷介于 0.808～0.845 之间，远高于 0.4 的最低标准，证明游客受访者环境责任行为态度验证性因子分析模型有较好的适配度，也说明指标变量的解释率较高。另外，环境责任行为态度的 CR 值为 0.8636，大于 0.6 的最低标准，说明组合信度可以接受，量表内部一致性较好；AVE 值为 0.6787，大于 0.5 的标准，说明模型量表具有可接受的聚合效度，内在质量良好。同时，从环境责任行为态度各题项的均值得分和标准差得分来看，三个题项“对景区环境的

表 6－27　游客受访者关于环境责任行为态度验证性因子分析

题项	标准化因子载荷	均值	标准差	CR	AVE
对景区环境的负责任行为是明智的	0.818	4.46	0.788	0.8636	0.6787
对景区环境的负责任行为让人高兴	0.808	4.43	0.775		
对景区环境负责任的行为非常正确	0.845	4.46	0.762		

负责任行为是明智的”“对景区环境负责任的行为非常正确”“对景区环境的负责任行为让人高兴”均值得分较高，标准差较小，说明游客受访者环境责任行为态度较为一致。

6. 主观规范验证性因子分析

在探索性因子分析的基础上进行验证性因子分析，在构建主观规范验证性因子分析模型基础上，运用 AMOS 21.0 对模型分析发现，原始模型适配度指标 χ^2/df 值为 30.481，GFI 值为 0.897，AGFI 值为 0.691，NFI 值为 0.895，CFI 值为 0.898，RMSEA 值为 0.241，可见主观规范模型适配度指标均未达到理想状态（如表 6－28 所示），所以根据回归系数和修正指标值 MI 对模型进行修正，从分析结果中可以发现，题项“有时间和意愿采取对环境负责任的行动”和“做出对景区环境负责任的行动非常容易”的因子载荷较低且残差卡方值和其他变量存在较高的共变异，违反了单一构面原则，所以通过删除该题项对模型进行修正，即将上述变量删除以减少卡方值来增加模型的拟合度，修正后的模型如图 6－9 所示，修正后的模型适配度指标值如表 6－28 所示，

表 6－28　游客受访者关于环境责任主观规范模型适配度分析

测量模式	χ^2	χ^2/df	GFI	AGFI	NFI	CFI	RMSEA
建议值	越小越好	<5	>0.90	>0.90	>0.90	>0.90	<0.08
修正前	152.403	30.481	0.897	0.691	0.895	0.898	0.241
修正后	0.668	0.334	0.999	0.996	1.000	1.000	0.000

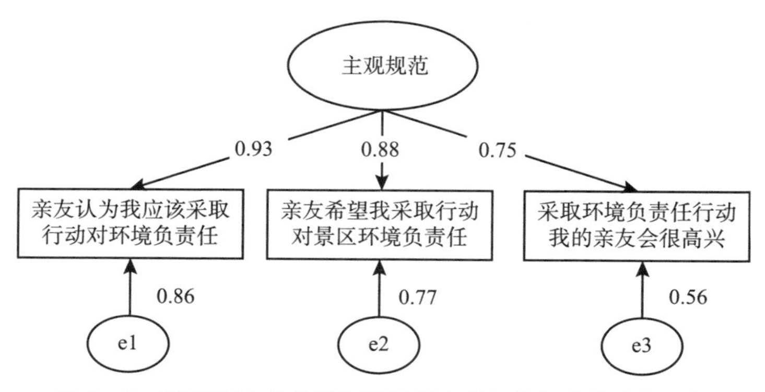

图 6－9　游客受访者关于环境责任主观规范标准化路径系数

其中修正后的 χ^2/df 值为 0. 334，GFI 值为 0. 999，AGFI 值为 0. 996，NFI 值为 1. 000，CFI 值为 1. 000，RMSEA 值为 0. 000，所有指标均达到理想状态，说明主观规范验证性因子分析模型质量良好。

由表 6 – 29 可知，将“主观规范→亲友认为我应该采取行动对环境负责任”的非标准化路径系数设置为固定值 1，其标准误（S. E. ）、临界比（C. R. ）和显著性（p）的值为空白。“主观规范→亲友希望我采取行动对景区环境负责任”（25. 050）、“主观规范→采取环境负责任行动我的亲友会很高兴”（20. 363）的非标准化路径的临界比绝对值均大于 1. 96，且非标准化路径系数具有显著性，说明游客受访者主观规范的路径分析存在概率显著性，即各题项与潜变量之间的关系紧密且稳定，题项能够较好解释各潜变量，验证性因子分析模型较为稳定。

表 6 – 29　　游客受访者关于环境责任主观规范模型参数

观测变量	研究路径	潜在变量	非标准化路径系数	S. E.	C. R.	P
亲友认为我应该采取行动对环境负责任	⟵	主观规范	1. 000			
亲友希望我采取行动对景区环境负责任	⟵	主观规范	0. 959	0. 038	25. 050	***
采取环境负责任行动我的亲友会很高兴	⟵	主观规范	0. 755	0. 037	20. 363	***

注：*** $p < 0.001$，临界比绝对值 > 1. 96。

由表 6 – 30 可知，游客受访者主观规范的标准化因子载荷介于 0. 749 ~ 0. 928 之间，远高于 0. 4 的最低标准，证明游客受访者主观规范验证性因子分析模型有较好的适配度，也说明指标变量的解释率较高。另外，主观规范的 CR 值为 0. 8906，大于 0. 6 的最低标准，说明组合信度可以接受，量表内部一致性较好；AVE 值为 0. 7322，大于 0. 5 的标准，说明模型量表具有可接受的聚合效度，内在质量良好。同时，从主观规范各题项的均值得分和标准差得分来看，题项采取环境负责任行动我的亲友会很高兴均值得分最高，为 4. 01，标准差较小，亲友认为我应该采取行动对环境负责任的均值得分最低，为 3. 87，标准差较大。

表 6－30　　游客受访者关于环境责任主观规范验证性因子分析

题项	标准化因子载荷	均值	标准差	CR	AVE
亲友认为我应该采取行动对环境负责任	0.928	3.87	1.051	0.8906	0.7322
亲友希望我采取行动对景区环境负责任	0.880	3.88	1.062		
采取环境负责任行动我的亲友会很高兴	0.749	4.01	0.984		

7. 生态世界观验证性因子分析

在探索性因子分析的基础上进行验证性因子分析，在构建生态世界观验证性因子分析模型基础上，运用 AMOS 21.0 对模型分析发现，原始模型适配度指标 χ^2/df 值为 6.638，GFI 值为 0.975，AGFI 值为 0.924，NFI 值为 0.924，CFI 值为 0.934，RMSEA 值为 0.106，可见生态世界观模型适配度指标仅有 χ^2/df 和 RMSEA 未达到理想状态（见表 6－31），所以根据回归系数和修正指标值 MI 对模型进行修正，从分析结果中可以发现，题项“自然界的平衡非常脆弱，很容易被打乱”的因子载荷较低且残差卡方值和其他变量存在较高的共变异，违反了单一构面原则，所以通过删除该题项对模型进行修正，即将上述变量删除以减少卡方值来增加模型的拟合度，修正后的模型如图 6－10 所示，修正后的模型适配度指标值如表 6－31 所示，其中修正后的 χ^2/df 值为 0.830，GFI 值为 0.998，AGFI 值为 0.992，NFI 值为 0.994，CFI 值为 1.000，RMSEA 值为 0.000，所有指标均达到理想状态，说明生态世界观验证性因子分析模型质量良好。

由表 6－32 可知，将“生态世界观→自然界动、植物与人类一样有着生存权”的非标准化路径系数设置为固定值 1，其标准误（S.E.）、临界比（C.R.）和显著性（p）的值为空白。“生态世界观→尽管人类有特殊能力仍受自然规律支配”（8.678）、“生态世界观→地球就好像空间和资源有限的宇宙飞船”（6.798）和“生态世界观→继续保持现状很快将遭受严重环境灾难”（8.598）的非标准化路径的临界比绝对值均大于 1.96，且非标准化路径系数具有显著性，说明游客受访者生态世界观的路径分析存在概率显著性，即各题项与潜变量之间的关系紧密且稳定，题项能够较好解释各潜变量，验证性因子分析模型较为稳定。

表 6-31　　游客受访者关于生态世界观模型适配度分析

测量模式	χ^2	χ^2/df	GFI	AGFI	NFI	CFI	RMSEA
建议值	越小越好	<5	>0.90	>0.90	>0.90	>0.90	<0.08
修正前	33.190	6.638	0.975	0.924	0.924	0.934	0.106
修正后	1.659	0.830	0.998	0.992	0.994	1.000	0.000

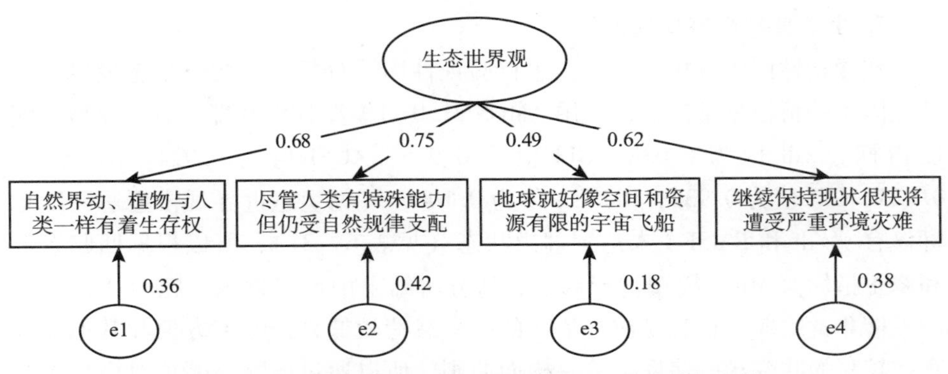

图 6-10　游客受访者关于生态世界观标准化路径系数

表 6-32　　游客受访者关于生态世界观模型参数

观测变量	研究路径	潜在变量	非标准化路径系数	S. E.	C. R.	p
自然界动、植物与人类一样有着生存权	⟵	生态世界观	1.000			
尽管人类有特殊能力仍受自然规律支配	⟵	生态世界观	1.174	0.135	8.678	***
地球就好像空间和资源有限的宇宙飞船	⟵	生态世界观	0.832	0.122	6.798	***
继续保持现状很快将遭受严重环境灾难	⟵	生态世界观	1.044	0.121	8.598	***

注：*** $p<0.001$，临界比绝对值 >1.96。

由表 6-33 可知，游客受访者生态世界观的标准化因子载荷介于 0.490 ~ 0.748 之间，高于 0.4 的最低标准，证明游客受访者生态世界观验证性因子分析模型有较好的适配度，也说明指标变量的解释率较高。另外，生态世界观的 CR 值为 0.7298，大于 0.6 的最低标准，说明组合信度可以接受，量表内部一致性较好；AVE 值为 0.4084，未达到 0.5 的标准，然而芬内尔和莱克（Fornell and Larker，1981）指出，“即使有超过 50% 的变异来自测量误，单独以建构信度为基础，研究者可以做出构念的聚合效度是适当的”。说明模型量表具有可接受的聚合效度，内在质量较好。同时，从生态世界观各题项的均值得分和标准差得分来看，题项“继续保持现状很快将遭受严重环境灾难”均值得分最高，为4.12，标准差较小，“地球就好像空间和资源有限的宇宙飞船”均值得分最低，为4.00，标准差较大。

表6－33　　　　游客受访者关于生态世界观验证性因子分析

题项	标准化因子载荷	均值	标准差	CR	AVE
自然界动、植物与人类一样有着生存权	0.614	4.39	0.888	0.7298	0.4084
尽管人类有特殊能力仍受自然规律支配	0.748	4.01	0.971		
地球就好像空间和资源有限的宇宙飞船	0.490	4.00	1.039		
继续保持现状很快将遭受严重环境灾难	0.676	4.12	0.909		

8. 评价对象不利后果验证性因子分析

在探索性因子分析的基础上进行验证性因子分析，在构建评价对象不利后果验证性因子分析模型基础上，运用AMOS 21.0对模型分析发现，原始模型适配度指标χ^2/df值为1.594，GFI值为0.980，AGFI值为0.930，NFI值为0.993，CFI值为0.996，RMSEA值为0.010，可见评价对象不利后果模型适配度指标均达到理想状态（如表6－34所示），不需要对模型进行修正，最终模型如图6－11所示。

由表6－35可知，将“评价对象不利后果→自然景区旅游会引起环境污染和资源破坏”的非标准化路径系数设置为固定值1，其标准误（S. E.）、临界比（C. R.）和显著性（p）的值为空白。“评价对象不利后果→旅游会对景区生态环境造成巨大负面冲击”（13.549）、“评价对象不利后果→到地质地貌景区旅游会导致景区环境恶化”（13.485）的非标准化路径的临界比绝对值均大于1.96，且非标准化路径系数具有显著性，说明游客受访者评价对象不利后果的路径分析存在概率显著性，即各题项与潜变量之间的关系紧密且稳定，题项能够较好解释各潜变量，验证性因子分析模型较为稳定。

表 6-34　游客受访者关于环境评价对象不利后果模型适配度分析

测量模式	χ^2	χ^2/df	GFI	AGFI	NFI	CFI	RMSEA
建议值	越小越好	<5	>0.90	>0.90	>0.90	>0.90	<0.08
参数值	3.256	1.594	0.980	0.930	0.993	0.996	0.010

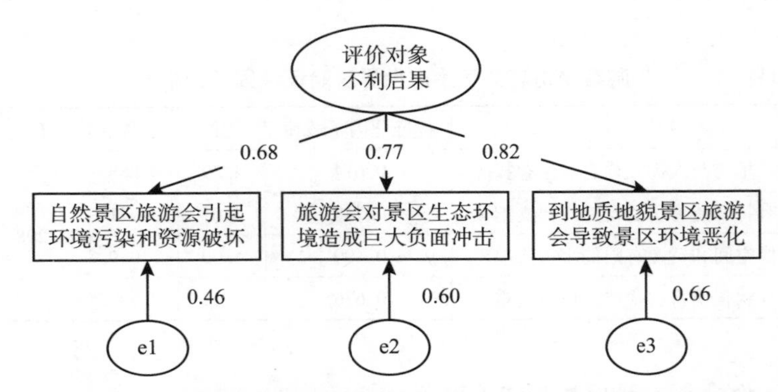

图 6-11　游客受访者关于环境评价对象不利后果标准化路径系数

表 6-35　游客受访者关于环境评价对象不利后果模型参数

观测变量	研究路径	潜在变量	非标准化路径系数	S. E.	C. R.	p
自然景区旅游会引起环境污染和资源破坏	⟵	评价对象不利后果	1.000			
旅游会对景区生态环境造成巨大负面冲击	⟵	评价对象不利后果	1.118	0.083	13.549	***
到地质地貌景区旅游会导致景区环境恶化	⟵	评价对象不利后果	1.166	0.086	13.485	***

注：*** $p<0.001$，临界比绝对值 >1.96。

由表 6-36 可知，游客受访者评价对象不利后果的标准化因子载荷介于 0.680～0.815 之间，高于 0.4 的最低标准，证明游客受访者评价对象不利后果验证性因子分析模型有较好的适配度，也说明指标变量的解释率较高。另外，评价对象不利后果的 CR 值为 0.8016，大于 0.6 的最低标准，说明组合信度可以接受，量表内部一致性较好；AVE 值为 0.5752，大于 0.5 的标准，说明模型量表具有可接受的聚合效度，内在质量较好。同时，从评价对象不利后果各题项的均值得分和标准差得分来看，题项“到地质地貌景区旅游会导致景区环境恶化”均值得分最高，为3.51，标准差较小，“自然景区旅游会引起环境污染和资源破坏”均值得分最低，为3.46，标准差较大。

表6-36　　游客受访者关于环境评价对象不利后果验证性因子分析

题项	标准化因子载荷	均值	方差	CR	AVE
自然景区旅游会引起环境污染和资源破坏	0.680	3.46	1.162	0.8016	0.5752
旅游会对景区生态环境造成巨大负面冲击	0.774	3.49	1.120		
到地质地貌景区旅游会导致景区环境恶化	0.815	3.51	1.100		

9. 减少威胁感知能力验证性因子分析

在探索性因子分析的基础上进行验证性因子分析，在构建减少威胁感知能力验证性因子分析模型基础上，运用AMOS 21.0对模型分析发现，原始模型适配度指标 χ^2/df 值为2.138，GFI值为0.971，AGFI值为0.950，NFI值为0.995，CFI值为0.997，RMSEA值为0.010，可见减少威胁感知能力模型适配度指标均达到理想状态（如表6-37所示），不需要对模型进行修正，最终模型如图6-12所示。

表6-37　　游客受访者关于环境减少威胁感知能力模型适配度分析

测量模式	χ^2	χ^2/df	GFI	AGFI	NFI	CFI	RMSEA
建议值	越小越好	<5	>0.90	>0.90	>0.90	>0.90	<0.08
参数值	5.274	2.138	0.971	0.950	0.995	0.997	0.010

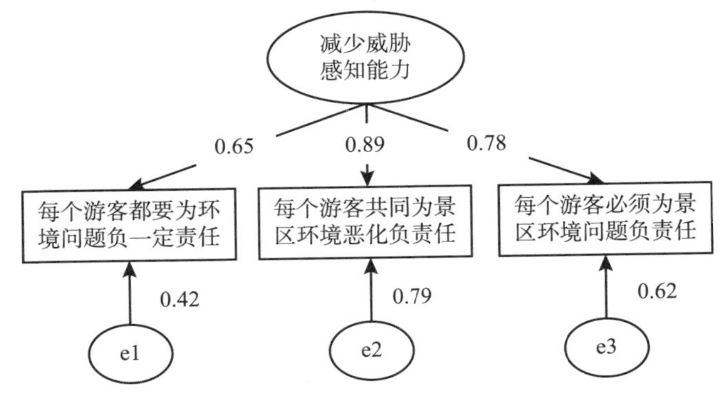

图6-12　游客受访者关于环境减少威胁感知能力标准化路径系数

由表6－38可知，将“减少威胁感知能力→每个游客都要为环境问题负一定责任”的非标准化路径系数设置为固定值1，其标准误（S.E.）、临界比（C.R.）和显著性（p）的值为空白。“减少威胁感知能力→每个游客共同为景区环境恶化负责任”（13.817）、“减少威胁感知能力→每个游客共同为景区环境恶化负责任”（14.167）的非标准化路径的临界比绝对值均大于1.96，且非标准化路径系数具有显著性，说明游客受访者减少威胁感知能力的路径分析存在概率显著性，即各题项与潜变量之间的关系紧密且稳定，题项能够较好解释各潜变量，验证性因子分析模型较为稳定。

表6－38　　游客受访者关于环境减少威胁感知能力模型参数

观测变量	研究路径	潜在变量	非标准化路径系数	S.E.	C.R.	p
每个游客都要为环境问题负一定责任	←	减少威胁感知能力	1.000			
每个游客共同为景区环境恶化负责任	←	减少威胁感知能力	1.503	0.109	13.817	***
每个游客必须为景区环境问题负责任	←	减少威胁感知能力	1.459	0.103	14.167	***

注：*** $p<0.001$，临界比绝对值 >1.96。

由表6－39可知，游客受访者减少威胁感知能力的标准化因子载荷介于0.650～0.888之间，高于0.4的最低标准，证明游客受访者减少威胁感知能力验证性因子分析模型有较好的适配度。另外，减少威胁感知能力的CR值为0.8215，大于0.6的最低标准，说明组合信度可以接受，量表内部一致性较好；AVE值为0.6091，大于0.5的标准，说明模型量表具有可接受的聚合效度，内在质量较好。同时，从减少威胁感知能力各题项的均值得分和标准差得分来看，题项“每个游客都要为环境问题负一定责任”均值得分最高，为

表6－39　　游客受访者关于环境减少威胁感知能力验证性因子分析

题项	标准化因子载荷	均值	方差	CR	AVE
每个游客都要为环境问题负一定责任	0.650	4.01	1.033	0.8215	0.6091
每个游客共同为景区环境恶化负责任	0.888	3.88	1.253		
每个游客必须为景区环境问题负责任	0.785	3.85	1.511		

4.01，标准差较小，“每个游客必须为景区环境问题负责任”均值得分最低，为3.85，标准差较大。

第三节　旅游者环境责任行为意愿形成机理结构方程模型检验

一、旅游者环境责任行为意愿形成机理模型拟合分析

在测量模型验证性因子分析之后，本研究采用结构方程模型检验理论模型和研究假设。根据结构方程模型检验要求，仍然采用卡方值（χ^2）、卡方自由度比（χ^2/df）、良适性适配指标（goodness-of-fit index，GFI）、调整后适配度指数（adjusted goodness-of-fit index，AGFI）、渐进残差均方和平方根（root mean square error of approximation，RMSEA）、规准适配指数（normed fit index，NFI）和比较适配指数（comparative fit index，CFI）作为模型适配度指标检验模型适配度。

通过表6－40可见，旅游者环境责任行为形成意愿结构方程模型拟合指数基本符合标准，但初始模型中的GFI（良适性适配指标）和NFI（规准适配指数）未达到0.9的最低标准，说明理论模型与数据不完全匹配，需要对模型进行修正。模型修正主要针对各变量残差项间的相关关系，以及模型修正指数较大的观察变量与潜变量的精简来完成。从模型修正指数来看，利他价值观中的“世界和平，没有战争”和“社会公正，照顾弱者”之间的修正指数较大，说明两个观测变量对利他价值观的意义较为相似，所以将二者的误差变量设置为共变关系，通过减少卡方值的数值，增加数据和模型的契合度。利己价值观中的“财富、财产、钱很重要”和“对他人和事件有影响力”之间的修正指数较大，说明两个观测变量对利他价值观的意义较为相似，所以将二者的误差变量设置为共变关系，通过减少卡方值的数值，增加数据和模型的契合度。同时也发现，生物价值观中的“融入自然，自然和谐一致”与环保行为责任感中的“旅游中环境友好行为方式非常重要”之间、人地和谐观中的“尊重自然崇尚自然”和预期情感中的“对环境不负责任我

会觉得很懊悔”之间、利他价值观中的“世界和平，没有战争”和评价对象不利后果中的“旅游会对景区生态环境造成巨大负面冲击”之间、利他价值观中的“世界和平，没有战争”和利己价值观中的“拥有社会权力控制他人”之间的修正指数较大，说明两个观测变量的意义较为相似，所以将二者的误差变量设置为共变关系，通过减少卡方值的数值，增加数据和模型的契合度。通过模型修正，发现修正后的 GFI 的指标值变为 0.921，NFI 的指标值变为 0.930，均达到 0.9 的最低标准，说明修正后的理论模型与数据的契合度较高。

表 6－40　　旅游者环境责任行为形成意愿结构方程模型适配度分析

参数指标	χ^2	χ^2/df	GFI	AGFI	NFI	CFI	RMSEA
建议值	越小越好	<5.0	>0.90	>0.90	>0.90	>0.90	<0.08
修正前	2413.341	2.749	0.884	0.902	0.889	0.901	0.059
修正后	1648.763	1.933	0.921	0.914	0.930	0.968	0.043

二、旅游者环境责任行为意愿形成机理模型收敛效度和信度检验

模型效度和信度的检验主要采用组合信度（composite reliability，CR）、平均变异萃取量（average variance extracted，AVE）、克朗巴哈系数（Cronbach's α）和内生潜变量测定系数 R^2 值进行。

由表 6－41 可知，旅游者环境责任行为意愿形成机理模型包含各变量的 Cronbach's α 较为理想，生物价值观的 Cronbach's α 为 0.854，利他价值观的 Cronbach's α 为 0.612，利己价值观的 Cronbach's α 为 0.655，人地和谐观的 Cronbach's α 为 0.772，生态世界观的 Cronbach's α 为 0.656，评价对象不利后果的 Cronbach's α 为 0.799，减少威胁感知能力的 Cronbach's α 为 0.814，预期情感的 Cronbach's α 为 0.890，环保行为责任感的 Cronbach's α 为 0.856，环境责任行为态度的 Cronbach's α 为 0.863，主观规范的 Cronbach's α 为 0.887，环境促进行为意愿的 Cronbach's α 为 0.830，环境遵守行为意愿的 Cronbach's α 为 0.682，所有变量 Cronbach's α 均在可接受范围之内，其中利他价值观、利己价值观、生态世界观和环境遵守行为意愿的 Cronbach's α 小于 0.7，但也达到了 0.6 的最低取值标准，说明各潜变量的观测变量信度良好，具有较好的可靠性和稳定性。

表 6-41　旅游者环境责任行为意愿形成机理模型效度和信度检验

变量	R^2	Cronbach's α	CR	AVE
生物价值观	—	0.854	0.8525	0.6588
利他价值观	—	0.612	0.6513	0.4178
利己价值观	—	0.655	0.7274	0.4233
人地和谐观	—	0.772	0.7885	0.5574
生态世界观	0.486	0.656	0.6481	0.4011
评价对象不利后果	0.114	0.799	0.8005	0.5738
减少威胁感知能力	0.268	0.814	0.8248	0.6131
预期情感	0.198	0.890	0.8899	0.6742
环保行为责任感	0.234	0.856	0.8989	0.6430
环境责任行为态度	0.106	0.863	0.8630	0.6775
主观规范	0.136	0.887	0.8903	0.7312
环境促进行为意愿	0.615	0.830	0.8320	0.5550
环境遵守行为意愿	0.817	0.682	0.6615	0.4956

同时对旅游者环境责任行为意愿形成机理模型的内在质量进行检验，发现所有题项误差变异均达到显著水平，各观测变量对相应潜变量有较强的解释能力。组合信度（CR）和平均变异萃取量（AVE）方面，生物价值观的CR为0.8525，AVE为0.6588；利他价值观的CR为0.6513，AVE为0.4178；利己价值观的CR为0.7274，AVE为0.4233；人地和谐观的CR为0.7885，AVE为0.5574；生态世界观的CR为0.6481，AVE为0.4011；评价对象不利后果CR为0.8005，AVE为0.5738；减少威胁感知能力的CR为0.8248，AVE为0.6131；预期情感的CR为0.8899，AVE为0.6742；环保行为责任感的CR为0.8989，AVE为0.6430；环境责任行为态度的CR为0.8630，AVE为0.6775；主观规范的CR为0.8903，AVE为0.7312；环境促进行为意愿的CR为0.8320，AVE为0.5550；环境遵守行为意愿的CR为0.6615，AVE为0.4956。通过分析发现，旅游者环境责任行为意愿形成机理模型中各变量的组合信度介于0.6481～0.8989之间，大于0.6的最低标准，说明组合信度可以接受，量表内部一致性较好；平均变异萃取量介于0.4011～0.7312之间，部分变量平均变异萃取量低于0.5的标准，但芬内尔和莱克（Fornell and Larker，1981）指出，“即使有超过50%的变异来自测量误，单

独以建构信度为基础，研究者可以做出构念的聚合效度是适当的”。所以低于0.5可以接受，说明模型量表具有可接受的聚合效度，内在质量良好。R^2值指的是变量被其他潜变量所解释的程度，温茨等（Vinzi et al.，2010）指出0.10是R^2值的最低标准，旅游者环境责任行为意愿形成机理模型中各变量的R^2值均达到了0.10的最低标准，说明模型中各变量有较好的解释能力。

三、旅游者环境责任行为意愿形成机理模型路径分析

结构方程模型路径分析中判断变量之间显著性的重要指标主要为临界比值和显著性水平，当临界比绝对值>1.96，显著性水平<0.05，即认为变量逐渐的关系是显著的，反之不显著。通过表6－42可以看出，“生物价值观对生态世

表6－42　旅游者环境责任行为意愿形成机理模型路径系数估计结果一览

路径	标准化路径系数	S. E.	C. R.	p
生态世界观←——生物价值观	0.253	0.083	3.696	***
生态世界观←——利他价值观	0.180	0.114	1.827	0.068
生态世界观←——利己价值观	0.081	0.051	1.674	0.094
生态世界观←——人地和谐观	0.382	0.078	4.279	***
评价对象不利后果←——生态世界观	0.338	0.091	5.657	***
减少威胁感知能力←——评价对象不利后果	0.518	0.047	8.987	***
环保行为责任感←——减少威胁感知能力	0.153	0.046	3.160	**
环境促进行为意愿←——环保行为责任感	0.124	0.057	2.697	**
环境遵守行为意愿←——环保行为责任感	0.290	0.058	5.734	***
环境促进行为意愿←——环境责任行为态度	0.092	0.060	1.911	0.056
环境遵守行为意愿←——环境责任行为态度	0.284	0.061	5.394	***
环境促进行为意愿←——主观规范	0.672	0.060	11.955	***
环境遵守行为意愿←——主观规范	0.552	0.052	10.335	***
环境责任行为态度←——评价对象不利后果	0.128	0.037	2.661	**
主观规范←——评价对象不利后果	0.368	0.045	7.280	***
环保行为责任感←——主观规范	0.178	0.043	3.573	***
预期情感←——减少威胁感知能力	0.445	0.049	7.489	***
环保行为责任感←——预期情感	0.265	0.053	5.704	***

注：** $p<0.01$，*** $p<0.001$。

界观”“人地和谐观对生态世界观”“生态世界观对评价对象不利后果”“评价对象不利后果对减少威胁感知能力”“评价对象不利后果对环境责任行为态度”“评价对象不利后果对主观规范”“减少威胁感知能力对环保行为责任感”“减少威胁感知能力对预期情感”“预期情感对环保行为责任感”“主观规范对环保行为责任感”“环保行为责任感对环境促进行为意愿”“环保行为责任感对环境遵守行为意愿”“环境责任行为态度对环境遵守行为意愿”“主观规范对环境促进行为意愿”“主观规范对环境遵守行为意愿”的临界比值均大于1.96，显著性水平均小于0.01，说明模型路径均为显著；而“利他价值观对生态世界观”“利己价值观对生态世界观”“环境责任行为态度对环境促进行为意愿”的临界比值均小于1.96，显著性水平大于0.05，说明此三条模型路径不显著。综上所述，本研究构建的旅游者环境责任行为意愿形成机理理论模型中共有18条假设，其中16条假设成立，2条假设不成立，相关假设验证结果汇总如表6－43所示，旅游者环境责任行为意愿形成机理结构方程模型如图6－13所示。

表6－43　旅游者环境责任行为意愿形成机理结构方程模型假设结果汇总

假设	假设内容	是否成立
H1	生物价值观对生态世界观有显著正向影响	成立
H2	利他价值观对生态世界观有显著正向影响	不成立
H3	利己价值观对生态世界观影响不显著	成立
H4	人地和谐观对生态世界观有显著正向影响	成立
H5	生态世界观对评价对象不利后果有显著正向影响	成立
H6	评价对象不利后果对减少威胁感知能力有显著正向影响	成立
H7	减少威胁感知能力对环保行为责任感有显著正向影响	成立
H8	环保行为责任感对环境促进行为意愿有显著正向影响	成立
H9	环保行为责任感对环境遵守行为意愿有显著正向影响	成立
H10	环境责任行为态度对环境促进行为意愿有显著正向影响	不成立
H11	环境责任行为态度对环境遵守行为意愿有显著正向影响	成立
H12	主观规范对环境促进行为意愿有显著正向影响	成立
H13	主观规范对环境遵守行为意愿有显著正向影响	成立
H14	评价对象不利后果对环境责任行为态度有显著正向影响	成立
H15	评价对象不利后果对主观规范有显著正向影响	成立
H16	主观规范对环保行为责任感有显著正向影响	成立
H17	减少威胁感知能力对预期情感有显著正向影响	成立
H18	预期情感对环保行为责任感有显著正向影响	成立

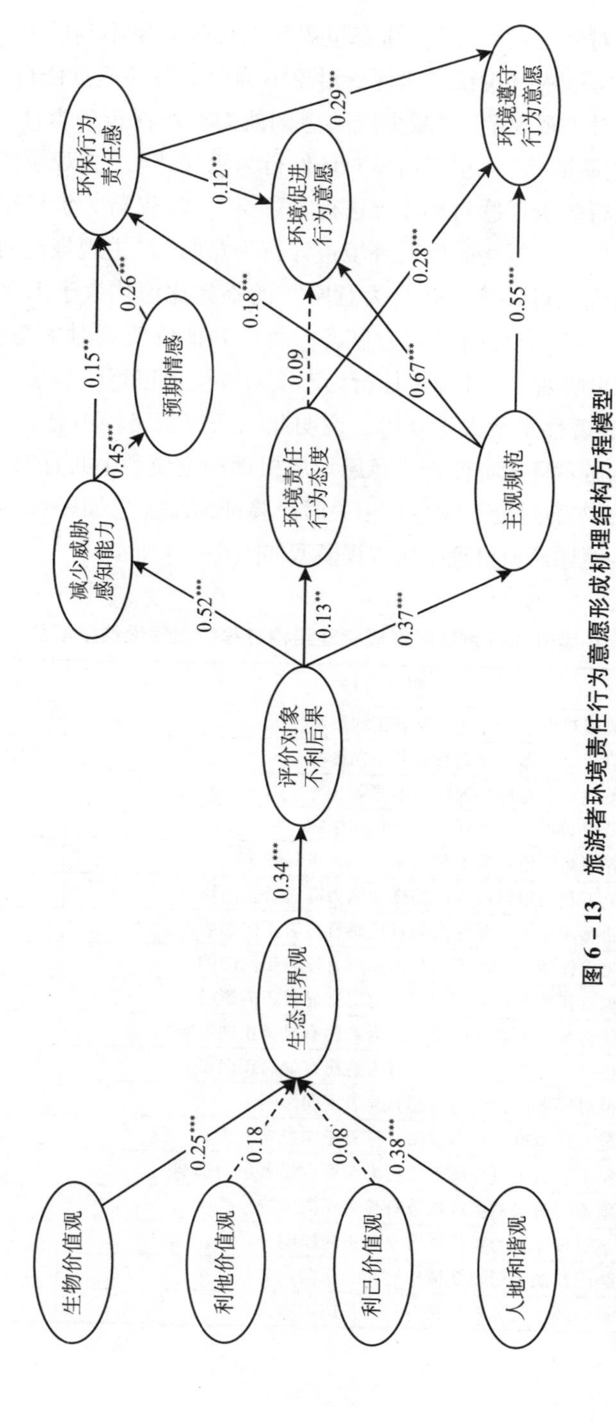

图 6－13　旅游者环境责任行为意愿形成机理结构方程模型

注：** 表示 $p<0.01$，*** 表示 $p<0.001$，虚线表示路径不显著；$\chi^2=1648.763$，$\chi^2/df=1.933$，GFI = 0.921，AGFI = 0.914，NFI = 0.930，CFI = 0.968，RMSEA = 0.043。

本研究通过将价值－信念－规范理论与理性行为理论进行全面整合，在价值观构念中增加了人地和谐观，同时将预期情感因素整合进理论模型，数据拟合结果显示本研究构建的旅游者环境责任行为意愿形成机理理论模型有较强的解释能力。其中人地和谐观和生物价值观分别对生态世界观具有显著正向影响，且人地和谐观的影响程度大于生物价值观；利己价值观和利他价值观对生态世界观影响不显著。生态世界观对评价对象不利后果具有显著正向影响，评价对象不利后果对减少威胁感知能力、环境责任行为态度和主观规范均有显著正向影响；减少威胁感知能力既直接显著正向影响环保行为责任感，同时通过预期情感间接影响着环保行为责任感，环保行为责任感对环境促进行为意愿和环境遵守行为意愿均有显著正向影响。环境责任行为态度对环境遵守行为意愿有显著正向影响，但对环境促进行为意愿影响不显著；主观规范对环保行为责任感、环境促进行为意愿和环境遵守行为意愿具有显著正向影响。

（一）生物价值观对生态世界观影响关系假设检验

根据旅游者环境责任行为意愿形成机理结构方程模型路径分析，研究假设 H1“生物价值观对生态世界观有显著正向影响”的标准化路径系数为 0.253，C. R. 值为 3.696 大于 1.96，p 值为 0.000 小于 0.001，具有统计上的显著性，表示假设 H1 成立，说明具有生物价值观的旅游者更为认同生态世界观，旅游者对自然资源保护、与自然物种和谐相处越关注，越容易认同物种平等和资源的有限性，以及对资源的有限利用。结合访谈资料，假设 H1 成立的原因如下：

第一，对自然资源和自然环境保护的强烈关注。由于西北地区生态环境脆弱，特别是近年来祁连山环境保护问题受到社会各界的广泛关注，受访游客对祁连山自然资源利用和保护现状较为担忧，而张掖七彩丹霞景区处于祁连山自然保护区的边缘地带，游客出于爱屋及乌的心理状态，激发出其对张掖七彩丹霞景区的环境关爱，进而对景区生态环境保护表现出强烈关注，并愿意通过身体力行的方式促使景区可持续发展。

第二，对物种平等与自然和谐共处的责任意识。除了关注自然资源和自然环境保护，受访游客表现出与其他物种以及与自然界和谐相处的强烈责任感，这与西方生物中心论的核心内涵基本吻合，同时更是中国传统文化中众生平等和天人合一伦理观念的重要体现，受儒家群体规范和仁爱思想，以及佛家众生平等和博爱思想等传统文化理念的影响，旅游者对物种平等共生和与自然和谐共处表现出强烈的责任意识。

据此，促进旅游者环境责任行为意愿的策略为：

第一，培育尊重自然和保护自然环境价值理念。自然是人类社会获取原材料的源泉，是人类社会赖以生存的基础；保护自然环境便是保护人类社会的根基。因此，应通过阅读诸如《文明与伦理》《尊重自然：一种环境伦理学理论》《寂静的春天》《沙郡年鉴》《瓦尔登湖》等经典环境著作，或者通过参观地质地貌博物馆、生物演化场所等途径进行现场环境教育，培养人类敬畏自然、尊重自然、热爱自然和保护自然的环境价值理念，在维持自然平衡的基础上，实现对自然的科学合理利用。

第二，持续发挥与自然和谐共生环境伦理作用。自然界所有物种平等、和谐相处是中西方环境伦理思想的共识。所以在旅游情景下应该持续发挥西方的生物中心论价值观念和中国的和谐理念，坚持所有物种均是地球生命共同体的平等成员，拥有同样的发展机会，没有哪个物种可以凌驾于其他物种之上，所有物种和谐共享大自然的恩赐；同时要认识到“地球村”共同意识的形成，自然界是一个相互依赖的系统，系统中每个生命生存与发展不仅依赖于物理条件，也依赖于与其他生命的关系。

（二）利他价值观对生态世界观影响关系假设检验

根据旅游者环境责任行为意愿形成机理结构方程模型路径分析，研究假设 H2“利他价值观对生态世界观有显著正向影响”的标准化路径系数为 0.180，C. R. 值为 1.827 小于 1.96，p 值为 0.068 大于 0.05，统计上不显著，表示假设 H2 不成立。但利他价值观对生态世界观正向影响的显著性水平接近临界值，同时前期大量研究成果均证明利他价值观是行为主体亲环境行为的前因变量，所以利他价值观对亲环境行为的影响不容忽视。结合访谈资料，假设 H2 不成立的原因如下：

第一，人类始终以自身利益和认知为出发点。除了人类之外，其他自然物种的好与坏均来自人类主观的认知和评价，这决定了人类有意无意以自身的偏好和是否符合自身的利益诉求为出发点判断其他的事物有用或无用。此时，人类在关注自身和其他物种福利的过程中不能做到一视同仁，往往体现出人类中心主义取向，具体表现为过度关注自身福利而忽视其他物种的福利和诉求。这是利他价值观与生物价值观的核心差异，所以其对生态世界观影响不显著。

第二，关注人类和物种福利体现了公共属性。利他价值观关注他人和物种福利较为宏观，更为强调世界和平、没有战争，社会公正、照顾弱者，以及乐于助人，帮助他人等公共社会事件和整个社会的整体福利。而本研究所涉及话题较为微观，着眼于旅游者出于自然景区环境保护和保证其他旅游者游览福利的角度，基于旅游情景来判断旅游者是否表现出环境责任行为意愿，其涉及面更小，因此其与生态世界观的关系不明显。

据此，促进旅游者环境责任行为意愿的策略为：

第一，重视非人类福利等同人类福利。基于人类的有限理性，在社会发展过程中人类会优先关注自身福利，忽视非人类的社会福利。因此，应注意人类和非人类福利并举原则，要认识到人与其他物种共同构成了地球生物共同体，它们具有平等地位和同样的发展机会，人类在追求自身发展过程中不能以牺牲其他物种利益为代价，如果不可避免出现冲突时，要尽可能减少人类发展对非人类物种的伤害程度，或者通过补偿的形式维护地球生物共同体的完整和健康。

第二，增强集体主义和利他主义意识。中国传统文化中特别强调集体主义和利他主义。集体主义通过强调个人从属于社会，个人利益应当服从集团、民族和国家利益。利他主义强调对别人有好处，自愿帮助他人，甚至可能牺牲自身的利益。因此，应该继续弘扬中华民族的优良传统，鼓励和引导人们为了集体利益牺牲自身利益，为大我牺牲小我；同时为了社会利益、集体利益而约束自身的行为，以免因个人的不当行为对社会带来更大危害。

（三）利己价值观对生态世界观影响关系假设检验

根据旅游者环境责任行为意愿形成机理结构方程模型路径分析，研究假设 H3“利己价值观对生态世界观影响不显著”的标准化路径系数为 0.081，C. R. 值为 1.674 小于 1.96，p 值为 0.094 大于 0.05，统计上不显著，表示假设 H3 成立。说明当人们关注于行为选择的成本和收益，以及更关注个体私利而很少关注环境时，他们对于人与环境之间联系感知不强烈，会经常忽视人对环境可能造成的不利影响。结合访谈资料，假设 H3 成立的原因如下：

第一，人类控制和主导自然伦理观念的膨胀与扩张。随着现代化和城市化进程的加快，人们的环境伦理受到西方人类中心主义和物质主义的影响，一切以人类自身为中心来解释世界并指导人类社会实践，人类依据自己的喜好来判断其他自然生物的有用与无用，将自身利益凌驾于其他物种之上，强调对自然的征服和利用，强调控制和主导他人。同时强调成就、享乐与权力，表现出强烈的占有欲，私欲的膨胀和扩张必然将自然生态置于次要位置。

第二，过度关注人类个体利益忽视环境的不利影响。随着社会的转型，传统伦理思想对人们道德约束力开始下降，由于精神层面的约束不足，人类的恶和追逐私利的一面便显现出来，人类一切活动以自身的私利为出发点，以是否能满足自身需求为标准来评价周边事物，贪婪追逐财富和金钱，同时强调对他人的指挥和领导，并追求对事件和他人产生影响。人类赖以生存的自然成为人类追逐私利的目标和征服的对象，自然环境成为人类生存和发展的附属品。

据此，促进旅游者环境责任行为意愿的策略为：

第一，改变人类中心主义和物质主义价值观念。目前人类与环境的矛盾日益突出，如雾霾横行、极端天气和土壤污染等，这些现象多与人类以自我为中心或物质主义有关，与人类违反自然规律、对自然的不当开发和过度利用密不可分。因此，应坚持自然中心主义理念，正确认识自然资源对人类的重要性，每种生物都是大自然的天然赋予，不存在高低贵贱，人类对于某种物种的偏爱和有用的评价，则是基于对其他上亿种物种的歧视和偏见，所以遵从自然规律、顺应自然规律，合理地利用自然来满足自身的需要才是可持续发展的应有之义。

第二，坚持人与自然和谐共生共处的道德关怀。西方生物中心论的核心思想是人们的行为是否正确，人们的品质在道德上是否良善，取决于它们是否展现或体现了尊重大自然这一终极道德态度。人类是唯一可以凭借工具改造自然的物种，在合理利用自然的同时应该承担更多的责任，人类应该在维护生态平衡的基础上，合理开发利用自然资源，将人类生产和生活对环境的负面影响最小化；要体现人类的高级性，对人类之外的生命进行道德关怀，真正体现生物平等，实现人与自然的协调发展。

（四）人地和谐观对生态世界观影响关系假设检验

根据旅游者环境责任行为意愿形成机理结构方程模型路径分析，研究假设 H4“人地和谐观对生态世界观有显著正向影响”的标准化路径系数为 0.382，C. R. 值为 4.279 大于 1.96，p 值为 0.000 小于 0.001，具有统计上的显著性，表示假设 H4 成立。说明人地和谐观中顺应自然、天人合一等和谐思想对生态世界观具有显著影响，进而深入影响旅游者环境责任行为意愿。结合访谈资料，假设 H4 成立的原因如下：

第一，天地万物共存共荣的伦理意识。比较而言，人地和谐观中蕴含着典型的中国传统生态伦理思想，道家思想中最核心的就是“道”，即探讨人类与天地自然的关系，重在揭示天地万物共存共荣的普遍规律。道家思想强调尊重万物本性、万物平等和动物权利，重视万物齐一和顺应自然，要求个体淡泊处世，遵从自然规律。人们受中国传统道家文化的熏陶和影响，表现出强烈的尊重自然和万物平等伦理思想，其类似于生态价值观但范畴更大，是中国特有的生态伦理观念，其对中国文化情景中旅游者环境责任行为意愿影响作用较强。

第二，天人合一顺应自然的生态思想。天人合一是中国典型的自然观，天人合一的基本思想强调道、天、地、人的协调一致，具有显著的系统性特征，强调四类要素的共生性，要求人们生活顺其自然，人与自然和谐相处。另外，强调人类活动过程中要控制自己私欲，注重自然保护，同时遵循自然规律开展生产、生活活动，尽可能减少人类活动对大自然的破坏，或者将活动影响带来的不良危害降低到最小。

据此，促进旅游者环境责任行为意愿的策略为：

第一，突出道家的无为和非人类中心主义伦理。道家“齐物论”指出人与其他物种一样，不具有高于其他物种的优越性，只是世界整体的普通一员，是一种“非人类中心”的生态伦理观；所有物种都可以从自己的生存目的出发，选择有利于自身存在的适用对象，强调物种平等。道家无为强调人类要安守本分，以完全自然的状态去生存，不妄为是指不对其他物种和自然界本身妄加干涉。所以应通过各种渠道突出道家的无为、不妄为、齐物论的“非人类中心”思想，实现人与自然的平等互动和自然资源可持续发展。

第二，贯彻道法自然和与自然和谐共处生态观。道家文化具有明显的系统性特征，道、天、地、人相互依赖，相互联系，四者缺一不可；道家强调人与万物、人与自然的和谐相处，而不是人与人、人与社会的和谐，或者将人与人的和谐优于人与物的和谐。道家注重让自然万物以自己固有的方式生存和发展，同时不能将自己的主观价值强加于自然，要尊重自然、尊重万物，遵从自然规律，注重万事万物的自然发展规律，减少人为对自然的过度干预，实现人与自然和谐共生。

（五）生态世界观对评价对象不利后果影响关系假设检验

根据旅游者环境责任行为意愿形成机理结构方程模型路径分析，研究假设 H5“生态价值观对评价对象不利后果有显著正向影响”的标准化路径系数为 0.338，C. R. 值为 5.657 大于 1.96，p 值为 0.000 小于 0.001，具有统计上的显著性，表示假设 H5 成立，说明对人与自然的关系、生态平衡和生态危机的认识显著影响着旅游发展所带来的负面影响。结合访谈资料，假设 H5 成立的原因如下：

第一，对人与自然关系和生态平衡的强烈关注。随着中国生态文明建设工作的持续推进，“绿水青山就是金山银山”的理念已深入人心，人与自然相互依赖，相互依存，尽管人类有着特殊能力，但仍受自然规律的支配，生态文明建设与经济建设同等重要，经济发展不能以牺牲自然环境为代价。同时，各类物种具有平等地位和均等发展机会，自然界是一个有机联系的生态系统，任何一种物种缺位或丧失发展机会都将破坏生态平衡。

第二，对增长极限和生态环境危机的清晰认识。地球就像空间和资源有限的宇宙飞船，有其承载的极限，过度利用自然资源和侵占空间不仅破坏了生态平衡，也势必带来新一轮的环境灾难，产生新的生态危机。目前的环境问题均来自人类的不当行为，所以人们应该看到地球资源和空间的有限性，通过合理利用资源和空间来实现自身的发展，同时在旅游过程中通过约束自身的不当行为，使自身对生态环境的负面影响最小化，进而减少或避免生态环境危机的发生，来实现自然资源的有效利用和可持续发展。

据此，促进旅游者环境责任行为意愿的策略为：

第一，强化绿水青山就是金山银山的生态文明理念。习近平提出的生态文明建设实质上是面对资源约束趋紧、环境污染严重的积极响应，所以必须树立“绿水青山就是金山银山”的理念，坚持节约资源和保护环境的基本国策，统筹山水林田湖草系统治理，形成绿色发展方式和生活方式。积极履行环境负责任行为，将尊重自然、顺应自然、保护自然的生态文明思想落实到旅游情景中，推进旅游目的地与生态旅游景区的健康发展，最终实现人与自然和谐共处的终极目标。

第二，加强增长的极限和生态环境灾难的环境教育。环境问题未引起人们的重视主要源于环境知识不足和环境意识不强。所以应该通过各种宣传渠道和环境教育途径，让人们认识到地球母亲所面临的承载压力和资源的有限性，将人类的发展诉求限制在地球承载范围之内。所以应该贯彻执行“绿水青山就是金山银山”的生态文明观和可持续发展理念，通过环境教育增加游客的环境知识和提高环境保护意识，进而激发游客的亲环境行为，最终减少或避免生态环境灾难的发生。

（六）评价对象不利后果对减少威胁感知能力影响关系假设检验

根据旅游者环境责任行为意愿形成机理结构方程模型路径分析，研究假设 H6“评价对象不利后果对减少威胁感知能力有显著正向影响”的标准化路径系数为 0.518，C. R. 值为 8.987 大于 1.96，p 值为 0.000 小于 0.001，具有统计上的显著性，表示假设 H6 成立，说明当旅游者意识到由于旅游活动中没有采取亲环境行为造成景区环境污染和资源破坏的程度越高，他们越容易表现出对于环境问题不利后果的自我责任感。结合访谈资料，假设 H6 成立的原因如下：

第一，旅游活动产生负面环境影响的深刻认识。随着人们生活水平的提高，旅游活动成为人们追求精神享受和精神消费的重要方式。伴随着旅游者人数的大幅上升和旅游资源开发力度的不断加大，旅游活动造成的环境问题日益凸显，其中游客不当行为是造成诸多环境问题的主要原因，特别是旅游者不文明旅游行为对环境造成的负面影响已引起了社会各界的广泛重视，对旅游者不文明旅游行为进行纠正和限制已成为旅游资源可持续利用的社会共识。

第二，不负责任旅游造成不良后果的环境意识。环境问题往往源于人类的不当行为，对于旅游景区而言，旅游者不当旅游行为容易导致水体和垃圾污染，以及地质地貌、植被和文化古迹等旅游资源的破坏，大量游客涌入会对景区生态环境造成巨大威胁和冲击，甚至导致景区环境的恶化。幸运的是，随着景区环境恶化程度加深，人们已经认识到这些不良后果均来自游客的不负责任旅游行为，因此强化旅游者环境责任行为意识，实现游客对生态景区的环境影响最小化。

据此，促进旅游者环境责任行为意愿的策略为：

第一，提高旅游行为导致不利后果的意识水平。旅游目的地或景区环境问题是长期积累的结果，有一定的时滞性，造成环境污染和资源破坏的旅游者往往难以亲眼看到自身不当行为对景区环境造成的负面影响，或者低估自身不当行为对环境造成的危害，所以应该通过游前教育、游中引导和游后总结的方式，提高游客不当行为造成景区不利后果的环境意识水平，促使游客对旅游景区环境真正负责任。

第二，持续培养旅游者负责任行为的环境意识。旅游者对环境缺乏关爱和对自然缺乏敬畏之心是造成旅游景区环境恶化和资源破坏的原因之一。所以应该通过多种渠道的宣传教育和旅游解说系统引导，增加游客的环境知识并提高游客环境意识水平，培养游客尊重大自然、敬畏大自然的环境意识，使其认识到景区环境问题来自游客对环境不负责任的行为，负责任的环境行为能减少景区环境污染以及将旅游活动对景区环境的负面影响降到最低，使游客认识到对环境的负责任行为是保证旅游资源永续利用的核心手段。

（七）减少威胁感知能力对环保行为责任感影响关系假设检验

根据旅游者环境责任行为意愿形成机理结构方程模型路径分析，研究假设 H7“减少威胁感知能力对环保行为责任感有显著正向影响”的标准化路径系数为 0.153，C. R. 值为 3.160 大于 1.96，p 值为 0.002 小于 0.01，具有统计上的显著性，表示假设 H7 成立，说明旅游者对不负责任旅游环境行为所造成环境问题的负责任感知，激活了旅游者环保行为责任感。结合访谈资料，假设 H7 成立的原因如下：

第一，对环境问题进行自我归因的高度责任。造成环境问题的原因来自多方面，旅游景区环境问题可能来自景区投资者不当的开发建设、自然灾害、居民和旅游者的不当行为等。一旦环境问题出现，各相关主体普遍会外部归因，认为自身行为与环境问题没有必然联系。但通过张掖七彩丹霞景区调研发现旅游者具有自我归因的高度意识和责任，认为环境问题源自每一位旅游者，游客要为景区环境污染和环境恶化负责任，这为景区环境负责任行为规范功能的发挥奠定了基础。

第二，对环境保护集体行动逻辑的深入认识。环境保护需要集体行动，每个人都要做到对环境负责任才能实现最终环境保护目标。但在旅游景区环境保护的实际过程中，很多游客抱着“搭便车”的心理状态，认为其他游客都做到了对景区环境负责任，一个人的不负责任行为不会产生太大影响，但“搭便车”的心理普遍存在，大家都觉得环境保护是其他人的事情，自己不需要对环境负责任，结果便会出现“公地悲剧”。所以坚持每个游客均要为景区环境负责任，避免“搭便车”心理激活了旅游者环保行为责任感。

据此，促进旅游者环境责任行为意愿的策略为：

第一，引导旅游者对环境问题进行内部归因。按照管理心理学的归因理论，当人们成功时自己经常会内部归因，突出自身的能力；但当失败时会经常外部归因，强调非自身原因导致的结果。所以当环境问题出现时经常会出现外部归因，行为主体均不愿承认自身的不当行为造成的不良后果。因此，在旅游者游览活动过程中，应该通过环境教育和环境危害事例讲解，引导旅游者对环境问题进行内部归因，使其认识到不当旅游行为对景区环境造成的负面影响，进而约束其对环境不负责任旅游行为。

第二，克服旅游者景区环保行动“搭便车”心理。景区环境保护是旅游者集体行动的结果，克服“搭便车”心理便能保证每个旅游者共同为景区环境保护做出贡献。因此，首先通过旅游者环境保护教育，使游客认识到个体对于集体的重要性，没有个体的努力贡献，景区环境保护的集体行动势必不能实现，集体行动中每个个体不可或缺。其次，加强对搭便车者的监督管理。通过导游、其他游客和景区工作人员的监督管理，纠正游客对环境不负责任行为，改变其“搭便车”心理，为景区环境保护集体行动做出贡献。

（八）环保行为责任感对环境促进行为意愿影响关系假设检验

根据旅游者环境责任行为意愿形成机理结构方程模型路径分析，研究假设 H8“环保行为责任感对环境促进行为意愿有显著正向影响”的标准化路径系数为 0.124，C. R. 值为 2.697 大于 1.96，p 值为 0.007 小于 0.01，具有统计上的显著性，表示假设 H8 成立，说明旅游者环保行为道德责任感对高努力程度的旅游者环境促进行为意愿具有显著影响。结合访谈资料，假设 H8 成立的原因如下：

第一，对环境负面影响最小化的道德义务感。按照规范 – 激活理论，当游客认识到旅游不当行为对景区环境产生不良后果，同时感知到产生不良后果的责任归因于自身时，便会表现出避免某种行为的强烈道德义务感。因此，出于强烈的道德责任感和义务感，游客会努力避免从众心理，基于自身原则实现对旅游景区环境的负面影响最小化和避免对景区环境的破坏，进而影响旅游者参加志愿者活动、关注环境话题、帮助他人学习环境保护知识以及向景区管理部门报告不当旅游行为的行为意愿。

第二，对采取环境责任行为的正确价值判断。环境问题源自人类的不当行为，每个游客都要共同为其不当旅游行为造成的景区环境污染和资源破坏等不良后果承担相应责任，进而激活旅游者环境责任行为规范。环境责任行为是指游客自觉表现出环境友好的行为，并尽量减少对环境的负面影响；它是解决景区环境问题的重要手段，游客已经认识到环境友好行为的正确性和必要性，在持有正确价值判断基础上，愿意保护景区环境并表现出环境责任行为。

据此，促进旅游者环境责任行为意愿的策略为：

第一，增强旅游者景区环境负面影响最小化的道德责任。中国文化情景下的旅游者应该坚持传统“天人合一”的生态伦理，信奉人与自然和谐相处的环境伦理信念；同时应该坚持最小错误原则，当人类旅游活动与景区生态环境保护发生冲突，且当游客为了追求自身的身心愉悦不愿意放弃游览机会时，应该使游客在旅游活动过程中对景区环境的负面影响尽可能降低到最小，引导游客为景区环境负责任，增强游客减少环境危害的道德责任感。

第二，提高游客景区环保意识和对环境负责任感知水平。游客环保意识不强以及对自身不当行为产生的危害认识不足仍是制约游客履行环境责任行为的关键因素。所以应该多渠道进行环保宣传，丰富游客环保知识，提高环保认知和环境责任感；同时持续完善景区旅游解说系统，通过警示牌、忠告牌和指引牌等解说标识系统以及景区电子地图和智能导引，全面提高游客的环保意识。另外，通过不断提高服务质量，增强游客与旅游地之间的情感依恋程度，提高游客对环境责任的感知水平进而自觉保护景区环境。

（九）环保行为责任感对环境遵守行为意愿影响关系假设检验

根据旅游者环境责任行为意愿形成机理结构方程模型路径分析，研究假设 H9“环保行为责任感对环境遵守行为意愿有显著正向影响”的标准化路径系数为 0.290，C.R. 值为 5.734 大于 1.96，p 值为 0.000 小于 0.001，具有统计上的显著性，表示假设 H9 成立，说明旅游者环保行为责任感对低努力程度的旅游者环境遵守行为意愿具有显著影响。结合访谈资料，假设 H9 成立的原因如下：

第一，对环境负面影响最小化的道德责任规范。人们已经认识到自然是人类生存与发展的资源本底，人类与自然密不可分，与自然和谐相处是人类的明智之举。当人类旅游活动与自然产生明显冲突与矛盾时，出于对自然环境的负责任以及遵循人与自然和谐相处的环境伦理道德，人类会尽可能减少自身旅游活动对自然环境的影响，并将这种对环境负面影响最小化行为责任和道德伦理上升为行为规范，以约束旅游活动中对环境不负责任的行为。

第二，对环境负责任行为知识积累和能力感知。环境问题的出现源于行为主体环境知识的缺乏，受访旅游者通过接受环境教育以及实地游览过程对景区自然生态和资源成因有着深入了解，同时对自身行为影响景区自然生态和资源保护有着较强的感知能力，对环境责任行为的意义和价值认识较为深刻；正是基于环境责任行为知识的积累和对环境责任行为较强的感知能力，旅游者会自觉表现出环境遵守行为意愿。

据此，促进旅游者环境责任行为意愿的策略为：

第一，严格落实景区旅游者环境责任行为规范。随着旅游者环境责任行为概念的不断成熟，旅游景区应该围绕旅游者环境责任行为内涵与外延建立相关规范，针对不乱扔垃圾、遵守景区环保规定、学习自然资源和文化遗产资源保护知识，以及劝止破坏景区环境等常规活动，来制定科学的环境责任行为规范，并通过宣传引导，促使旅游者环境责任行为规范的落实与实施，实现人与生态环境的和谐共处。

第二，引导旅游者切实履行环境责任行为义务。旅游者环境责任行为是指旅游者在旅游过程中自觉遵守生态景区行为规范、志愿减少对自然资源的负面影响，以及在旅游活动中的其他志愿行为；这些行为并非法律规定或强制的结果，而是旅游者基于环境问题认识以及对环境负责任行为信念的道德义务感。所以通过宣传教育和引导，激发旅游者亲环境行为道德责任感，鼓励游客发挥其主观能动性，从内心深处自觉、自愿表现出亲环境行为，履行环境责任行为义务。

（十）环境责任行为态度对环境促进行为意愿影响关系假设检验

根据旅游者环境责任行为意愿形成机理结构方程模型路径分析，研究假设 H10“环境责任行为态度对环境促进行为意愿有显著正向影响”的标准化路径系数为0.092，C.R. 值为1.911小于1.96，p值为0.056大于0.05，统计上不显著，表示假设 H10 不成立，说明尽管旅游者对自身表现出环境责任行为是一种积极评价，但旅游者没有表现出高努力程度的环境促进行为意愿。结合访谈资料，假设 H10 不成立的原因如下：

第一，旅游者环境责任行为正向态度强度较弱。旅游者对环境责任行为态度的表达是正向的，说明游客的判断相同，但态度有强弱之分，存在强度差异，同样的态度，强度大的更容易引起环境责任行为。由于旅游者对环境责任行为的重要性认识不够深入，以及并不认为环境责任行为能有效解决旅游目的地或景区的环境问题；或者受其他不遵守景区环保规范游客的影响，对环境责任行为的理解与实践产生冲突，降低了环境责任行为态度强度，致使游客未表现出高努力程度的环境责任行为。

第二，旅游者环境责任行为态度情感成分不足。态度是较为复杂的系统，包含认知成分和情感成分，实证研究显示情感成分对行为意愿和行为的影响程度高于认知成分。目前旅游者对环境责任行为的认识集中在认知层面，集中于对环境责任行为的评价性总结和对环境责任行为的立场与看法，尚未从认知层面上升到情感层面，没有对环境责任行为产生情感依恋和情感认同，情感对行为意愿较高的影响作用尚未发挥，所以对环境促进行为影响不显著。

据此，促进旅游者环境责任行为意愿的策略为：

第一，增强旅游者环境责任行为正向态度强度。为了提高旅游者对环境责任行为正向态度的强度，首先应该使游客认识到景区环境问题来自人类的不当行为，而环境责任行为是保证区域旅游经济增长和旅游景区可持续协同发展的重要手段，突出其重要性；其次，在增加环境行为保护知识的基础上引导游客身体力行表现出环境责任行为，同时鼓励游客接受环境责任行为，将环境责任行为上升到游客环保经验高度，坚定环境责任行为信念，增强环保行为确定性并强化记忆。

第二，增加旅游者环境责任行为态度情感成分。环境责任行为对于协调旅游目的地或景区旅游经济发展和环境保护具有重要意义，所以应通过各种渠道让人们全面了解自然对人类的重要性以及人类不当行为对自然造成的各种危害，对自然环境产生忧虑感、亲近感和热爱感，对不负责任的环境行为产生愧疚感和厌恶感，对负责任的环境行为产生赞赏感和自豪感，进而从道德情感层面约束不负责任环境行为的出现，鼓励和支持游客表现出负责任的环境行为。

（十一）环境责任行为态度对环境遵守行为意愿影响关系假设检验

根据旅游者环境责任行为意愿形成机理结构方程模型路径分析，研究假设 H11 “环境责任行为态度对环境遵守行为意愿有显著正向影响” 的标准化路径系数为 0.284，C. R. 值为 5.394 大于 1.96，p 值为 0.000 小于 0.001，具有统计上的显著性，表示假设 H11 成立，说明旅游者对自身表现出环境责任行为的积极评价促使其表现出环境遵守行为意愿，但态度的强度和情感成分存在缺陷，不足以促使旅游者表现出环境促进行为意愿。结合访谈资料，假设 H11 成立的原因如下：

第一，对环境责任行为的积极评价与正向判断。随着社会的不断进步，传统的通过门票涨价、限制客流等手段来实现景区环境保护已暴露出明显缺陷。旅游者作为旅游活动的主体和旅游环境保护的施动者，其能否履行环境责任行为对于目的地或景区可持续发展至关重要。旅游过程中表现出对旅游目的地或景区环境负责任行为是有益的、正确的和明智的，这是人们对于旅游活动造成环境问题的经验性和总体性评价，对西北地区旅游可持续发展意义深远。

第二，对环境责任行为的坚定信念与价值认同。环境责任行为是促进旅游产业发展和生态环境保护的重要推手。旅游者环境责任行为强调游客在旅游活动中减少自然资源的利用、减少对环境的负面影响和不干扰生态系统，同时促进自然资源的可持续利用，为环境保护和生态保育作出贡献。环境责任行为体现了人们对环境负责任的坚定信念，其与中国的生态文明建设思想基本吻合，符合中国传统“天人合一”的伦理价值观念，在中国文化情景下形成了广泛的价值认同。

据此，促进旅游者环境责任行为意愿的策略为：

第一，积累环境责任行为经验和树立正确的价值观念。态度是长期经验积累的结果。环境责任行为作为一种新理念，需要一个认识、执行和加深认识的过程，所以应积极宣传环境责任行为，鼓励游客积极表现出环境责任行为，并及时对环境责任行为效应进行总结和宣传，让游客认识到环境责任行为对解决旅游目的地或景区环境问题的正面影响和积极效果，不断积累环境责任行为经验；同时树立环境责任行为价值观念，实现旅游者环境责任行为履行与经验积累的良性循环。

第二，培养环境责任行为意识和坚持科学的环境信念。环境责任行为是人与自然良性互动的重要体现，其蕴含了西方生物中心论和中国传统“天人合一”与“道法自然”的生态伦理。所以应该注意培养游客负责任的环境意识，引导其适度利用自然资源，尽可能减少对环境的负面影响，以及积极补偿自身不当行为对环境带来的不利后果，维持人与自然的和谐关系。同时应该坚信环境责任行为是一种科学的环保理念，对环境责任行为产生良好环境效益充满信心。

（十二）主观规范对环境促进行为意愿影响关系假设检验

根据旅游者环境责任行为意愿形成机理结构方程模型路径分析，研究假设 H12“主观规范对环境促进行为意愿有显著正向影响”的标准化路径系数为 0.672，C. R. 值为 11.955 大于 1.96，p 值为 0.000 小于 0.001，具有统计上的显著性，表示假设 H12 成立，说明旅游者表现出环境责任行为时感知到的社会压力促使其表现出较高努力程度的环境促进行为意愿。结合访谈资料，假设 H12 成立的原因如下：

第一，对环境责任行为坚定的规范信念。人是社会性动物，其行动不仅受自身个体因素的影响，也受社会环境因素的制约，其中对自己重要的他人或团体是影响个体行动的重要因素。如果游客预期到亲朋好友期望自己表现出环境责任行为，出于社会压力更有可能履行环境责任行为。随着生态文明建设步伐的加快，“绿水青山就是金山银山”成为人类对待自然环境的基本态度和集体信念，所以人们自身不仅会表现出环境负责任行为，也希望亲近的人履行环境责任行为义务。

第二，对环境责任行为动机的顺从意向。期望价值理论认为个体完成任务的动机是由他对这一任务成功可能性的期待和对这一任务所赋予的价值决定的。由于环境责任行为不需要特定资源和机会，完全取决于自身意愿，所以成功的可能性较大；同时环境责任行为是环境约束趋紧背景下的可持续发展的重要手段，意义重大。基于价值的重要性和成功的可能性，旅游者会乐意顺从亲朋好友希望其表现出环境责任行为意向。

据此，促进旅游者环境责任行为意愿的策略为：

第一，引导社会大众形成环境责任行为集体信念。环境污染和资源破坏造成社会公害，直接影响着社会大众的健康和生活，而环境问题的解决有赖于社会大众的集体信念和集体行动，否则环境问题不可能得到有效遏制。所以应该通过环境教育培养社会大众的环保意识、通过道德教化将减少污染变为当事人的自觉行动、通过提供信息形成良好的环境友好社会，引导社会大众形成环境责任行为集体信念，鼓励社会大众表现出环境责任行为集体行动。

第二，激发旅游者环境责任行为动机和顺从意向。首先，基于环境责任行为集体信念的正向引导和激发功能，个体会自觉遵从亲朋好友等对他重要的个人和团体的期望，表现出环境责任行为意愿。其次，加强对环境不负责任行为的监督和约束，通过对旅游者不当环境行为的媒体曝光、现场劝止和惩罚等方式增加其社会压力，使其产生自责和不被社会群体认可等方式促使其遵从大多数参照群体的想法，进而激发旅游者遵守动机和顺从意向。

（十三）主观规范对环境遵守行为意愿影响关系假设检验

根据旅游者环境责任行为意愿形成机理结构方程模型路径分析，研究假设 H13“主观规范对环境遵守行为意愿有显著正向影响”的标准化路径系数为 0.552，C. R. 值为 10.335 大于 1.96，p 值为 0.000 小于 0.001，具有统计上的显著性，表示假设 H13 成立，说明旅游者表现出环境责任行为时感知到的社会压力促使其表现出较低努力程度的环境遵守行为意愿。结合访谈资料，假设 H13 成立的原因如下：

第一，个体预期履行环境责任行为的强烈期望。随着旅游活动对旅游地环境的消极影响日益突出，旅游者环境责任行为成为旅游目的地环境管理的最佳实践。旅游过程中游客履行环境责任行为能保持景区的生态环境不受破坏；同时环境责任行为作为一种个体意志行为，履行与否完全取决于自身意愿，不受其他因素的影响，预期成功实现的可能性较大。因此，基于较高的效价和期望值，个体预期履行环境责任行为的期望较为强烈，促进了环境遵守行为意愿的形成。

第二，履行环境责任行为示范作用和解说引导。旅游者表现出环境责任行为的社会压力不仅来自对自己重要的他人或团体，也来自特定情境下的示范性规范和指令性规范。首先，旅游者在旅游过程中受周边游客环境责任行为的榜样示范作用，产生从众心理自觉表现出环境责任行为；其次，景区通过旅游解说系统说明游览过程中必须对环境负责任，赞许环境责任行为而反对环境不负责任行为，进而促进环境遵守行为意愿的出现。

据此，促进旅游者环境责任行为意愿的策略为：

第一，通过宣传和教育提高环境责任行为效价。效价是指一项工作能带给行为主体满足程度的评价，即工作的有用性评价。环境责任行为的有用性或价值集中在公共领域，个体不容易察觉，同时环境责任行为效果具有时滞性，可能降低行为主体的满足程度。所以应该通过多种渠道进行宣传和教育，使人们明确和理解环境责任行为对于社会经济可持续发展的重要意义，从社会公共领域角度考虑该行为的有用性，同时将公共领域价值与个体利益相结合，对环境责任行为的价值进行全面评价，最终促使旅游者履行环境责任行为。

第二，通过榜样和指令形成环境责任行为规范。首先，利用示范性规范鼓励游客在旅游过程中表现出环境责任行为，通过榜样示范增加游客违反环境责任行为规范的社会压力；同时邀请社会知名人士担任环境保护大使，通过公益广告和自媒体等途径宣传环境保护知识，提高公众环境保护意识。其次，通过导游讲解、忠告牌等形式完善指令性规范，将人们的注意力由旅游情境下可以如何做转向应该怎么做，同时指令性规范可以激发人们在旅游情境下的环境责任行为动机，而受他人影响。

（十四）评价对象不利后果对环境责任行为态度影响关系假设检验

根据旅游者环境责任行为意愿形成机理结构方程模型路径分析，研究假设 H14“评价对象不利后果对环境责任行为态度有显著正向影响”的标准化路径系数为 0.128，C. R. 值为 2.661 大于 1.96，p 值为 0.008 小于 0.01，具有统计上的显著性，表示假设 H14 成立，说明旅游者对环境不负责任行为造成的环境污染和资源破坏影响着旅游者对环境责任行为的认识以及总体评价。结合访谈资料，假设 H14 成立的原因如下：

第一，不利后果引导环境责任行为正确价值判断。在自然区域旅游活动过程中，对环境不负责任的旅游行为造成旅游目的地或景区环境污染、资源破坏和交通拥堵等诸多不良后果，不良后果危害让人们开始反思自身的不当行为。在对旅游者不负责任环境行为价值判断的基础上，游客认识到环境责任行为的必要性和正确性，并坚信环境责任行为能有效避免不良后果，进而形成了稳定的、具有正确价值判断的环境责任行为态度。

第二，不利后果促使环境责任行为积极理性选择。旅游活动带来的环境问题导致诸多不利后果，而环境问题多来自旅游者不负责任的环境行为，游客认识到妥善处理旅游过程中产生的垃圾，遵守景区的环境准则，甚至愿意约束其他游客的不友好环境行为的环境责任行为成为规避不利后果的必要手段，是处理人与自然关系的明智选择，不利后果促使人们对环境责任行为进行积极正向评价。同时通过监管和限制游客数量来减轻环境压力策略违反了经济理性原则，因而环境责任行为成为景区可持续发展的理性选择。

据此，促进旅游者环境责任行为意愿的策略为：

第一，提高环境不负责任造成环境危害的意识水平。目前旅游活动过程中出现诸如垃圾污染、环境破坏和交通拥堵等一系列环境问题，对旅游目的地或景区生态环境产生严重威胁和挑战，而这些环境问题造成的危害均来自旅游者对环境的不负责任行为。所以应该通过各种渠道进行宣传教育，提高游客的意识水平，使游客认识到景区环境危害产生的根源，约束自身不当行为，增加环境责任行为的认识强度，最终表现出稳定的环境责任行为态度。

第二，强化履行环境责任行为环保意义和行为信念。环境责任行为是环境保护的一剂良药，对于旅游目的地或景区环境保护与生态可持续利用具有重要意义。履行环境责任行为体现出游客遵循了生物中心论的最小错误原则，将自身对环境的负面影响降到最低，是对环境负责任的重要方式。更为重要的是，当游客认识到环境责任行为对景区环境保护意义重大，以及自己履行环境责任行为较为容易时，有助于增强环境责任行为信念，进而形成环境责任行为态度的积极评价。

（十五）评价对象不利后果对主观规范影响关系假设检验

根据旅游者环境责任行为意愿形成机理结构方程模型路径分析，研究假设 H15“评价对象不利后果对主观规范有显著正向影响”的标准化路径系数为0.368，C.R. 值为7.280大于1.96，p值为0.000小于0.001，具有统计上的显著性，表示假设 H15 成立，说明旅游者对环境不负责任行为造成的环境污染和资源破坏影响着旅游者表现出环境责任行为时感知到的社会压力。结合访谈资料，假设 H15 成立的原因如下：

第一，不利后果增强了旅游者环境责任行为规范信念。旅游活动造成的环境污染和资源破坏，导致生态旅游景区环境恶化等不利后果频繁出现，引起了人们的广泛关注，旅游者在开始反思自身不当行为带来不利后果的同时环境保护集体信念不断增强，不仅要求自己旅游活动过程中表现出对环境负责任，也希望和自己亲近的人也表现出对环境负责任的行为，这种共同信念促使旅游者在旅游活动过程中能感受到环境责任行为期望，最终促使旅游者表现出环境责任行为。

第二，不利后果激发了旅游者环境责任行为顺从动机。旅游活动造成的环境不利后果促使人们产生了深刻的环保道德责任感和义务感，而环境责任行为作为环境保护行动的重要方式对维持景区生态环境意义重大，突出了行为的有用性；同时履行环境责任行为对旅游者而言较为容易，突出了可能性，以及旅游者对环境责任行为的共同信念增强了履行环境责任行为的社会压力。因此，在有用性、可能性和社会压力的共同作用下，激发了旅游者环境责任行为的顺从动机和行为意向。

据此，促进旅游者环境责任行为意愿的策略为：

第一，通过不利后果反思坚定环境责任行为规范信念。由于旅游者的旅游活动具有流动性和暂时性，旅游者对环境的不当行为造成的不利后果缺乏直观感受，认识不到自身不当行为带来的一系列危害。所以应通过游前环境教育和游后经验总结，对自身不当行为进行反思，形成对环境负责任的集体意识，在自身履行环境责任行为的同时，也鼓励和引导亲朋好友表现出环境责任行为，从而坚定环境责任行为规范信念。

第二，利用不利后果危害引导环境责任行为顺从动机。旅游者对环境的不负责任行为可能导致环境污染、资源破坏、交通拥堵和破坏生态平衡，影响人与自然的和谐关系。人们应该对这些不利后果危害进行全面评价，在此基础上形成全民集体环保意识，让保护环境、人人有责理念深入人心，要求每个人都应该对环境负责任，也应该引导和鼓励他人履行环境负责任行为，让游客自觉、自愿顺从环境责任行为动机，并形成较为稳定的预期行为意向。

（十六）主观规范对环保行为责任感影响关系假设检验

根据旅游者环境责任行为意愿形成机理结构方程模型路径分析，研究假设H16“主观规范对环保行为责任感有显著正向影响”的标准化路径系数为0.178，C. R. 值为3.573大于1.96，p值为0.000小于0.001，具有统计上的显著性，表示假设H16成立，说明旅游者表现出环境责任行为时感知到的社会压力促使旅游者表现出对环境负责任的道德责任感。结合访谈资料，假设H16成立的原因如下：

第一，对旅游活动中环境责任行为的自我认同。旅游活动对自然资源和自然环境带来的负面影响不容小觑，旅游者积极履行环境责任行为是实现旅游经济增长和旅游目的地或景区可持续发展的重要手段。随着环境问题和环境危机的增多，人类开始反思自身不当行为对环境造成的诸多危害，人们开始对环境产生一定的情感关联，随着情感关联的深入以及人们之间信息的广泛传递，形成了旅游者在旅游活动过程中对环境责任行为的心理趋同和自我认同，进而表现出环保行为责任感。

第二，基于旅游活动中环境责任行为道德规范。自然以及自然环境对人类生存与发展至关重要，旅游活动中人类是否采取对环境负责任行为涉及旅游目的地或景区能否可持续发展。旅游者环境责任行为是人们对景区环境“善”与“友好”的重要体现，是人与环境和谐相处的道德标准，违反环境道德标准的行为，会受到社会舆论压力和自身良心的谴责。因此，环境责任道德行为是自觉采取的亲环境行为，环境责任行为道德规范是一种内化了的环境责任行为规则，并深刻影响着环保行为责任感。

据此，促进旅游者环境责任行为意愿的策略为：

第一，强化旅游者环境责任行为自我认同。旅游活动带来的环境问题影响着旅游目的地的可持续发展以及景观资源的永续利用。所以游客作为旅游活动的施动者应该结合个人旅游经历对环境危害进行系统性反思，建立环境问题与旅游活动不当行为之间的联系，游客依据个体旅游活动经验进行反思，进而理解自我，最终强化旅游者对环境责任行为的心理趋同和自我认同，激发旅游者环保行为道德责任感。

第二，树立旅游者环境责任行为道德规范。旅游活动对旅游地环境带来的负面影响日趋显著，这与旅游者的不当行为造成的环境困境密切相关。旅游者环境责任行为促使游客遵守景区的环境准则，甚至愿意约束其他游客的不友好环境行为，是对环境负责任伦理道德的重要表现。因此，旅游者环境责任行为体现了游客与自然环境相互作用的道德标准，对环境负责任是人与环境和谐相处的道德准则，树立旅游者环境责任行为道德规范有助于促进旅游者环保行为道德责任感。

（十七）减少威胁感知能力对预期情感影响关系假设检验

根据旅游者环境责任行为意愿形成机理结构方程模型路径分析，研究假设 H17“减少威胁感知能力对预期情感有显著正向影响”的标准化路径系数为 0.445，C. R. 值为 7.489 大于 1.96，p 值为 0.000 小于 0.001，具有统计上的显著性，表示假设 H17 成立，说明对景区环境问题的自我归因能激发旅游者不做出对环境负责任行为的消极情感和做出对环境负责任行为的积极情感。结合访谈资料，假设 H17 成立的原因如下：

第一，对景区环境问题强烈的责任主体意识。景区环境问题主要有垃圾污染、乱刻乱画、踩踏地貌、攀爬山体、破坏植被以及不遵守景区相关规定的其他行为，这些行为均来自游客的不负责任环境行为或不文明旅游行为，游客是造成景区环境问题的源头和主体。庆幸的是游客作为景区环境问题责任主体的观点得到受访群体的一致认可，对于每个游客均要为或共同为景区环境问题负责任的观点已达成共识，这有助于激发游客对环境负责任的内生情感。

第二，对景区环境问题后果责任的忧患意识。游客对环境不负责任行为导致了景区环境问题，而环境问题影响景区旅游可持续发展。基于对景区环境问题不利后果和责任归属的深层次认知，游客对景区环境问题产生了心灵深处的触动和明显的忧患意识，其环境心理从认知开始上升到情感，社会心理因素的增强使得旅游者解决环境问题的诉求更为强烈，同时对环境问题的忧患意识和忧虑情感成为驱动游客表现出对环境负责任行为的核心要素。

据此，促进旅游者环境责任行为意愿的对策有：

第一，强化责任主体意识形成情感共鸣。人是旅游活动的主体，是造成景区环境污染和自然破坏的责任主体和施动者，也是景区环境保护的主体，是保证景区旅游体验质量和可持续发展的责任主体，游客的双重责任主体地位必然要求其承担更多责任和履行更多义务。所以通过强化游客双重责任主体意识，在明确游客责任和义务的同时，通过引导和教育使其产生人与自然的情感共鸣，从认知和情感双重心理因素驱动环境责任行为意愿的形成。

第二，释放后果忧患意识满足情感诉求。目前的环境教育和环境解说主要集中于环境认知层面，忽视了忧患意识和忧虑情感的诉求与表达，旅游者对环境污染问题造成的心灵震撼和产生的情感因素关注较少。所以应该积极释放游客对于环境问题产生的忧患意识和忧虑情感，通过环境忧虑感和对环境不负责任行为的厌恶感、愧疚感，以及对环境负责任行为的赞赏感和自豪感来满足其情感诉求，顺利发挥情感对行为意愿的激发功能。

（十八）预期情感对环保行为责任感影响关系假设检验

根据旅游者环境责任行为意愿形成机理结构方程模型路径分析，研究假设 H18“预期情感对环保行为责任感有显著正向影响”的标准化路径系数为 0.265，C. R. 值为 5.704 大于 1.96，p 值为 0.000 小于 0.001，具有统计上的显著性，表示假设 H18 成立，说明游客对环境不负责任行为的内疚情感和对环境负责任行为的自豪情感激活了环保行为的道德义务感。结合访谈资料，假设 H18 成立的原因如下：

第一，对环境不负责任的预期内疚感激活了环保行为规范。随着环境知识的不断积累，以及对环境问题和环境危机认识程度的不断加深，旅游者对环境问题理解从认知层面的积累上升到情感层面，产生忧虑情感和忧患意识。当游客认识到旅游目的地和景区环境问题来自自身的不负责任行为，最终对自然资源和生态环境产生了不良后果，就会后悔自身的不当行为，产生懊悔和内疚情绪，甚至陷入深深的自责中不能自拔，这种情绪促使游客对景区环境负面影响最小化，激活了环保行为规范。

第二，对环境负责任的预期自豪情感激活了环保行为规范。环境责任行为对景区可持续发展意义重大，它是游客坚持生态伦理信念和高水平环境素养的重要体现。游客表现出环境责任行为会受到他人的尊敬和赞许，赢得社会的认可和表扬。所以旅游者在景区旅游过程中履行环境责任行为时，会感受到强烈的愉悦感和兴奋感，并产生深深的自豪感和情感共鸣，这种愉悦自豪情感会带给旅游者精神层面的极大满足，基于这种预期而做出对环境负责任的行为，最终激活游客环保行为规范。

据此，促进旅游者环境责任行为意愿的对策有：

第一，利用内疚负面情感激活道德责任感。旅游活动带来环境问题的凸显触动了人们的心灵和造成人们内心的震撼，并表现出明显的环境忧虑情感。当人们意识到对环境不负责任行为是令人羞愧的，产生行为厌恶感和内疚感，内疚、羞愧和负罪情感会让游客产生强烈的认知失调，导致其心理上的痛苦，为了减少这种心理承诺和行为之间的失调和矛盾感，游客会调整行为模式，表现出对环境保护的道德责任感，进而履行环境责任行为。

第二，利用自豪正面情感引导环保义务感。旅游者发生旅游活动的重要动机就是对自然美的追逐，要保持自然美就需要人们共同对环境负责任。出于人对自然的亲近感和热爱感，人们表现出对优美自然环境如痴如醉的爱慕，会有效引导游客产生环保义务感。游客履行环境责任行为会受到他人的赞赏和认同，并经情绪感染使他人也自愿表现出环境责任行为，而因被赞赏和认同使行为主体产生自豪感和满足感，进一步强化了环境责任行为。

第七章

旅游者环境责任行为意愿形成机理研究结论与启示

第一节　旅游者环境责任行为意愿形成机理研究结论

一、环境价值观对生态世界观有部分显著影响

根据施瓦茨（Schwartz，1994）的价值观理论，环境价值观主要包括生物价值观、利他价值观、利己价值观 3 个维度，本书结合中国文化情境将人地和谐观纳入环境价值观，探索性因子分析结果显示环境价值观解释总方差由 63.669% 上升到 65.842%，说明在中国文化情境下人地和谐观是环境价值观的重要组成部分；进一步采用验证性因子分析发现，环境价值观是由生物价值观、利他价值观、利己价值观和人地和谐观组成的一阶四因子模型。随后根据价值 - 信念 - 规范理论探讨了环境价值观对生态世界观的影响。

第一，生物价值观对生态世界观有显著正向影响。根据旅游者环境责任行为意愿形成机理结构方程模型路径分析，生物价值观对生态世界观有显著正向影响（$\beta=0.253$，$p<0.001$），表明对于自然环境的关注有利于增进人与自然和谐关系认知。旅游者对自然环境和自然资源的强烈关注，以及持有物种平等和与自然和谐一致的价值观念，对人与自然关系感知的科学信念具

有积极作用。

第二，人地和谐观对生态世界观有显著正向影响。根据旅游者环境责任行为意愿形成机理结构方程模型路径分析，人地和谐观对生态世界观有显著正向影响（$\beta = 0.382$，$p < 0.001$），表明天人合一和道法自然生态伦理观念有利于提高人与自然关系认知水平。旅游者受传统天地万物共存共荣、天人合一、众生平等和遵循自然规律、顺应自然规律等生态伦理思想的影响，表现出控制自己私欲，持有自然保护生态伦理价值观念，对人与自然关系感知的科学信念具有积极作用。

第三，利他价值观对生态世界观影响不显著。根据旅游者环境责任行为意愿形成机理结构方程模型路径分析，利他价值观对生态世界观影响不显著（$\beta = 0.180$，$p > 0.05$），表明仅对人类福利的关注不利于增加人与自然和谐关系认知水平。旅游者受人类中心主义取向的影响，对人类与其他物种不能做到一视同仁，主要关注人类自身福利而忽视其他物种的福利和生存发展诉求，表现出人类福利优先的价值观念，所以对生态世界观影响不显著。

第四，利己价值观对生态世界观影响不显著。根据旅游者环境责任行为意愿形成机理结构方程模型路径分析，利己价值观对生态世界观影响不显著（$\beta = 0.081$，$p > 0.05$），表明旅游者只关心自己行为选择的成本与收益不利于提高人与自然关系认知水平。由于旅游者更关注自己私利而很少关注环境，将自身利益凌驾于其他物种之上，强调对自然的征服和控制，谋求主导和影响他人，私欲的扩张和膨胀必将自然生态置于次要位置，对人与环境联系感知不强烈，所以对生态世界观影响不显著。

二、生态世界观对评价对象不利后果有显著正向影响

根据旅游者环境责任行为意愿形成机理结构方程模型路径分析，生态世界观对评价对象不利后果有显著正向影响（$\beta = 0.338$，$p < 0.001$），表明对人与自然和谐关系认知水平有利于提高不当行为带来的不利后果认知。旅游者在生态文明建设过程中能正确地看待人与自然的关系和生态平衡的重要性，对增长极限和人类活动造成的生态危机有了清晰认识，认可并接受旅游活动过程中的不当行为对环境带来诸多负面影响，使旅游者对环境不负责任行为

产生的不利后果有清醒认知。

三、评价对象不利后果对减少威胁感知能力有显著正向影响

根据旅游者环境责任行为意愿形成机理结构方程模型路径分析，评价对象不利后果对减少威胁感知能力有显著正向影响（$\beta=0.518$，$p<0.001$），表明旅游者对环境不利后果有利于形成环境问题责任归属。旅游者已经认识到大众旅游活动产生的一系列负面环境影响，特别是旅游者不当旅游行为造成的旅游资源破坏和旅游目的地生态环境恶化，旅游者在反思基础上进行内部归因，认识到环境保护需要集体行动，每个人都应该为环境问题承担责任。

四、减少威胁感知能力对预期情感有显著正向影响

根据旅游者环境责任行为意愿形成机理结构方程模型路径分析，减少威胁感知能力对预期情感有显著正向影响（$\beta=0.445$，$p<0.001$），表明旅游者对环境危害的内部归因有利于产生显著情感认同。旅游者对旅游目的地资源破坏和生态环境恶化的自我归因，会产生自责感和明显的忧患意识，旅游者对环境问题的认识从认知层面上升到情感层面，进而产生对环境负责任行为的积极情感和对环境不负责任行为的消极情感。

五、减少威胁感知能力对环保行为责任感有显著正向影响

根据旅游者环境责任行为意愿形成机理结构方程模型路径分析，减少威胁感知能力对环保行为责任感有显著正向影响（$\beta=0.153$，$p<0.01$），表明旅游者对环境问题的自我归因有助于景区环保行为道德责任感的形成。旅游者对旅游目的地资源破坏和生态环境恶化的内部归因，使其对环境问题产生了高度责任感和道德义务感，形成了旅游活动过程中对环境负面影响最小化的道德规范和科学判断，对于强化旅游者环境责任行为的道德责任有积极作用。

六、预期情感对环保行为责任感有显著正向影响

根据旅游者环境责任行为意愿形成机理结构方程模型路径分析，预期情感对环保行为责任感有显著正向影响（$\beta = 0.265$，$p < 0.001$），表明旅游者预期积极的自豪情感和消极的内疚情感有利于形成旅游者环保行为道德责任感。旅游者对旅游活动带来的环境问题产生忧虑情感和忧患意识，当其预期到对景区不负责任会产生懊悔和内疚情绪，会陷入后悔自责中；而对环境负责任会产生强烈的愉悦感和兴奋感，这种愉悦自豪情感会给旅游者带来极大的精神满足，激发环境责任行为道德责任感。

七、评价对象不利后果对环境责任行为态度有显著正向影响

根据旅游者环境责任行为意愿形成机理结构方程模型路径分析，评价对象不利后果对环境责任行为态度有显著正向影响（$\beta = 0.128$，$p < 0.01$），表明不负责任旅游行为造成的环境危害使人们认识到环境责任行为的重要性和必要性，形成对环境责任行为的积极评价。旅游者对旅游活动造成的资源破坏和环境污染进行了深刻反思，认识到通过遵守景区环保规范以及约束自身的不当环境行为才能有效规避旅游活动造成的不利后果，进而对环境责任行为形成客观认识，对其产生正向评价具有积极作用。

八、评价对象不利后果对主观规范有显著正向影响

根据旅游者环境责任行为意愿形成机理结构方程模型路径分析，评价对象不利后果对主观规范有显著正向影响（$\beta = 0.368$，$p < 0.001$），表明旅游活动带来的不利后果引起了人们的反思，环境责任行为成为社会环保规范，社会环保规范对旅游者履行环境责任行为形成社会压力。由于旅游者对旅游活动带来的不良后果有了深刻认识，环境负责行为作为减少或规避不良后果的手段成为社会公众集体信念，社会集体信念成为促使旅游者履行环境责任行为的社会压力，对主观规范有积极作用。

九、主观规范对环保行为责任感有显著正向影响

根据旅游者环境责任行为意愿形成机理结构方程模型路径分析，主观规范对环保行为责任感有显著正向影响（$\beta=0.178$，$p<0.001$），表明个体履行环境责任行为感知到的社会压力对旅游者环保行为道德义务感有积极正向影响。旅游者在旅游活动过程中对环境负责任成为一种社会集体信念时，旅游者受重要人物影响或迫于社会压力倾向于履行环境责任行为，而这种社会集体信念对旅游者形成避免环境破坏的道德义务感和约束自身行为使其负面影响最小化的道德责任感具有积极作用。

十、环保行为责任感对环境责任行为意愿有显著正向影响

由于学界对旅游者环境责任行为意愿维度划分存在分歧，所以本书以旅游景区为研究情境，结合成熟量表对旅游者环境责任行为意愿维度构成进行了研究；探索性因子分析结果，结合行为意愿努力程度差异，将旅游者环境责任行为意愿划分为环境遵守行为意愿和环境促进行为意愿 2 个维度，验证性因子分析结果显示二者之间不存在高阶因子。

根据旅游者环境责任行为意愿形成机理结构方程模型路径分析，环保行为责任感对环境遵守行为意愿（$\beta=0.290$，$p<0.001$）和环境促进行为意愿（$\beta=0.124$，$p<0.01$）均有显著正向影响，表明旅游者环保行为道德责任感既能对较低努力程度的环境遵守行为产生显著正向影响，也对较高努力程度的环境促进行为产生显著正向影响。旅游者环境友好行为认知、避免景区环境破坏的道德义务感和环境负面影响最小化的道德责任感均对旅游者环境遵守行为意愿和环境促进行为意愿产生显著的积极作用。

十一、环境责任行为态度对环境责任行为意愿有部分显著影响

根据旅游者环境责任行为意愿形成机理结构方程模型路径分析，环境责任行为态度对环境遵守行为意愿（$\beta=0.284$，$p<0.001$）有显著正向影响，而对环境促进行为意愿（$\beta=0.092$，$p>0.05$）影响不显著，表明对环境责

任行为的积极评价和价值认同能促使旅游者表现出较低程度的环境遵守行为意愿，但不能表现出较高努力程度的环境促进行为意愿。当旅游者认同、理解景区环境负责任行为，认为该行为是正确的，产生强烈的愉悦感时，旅游者更愿意学习景区环保知识，并愿意鼓励他人遵守景区环保规定，对低努力程度的环境遵守行为产生重要的积极作用；但由于环境责任行为态度强度不足以及情感因素的缺乏，对更高努力程度的环境促进行为意愿作用不显著。

十二、主观规范对环境责任行为意愿有显著正向影响

根据旅游者环境责任行为意愿形成机理结构方程模型路径分析，主观规范对环境遵守行为意愿（$\beta=0.552$，$p<0.001$）和环境促进行为意愿（$\beta=0.672$，$p<0.001$）均有显著正向影响，表明旅游者履行环境责任行为感受到的社会压力对较低努力程度的环境遵守行为意愿和较高努力程度的环境促进行为意愿均产生显著正向影响。旅游者预期到对自己重要的个人或团体对其应该执行环境责任行为抱有期望，并表现其出顺从期望的意向时，对旅游者环境遵守行为意愿和环境促进行为意愿均有显著积极作用。

第二节　旅游者环境责任行为意愿形成机理的理论启示

本研究以旅游者环境责任行为意愿形成机理为研究目标，在全面整合计划行为理论和价值－信念－规范理论基础上，增加了独具中国文化特色的人地和谐观和预期情感因素，从认知、情感视角构建了旅游者环境责任行为意愿形成机理理论模型。文章以张掖国家地质公园七彩丹霞景区为实证研究区域，对理论模型进行了实证检验，研究结果显示旅游者环境责任行为意愿形成机理理论模型具有较强的解释能力，具有较高的理论贡献。

一、计划行为理论和价值－信念－规范理论应用

由于国内旅游者环境责任行为研究成果较少，且描述性研究比例较高，

解释性研究也主要从社会心理学视角探讨旅游者环境责任行为，主要通过认知、情感因素探索旅游者环境责任行为影响机制或形成机制，较少使用管理学或行为学理论，在理论应用方面稍显不足，不利于旅游者环境责任行为理论体系的丰富和深化。本研究在全面梳理旅游者环境责任行为内涵、影响因素和影响机制基础上，应用计划行为理论和价值-信念-规范理论来探索旅游者环境责任行为形成机理，一方面丰富了旅游者环境责任行为理论框架和知识体系，另一方面拓宽了计划行为理论和价值-信念-规范理论的实践区域和应用情境，特别是国内很少有学者应用价值-信念-规范理论来探讨中国文化情境和旅游情境下的环境责任行为。本书综合应用计划行为理论和价值-信念-规范理论揭示了中国文化情境下的旅游者环境责任行为意愿，为旅游者环境责任行为理论体系的丰富和深化提供了新视角。

二、计划行为理论和价值-信念-规范理论整合

整合是发展理论的方法之一。本书在全面梳理旅游者环境责任行为意愿影响因素和机制的基础上，将较为成熟的计划行为理论和价值-信念-规范理论进行全面整合，同时通过增加人地和谐观和预期情感因素，构建了旅游者环境责任行为意愿形成机理理论模型。具体而言，运用价值-信念-规范理论基础上将环境价值观划分为生物价值观、利己价值观、利他价值观和人地和谐观 4 个维度，将旅游者环境责任行为意愿划分为环境遵守行为意愿和环境促进行为意愿 2 个维度。最终形成了生物价值观/利己价值观/利他价值观/人地和谐观→生态世界观→评价对象不利后果→减少威胁感知能力→预期情感→环保行为责任感→旅游者环境遵守行为意愿/旅游者环境促进行为意愿因果链模型；同时将计划行为理论中的环境责任行为态度、主观规范和感知行为控制整合进因果链模型，构建了包含认知因素和情感因素的旅游者环境责任行为意愿形成机理理论模型，实证研究结果显示整合模型具有较强的解释能力。

三、旅游者环境责任行为形成机制理论拓展与修正

本研究主要使用计划行为理论和价值-信念-规范理论开展相关研究，

但并非简单的应用和整合，而是结合研究情境及实证检验检验结果对理论进行了拓展与修正。首先，研究围绕价值－信念－规范理论中环境价值观各维度划分，创新性结合中国文化情境，将独具中国文化特色的人地和谐观纳入环境价值观范畴，实证研究结果显示人地和谐观不仅是环境价值观的维度之一，同时对生态世界观的路径系数大于其他各维度，说明在中国文化情境下本土化变量的作用机理更为明显。其次，由于计划行为理论是理性行为理论的拓展，二者在不同情境下的优越性争论一直存在；本研究直接应用计划行为理论构建了整合模型，实证研究结果显示在整合模型和旅游情境下，感知行为控制对旅游者环境责任行为意愿影响不显著，这主要与旅游者环境责任行为属于意志力控制范畴有关，游客在旅游活动过程中，采取环保行动不需要额外的资源和机会，是否采取个体环保行为完全取决于自身。研究结论说明在旅游者环境责任行为意愿形成机理理论模型中，理性行为理论优于计划行为理论。最后，按照预期情感因素基本构成，预期情感因素包括预期自豪情感和预期内疚情感 2 个维度，本研究初始理论模型便使用预期情感的二维划分构建了理论模型。但实证数据显示，在中国文化情境下预期情感因素为单维变量，其表现为自豪和内疚交织的复合情感，这与西方预期情感因素的爱、憎具有明显区分，存在显著差异。

第三节　旅游者环境责任行为意愿形成机理的管理启示

一、坚持自然环境优先原则，形成关爱环境价值观念

鉴于生物价值观在旅游者环境责任行为意愿形成机理中的积极作用，应该重点培养旅游者关爱环境价值观念。一方面，利用学校教育培养学生生物价值观，通过增设环保类课程，定期举行环保讲座，以及将《寂静的春天》《文明与伦理》《沙郡年鉴》《尊重自然：一种环境伦理学理论》和《瓦尔登湖》等经典环境著作作为学生必读书目，培养学生的热爱自然、保护自然、尊重自然，以及与自然和谐相处的生态环境伦理观念；也可以通过研学旅行、户外生物认知等活动加强学生对自然环境和生物种群的直观认识和了解，将

书本知识与自然现实相链接，提高学生的自然环境认识水平。另一方面，利用社会教育培养游客善待自然和关爱自然理念，通过影视传媒、电视广告等形式多渠道传播人与自然的密切联系，使人们认识到人与自然的生命共同体关系，人类必须尊重自然、顺应自然、善待自然，坚持自然环境优先原则，承认对自然的过度利用或者伤害必将伤害人类本身；同时也可以通过参观自然博物馆、地质地貌博物馆、天文博物馆和动植物博览园，增加人们对水文水体、地质地貌、气候气象、生物生境形成与演变的认识和理解，进而产生敬畏自然、保护自然、关爱自然的生态伦理价值观念。

二、遵循天地万物共存共荣，确立道法自然价值理念

鉴于人地和谐观在旅游者环境责任行为意愿形成机理中的积极作用，应该着重强化旅游者天人合一、道法自然的生态伦理观念。一方面，结合人们深受中国传统文化的熏陶与影响，对传统生态环境伦理思想认可度较高、形成了较为成熟的生态伦理规范，所以政府和旅游相关部门应注重新时代背景下人地和谐观对人与自然关系的构建。通过图片、音乐、诗词等途径突出道家天地万物共存共荣普遍规律，尊重万物本性以及万物平等，同时强调道、天、地、人的天人合一自然观，要求人们顺应自然、遵从自然规律，控制自己私欲，注重自然保护，尽可能减少自身行为对大自然的破坏。另一方面，利用国学进课堂、进校园、进社区和进工厂的机会，通过文化名人对传统生态伦理思想的深入解读和生动讲解，突出道家注重自然万物以自己固有的方式生存和发展，人类不应该将自己的主观价值强加于自然，要尊重自然、尊重万物，按照自然规律办事，减少人为对自然的过度干预，实现人与自然的和谐共生；同时将道家、儒家和佛家思想解读和讲解视频在自媒体平台共享，扩大传统文化的影响力和覆盖范围，引导游客尊重自然规律，提升环保意识和环保理念。

三、重视非人类福利与权利，改变人类中心主义理念

鉴于以人类为中心的利己价值观和利他价值观在旅游者环境责任行为意愿形成机理中作用不明显，应该着力于改变人类中心主义价值理念，形成人

与其他物种平等的生态环境伦理观念。一方面，应通过多渠道环境教育使人们认识到人是地球生命共同体中的成员之一。人与地球其他生物成员具有相同的、平等的资格，共同享有大自然的恩赐（泰勒，2010）。在人类出现之前，地球上的各个物种之间就已经建立了一种相互适应、相互依赖的关系，人类的出现没有使各种物种生存条件变好，而是相反，所以人不具有超越地球生命共同体中其他生物的特殊资格。假如地球承载能力达到极限，需要有物种退出，按照先到先得原则，退出的也应该是人类。另一方面，应通过参观自然博物馆和自然保护区，使人们对人与自然的关系有直观感受，自然对人类的重要性不言而喻，但人类对自然来讲可有可无，人类不能将自己的利益凌驾于其他物种之上，人类应该尊重自然、爱护自然、遵循自然规律，按照各物种的固有规律行事，避免人为对自然环境的干扰；同时坚持物种平等的原则，将非人类福利与权利和人类福利与权利等同，改变人类中心主义错误理念。

四、提高生态环境危机认知，坚持人与自然和谐共处

鉴于生态世界观在旅游者环境责任行为意愿形成机理中的积极作用，应着力提高人与自然关系认识水平，实现旅游过程中的人与自然和谐共生。一方面，应该正确认识人与自然的关系。通过自然教育和环境教育，要使人们认识到人与自然相互联系、相互依存、相互渗透的紧密关系，人与其他物种均是自然界的重要组成部分，人与自然界各种物种地位平等。尽管人类认识自然、改造自然的能力不断增强，但仍应遵守自然规律，当人类违背自然规律，打破自然内部的平衡或破坏人与自然的关系，遭受自然的报复在所难免。同时也应认识到地球资源的有限性，应将人类对资源的利用控制在地球可承受范围之内，否则人类将遭受严重的环境灾难。另一方面，应认识到自然对旅游活动的重要作用。通过宣传教育使游客认识到自然界不仅为人类提供了可供游览的旅游吸引物，同时旅游过程中的吃、住、行、游、购、娱无一不与自然界发生着密切联系；在旅游活动过程中对环境不负责任便会造成资源破坏和环境污染，不仅使旅游业失去发展的基础，而且会导致严重的生态环境危机。所以应该将人类活动产生的负面影响限制在自然环境可承受范围之内，尊重自然、遵循自然规律，提高旅游者生态环境危机意识，最终实现人

与自然和谐共处。

五、增强不当行为后果意识，坚定旅游环境行为信念

鉴于评价对象不利后果在旅游者环境责任行为意愿形成机理中的重要作用，应让游客认识到自身对环境不负责任行为带来的各种环境问题和生态环境危害，树立坚定的环境责任行为信念。一方面，利用各种旅游专业媒体宣传旅游活动对环境带来的负面影响。通过视频、图片以及专题报告的形式使游客认识到旅游活动耗费大量能源会导致全球变暖、产生废弃物以及环境污染，同时部分旅游者的不当行为会导致损坏植被、破坏资源和打扰野生动植栖息地等诸多负面影响，对旅游目的地环境污染和生态退化产生巨大威胁。另一方面，利用旅游前教育和游览过程中引导使游客认识到不当旅游行为带来的危害。通过游览前引用典型负面环境案例分析与讲解，如被游客踩踏破坏的地貌需要 60 年甚至更长时间才能恢复，使游客在进入景区前便意识到自己不当行为会对环境产生负面影响，同时遭受到社会舆论的谴责和批评；在游览过程中导游员或讲解员应该强调丹霞地貌的脆弱性以及恢复过程的长期性，同时在行进过程中持续用语言进行引导，坚定旅游者环境责任行为信念，减少或避免游客发生环境不负责任行为。

六、引导环境问题自我归因，促使环保行为集体行动

鉴于减少威胁感知能力在旅游者环境责任行为意愿形成机理中的重要作用，应让游客认识到目前景区存在的环境问题来自自身的不当行为，树立环保行为集体行动信念。一方面，人们应该认识到目前的社会环境问题与人类的不当行为密不可分。通过环境教育、环境警示图片、环保公益广告等途径使社会公众认识到目前主要社会环境问题，如雾霾横行，极端天气和沙尘暴频发等环境危机均与人类不当行为有关，人与自然作为生命共同体，人类对自然的过度利用和不当开发必将带来严重的环境危机，所以人类在避免或减缓环境问题和环境危机方面扮演着重要作用。另一方面，应让游客认识到目前景区环境问题均来自旅游者的不当行为。通过新闻媒体、导游讲解和旅游解说系统引导，使游客认识到旅游过程中对环境不负责任会引起环境污染和

资源破坏，以及对景区生态环境造成巨大冲击，甚至导致景区环境恶化。同时也要让游客认识到环境保护需要集体行动，解决旅游目的地环境问题需要每个游客表现出对环境负责任的集体行动，克服游客在景区环境保护过程的“搭便车”心理，避免出现公地悲剧。

七、强化环保行为道德义务，建立环境责任行为规范

鉴于环保行为责任感在旅游者环境责任行为意愿形成机理中的重要作用，应强化游客对旅游目的地环境保护的道德关怀，逐步建立旅游者环境责任行为规范。一方面，应增强旅游目的地环境影响最小化的道德责任。通过环境伦理教育和道德素质教育，使游客接受人与自然和谐相处的环境伦理信念，自愿在旅游过程中表现出环保友好行为，即使当游客旅游需求与环境保护发生冲突时，也应该使游客对环境的负面影响降到最低，或者使环境负面影响最小化。同时引导游客在旅游过程中形成独立的环保行为价值观念，克服从众心理，坚持旅游活动过程中对环境负责任。另一方面，提高游客环境责任行为感知水平。通过景区之外的电视、网络、视频媒体多渠道环保宣传和景区之内的警示牌、广告牌和解说牌等解说系统宣传，丰富游客环境保护知识，全面提高游客环保意识和环保责任感，激发游客环保行为道德义务感和道德责任感。另外，通过不断提高景区服务质量，增强游客与旅游目的地之间的情感依恋，提高旅游者环境责任感知水平和建立环境责任行为规范。

八、增加态度强度情感积累，科学评价环境责任行为

鉴于环境责任行为态度在旅游者环境责任行为意愿形成机理中的重要作用，应加深游客对环境责任行为的认识，通过增加态度强度和情感共鸣，科学评价环境责任行为。一方面，应该积极评价环境责任行为并增强环境责任行为态度。通过导游讲解和旅游解说系统的积极引导，使游客认识到对环境不负责任带来的各种环境危害，使其认识到环境责任行为的重要性和必要性；同时，通过旅游从业者与游客互动、交流，了解游客对于环境问题和自身关系的看法和观点，然后针对游客持有观点的错误方面进行纠正，最终促使游客对环境责任行为形成正确认识。另一方面，应该积极培养旅游者对环境责

任行为的情感认同。通过相关媒体报道和导游介绍负面环境事件案例，分析事件发生的过程和不利后果，激发游客对不当行为产生环境问题的谴责和愤怒情绪，进而对景区自然环境产生忧虑感、亲近感和热爱感，对环境不负责任行为产生内疚感和罪恶感，对环境负责任行为产生尊敬感和自豪感，从情感道德层面约束不负责任环境行为的出现，最终达到对环境责任行为的认同和接受。

九、提升社会压力感知强度，激发环保行为动机意愿

鉴于主观规范对旅游者环境责任行为意愿的显著正向影响，表明旅游者感知到的社会压力有助于激发旅游者环保行为动机意向。一方面，应形成旅游环境责任行为集体信念。通过传播沟通、现场展示、培训讲座和导游讲解，使遵守旅游目的地环境保护规定、减少环境负面影响以及对环境表现出友好行为等行为规范成为游客集体信念。一旦对环境负责任成为游客环境保护集体信念，集体中大多数人会重视环境、关爱环境，游览过程中表现出环境责任行为，作为个体便会按照从众原则，主动与群体保持一致，通过群体规范激发环境责任行为动机意向。另一方面，应增强环境不当行为社会舆论压力。通过新闻媒体传播教育和社会营销等手段，使社会大众了解环境不负责任行为事件发生的经过和产生的危害，同时结合环保专家观点形成对环境负责任的社会舆论导向，通过社会舆论压力迫使游客表现出环境责任行为。如踩踏张掖七彩丹霞地貌视频曝光后受到了社会各界的广泛关注，人们在感慨大自然的馈赠时又被游客不当环境行为所激怒，谴责和批评之声不绝于耳，肇事者在巨大的社会舆论压力下赴公安机关自首，并愿意接受处罚。因此，应该营造良好的环境不当行为监督氛围，提升社会压力感知强度，激发游客环境责任行为意愿。

十、拓宽社会舆论监督范围，树立环保行为道德规范

鉴于主观规范和环保行为责任感在旅游者环境责任行为意愿形成机理中的重要作用，应该通过社会舆论监督增加社会压力，促使游客形成环保行为责任感，最终表现出环境责任行为意愿。一方面，应增加曝光环境不当行为

的概率。通过引导新闻媒体记者、旅游者、景区从业人员等相关人员共同监督环境不当行为，形成全民监督环境不当行为的氛围，并鼓励以视频、图片等形式对环境不当行为进行曝光，扩大社会监督范围和不当环境行为被曝光的概率。当游客意识到其对环境不当行为被曝光的可能性越大，出于爱面子的需要，其发生环境不当行为的概率会降低；同时通过批评教育应该使游客认识到对环境不负责任违反了环境伦理道德，环境责任行为是环境伦理道德的重要体现形式。另一方面，应建立环境不当行为监督惩罚机制。按照人的行为是其所获刺激函数原理，旅游相关管理部门应通过立法、建立惩罚机制来约束游客的环境不当行为。为了保护自然和文化资源，针对环境不当行为颁布法律来规范对环境的危害行为，或者通过建立环境不当行为黑名单，以全国旅游景区联网的形式将违反景区规定的游客排除在景区之外，通过剥夺其旅游权利的形式对其予以惩罚，进而纠正游客对环境不负责任的不当行为，同时对环境负责任行为进行奖励或塑造成道德标杆，树立环境责任行为道德规范。

十一、内疚情感激活道德规范，促进环境责任行为意愿

鉴于预期情感在旅游者环境责任行为意愿形成机理中的积极作用，应激活游客对环境负责任的预期自豪情感和不负责任的预期内疚情感。一方面，应该培养履行环境责任行为预期自豪情感。通过高质量的解说服务，使游客在互动、感悟中提高对自然美、生态美的环境审美能力，对美好的生态环境产生热爱、向往和亲近感，提高游客对生态环境的心理承诺水平；同时已经形成的环境热爱情感也会移植到其他生态景区，表现出环境责任行为意愿。另外，政府也可以通过传播沟通、社会营销和经济激励，树立环境保护的榜样形象，激发旅游者内心积极情感能量，引导对他人进行赞美和欣赏，促使其形成环境责任行为意愿。另一方面，应该培养履行环境责任行为的预期内疚情感。通过政府营造诸如气候持续恶化、环境危害急剧上升的恐惧诉求，促使旅游者对环境问题产生忧患意识和忧虑情感，进而关注旅游目的地环境问题；同时通过对不当旅游行为曝光、批评教育等途径激发旅游者的耻辱感和内疚感，使旅游者知耻而后勇，对自身不当旅游行为进行调整。最终以保护环境为荣，破坏环境为耻的积极情感态度为导向，形成

环境责任行为意愿。

十二、通过环境保护榜样示范，形成环境责任行为规范

鉴于主观规范在旅游者环境责任行为意愿形成机理中的积极作用，表明对旅游者重要的他人和团体观点对其履行环境责任行为具有重要影响。因此，旅游目的地政府应该充分发挥榜样示范作用，形成环境责任行为规范，引导旅游者表现出环境责任行为。一方面，甘肃省政府或相关部门应该利用著名演员黄轩担任甘肃旅游形象大使（张林涛、王学礼，2018）的机会，充分发挥他在观众心目中良好的形象，邀请黄轩作为甘肃文明旅游或绿色旅游代言人，利用公益广告讲述甘肃生态环境的脆弱性以及旅游资源的稀缺性特征，发出文明旅游和绿色旅游倡议，利用自身影响力和号召力引导游客在旅游过程中表现出环境责任行为；另一方面，通过黄轩亲自示范旅游过程中的环境责任行为规范，将其引导游客按照景区规定线路游览、劝止他人破坏景区地质地貌等环境责任行为拍摄成文明旅游或绿色旅游短视频，在电视、网络平台、社交媒体平台、城市中央广场大屏幕以及景区显示屏循环播放，通过良好示范激发游客表现出环境责任行为。另外，政府部门或景区通过对景区环保典型人物进行奖励和宣传，塑造景区环保行为的正面形象，促使游客对景区环境负责任。

第四节　旅游者环境责任行为意愿形成机理研究创新与研究展望

一、旅游者环境责任行为意愿形成机理研究的创新之处

（一）全面整合计划行为理论与价值 – 信念 – 规范理论的理论模型创新

在已有至少两个理论基础上创造新模型，即整合是发展理论的方法之一（陈晓萍等，2008）。之前的研究成果已开始尝试整合计划行为理论与价值 –

信念－规范理论，但仅选取理论中的一部分变量进行检验或扩展，而将两个理论全面整合成果鲜见。本研究选择计划行为理论与价值－信念－规范理论中的所有变量构建了旅游者环境责任行为意愿形成机理模型，较为全面探索了旅游者环境价值观、环境信念、环保行为责任感、环境责任行为态度和主观规范之间的联系，以及它们对旅游者环境责任行为意愿的影响机制和作用机理。

（二）增加人地和谐观研究环境责任行为意愿的中国本土管理理论创新

旅游者环境责任行为是一个高度情景化的变量，且深受文化的影响（何学欢等，2017）。目前旅游者环境责任行为概念、测量量表和影响机制均以西方文化为背景，由于中国历史和文化发展脉络及特征与西方不尽相同，用西方旅游者环境责任行为研究体系来衡量中国旅游者环境责任行为未免有些“削足适履”。因此，本研究结合旅游者环境责任行为本土化研究不足这一现状，在环境价值观中增加了人地和谐观维度，探索了中国传统文化特有的“天人合一”、道法自然思想对环境责任行为意愿的影响，研究发现人地和谐观对生态世界观的影响效应最强。说明中国旅游者深受传统生态伦理观念的影响，并进一步影响着人们信念和行为，这一研究发现丰富了中国管理本土化研究理论体系。

（三）整合认知、情感因素影响环境责任行为意愿形成的心理机制创新

亲环境行为研究中的心理变量分为认知层面和情感层面两个方面，实证研究发现情感因素对亲环境行为的影响效应大于认知因素（王建明和吴龙昌，2015）。但目前使用的计划行为理论与价值－信念－规范理论均从认知层面研究旅游者环境责任行为，情感因素未受到应有重视。因此，本研究在整合计划行为理论与价值－信念－规范理论构建旅游者环境责任行为意愿形成机理模型的基础上，增加了预期情感构念，研究模型包含了认知和情感两方面因素来研究旅游者环境责任行为意愿，提高了模型的解释力，同时对深入剖析旅游者环境责任行为意愿形成心理机制具有显著促进作用。

（四）选择西北地区研究旅游环境责任行为意愿形成机理实证区域创新

中国国内旅游者环境责任行为研究成果较为缺乏（何学欢等，2017）。目前少量研究成果的实证研究区域主要集中在东南沿海地区以及旅游学术研

究发达地区，实证研究对象主要为湿地公园、国家公园、自然保护区和旅游度假区等区域。但在旅游地生态文明建设的背景下，生态环境更为脆弱的西北旅游目的地既要承担发展区域经济的重任，同时又要发挥全球生态屏障功能，旅游者环境责任行为对西北地区的实践指导价值更强，社会意义更大。因此，本研究选择西北地区张掖国家地质公园七彩丹霞景区为实证研究对象，增强了旅游者环境责任行为实证研究区域尚不全面这一薄弱之处，同时选择地质地貌类旅游景区也丰富了实证研究对象类型。更为重要的是，以西北地区为实证区域研究旅游者环境责任行为意愿提高了游客环境管理的针对性，对西北地区旅游目的地生态文明建设、社会经济可持续发展和国家生态屏障功能发挥具有深远意义。

二、旅游者环境责任行为意愿形成机理研究局限性

（一）实证研究区域具有一定局限性

本研究选择了张掖七彩丹霞景区作为实证研究区域，针对国家地质公园旅游情境进行了旅游者环境责任行为意愿形成机理研究，研究结论对张掖七彩丹霞景区以及地质地貌类景区具有一定的实践指导价值，但对其他类型旅游景区或者非国家地质公园旅游景区的普适性有待进一步验证。同时，中国地域广阔，旅游者环境行为可能存在一定差异，研究结论在其他旅游目的地的适用性有待进一步检验。

（二）模型影响因素具有一定局限性

本书按照计划行为理论和价值－信念－规范理论的逻辑框架构建了旅游者环境责任行为意愿形成机理模型，研究过程中主要选择环境价值观、生态世界观、评价对象不利后果、减少威胁感知能力、预期情感、环保行为责任感、环境责任行为态度、主观规范等影响因素对旅游者环境责任行为意愿的作用机理，其他方面的因素未予考虑；但现实中影响旅游者行为的心理机制较为复杂，影响因素较多，如过去行为、情感过程、动机过程、社会资本等因素均可能对旅游者环境责任行为意愿产生影响，这些问题均有待后续研究进一步深入探讨。

三、旅游者环境责任行为意愿形成机理研究展望

（一）扩大实证研究范围并增加对象类别

由于本书选择了张掖七彩丹霞景区作为实证研究对象，其结论的普适性有待进一步验证。因此，后期研究应该将旅游者环境责任行为的实证研究对象从地质地貌类旅游情境扩大到湖泊（青海茶卡盐湖、青海湖、新疆喀纳斯）、沙漠（宁夏沙坡头、沙湖）、山脉（陕西华山、太白山）等非地质公园旅游情境中，通过对不同实证研究对象的比较分析，检验本研究结论在适用性。同时可以将实证研究区域从甘肃扩展到其他省份，以便进一步提高研究结论的普适性。

（二）结合中国文化情境开展本土化研究

本书研究结论表明，中国文化情境下的旅游者被传统环境伦理思想打上了深深的烙印，且显著影响着人们的信念、规范和行为，所以结合中国文化情境开展本土化研究是未来旅游者环境责任行为研究的主要方向。除了本研究使用的人地和谐观之外，中国传统文化中的集体主义、群体性和节俭意识，这些传统伦理思想对旅游者环境责任行为的影响机理需要在后期研究中予以检验。同时可以将面子、关系等典型中国文化元素变量纳入旅游者环境责任行为意愿形成机理模型，构建具有中国本土特色的旅游者环境责任行为理论模型。

（三）加强情感因素对环境行为影响研究

由于情感因素对亲环境行为的影响效应强于认知因素，所以在研究旅游者环境责任行为影响因素或构建旅游者环境责任行为意愿形成机理模型过程中，应该注重情感因素或增加情感因素成分，以深入探索其对行为的影响机理。情感因素方面，除了本研究所引入的预期情感因素之外，还有敬畏情绪、隐含情感、复合情感、特定情感、积极情感、消极情感、体验情感和责任归属等，后期研究可以将以上情感变量作为自变量或者中介变量探讨其对旅游者环境责任行为的影响效应。

参考文献

一、中文文献

（一）中文专著

［1］保罗·沃伦·泰勒．尊重自然：一种环境伦理学理论［M］．雷毅，等译．北京：首都师范大学出版社，2010.

［2］陈晓萍，徐淑英，樊景立．组织与管理研究的实证方法［M］．北京：北京大学出版社，2008.

［3］杜智敏．抽样调查与 SPSS 应用［M］．北京：电子工业出版社，2010.

［4］高峻．生态旅游学［M］．北京：高等教育出版社，2010.

［5］侯杰泰，温忠麟，成子娟．结构方程模型及其应用［M］．北京：教育科学出版社，2004.

［6］卢纹岱．SPSS for Windows 统计分析［M］．北京：电子工业出版社，2002.

［7］邱政皓．量化研究与统计分析：SPSS（PASW）数据分析范例解析［M］．重庆：重庆大学出版社，2013.

［8］吴明隆．问卷统计分析实务：SPSS 操作与应用［M］．重庆：重庆大学出版社，2010.

［9］吴明隆．结构方程模型：AMOS 的操作与应用［M］．重庆：重庆大学出版社，2009.

［10］谢彦君．旅游研究方法［M］．北京：中国旅游出版社，2018.

［11］徐嵩龄．环境伦理学进展：评论与阐释［M］．北京：社会科学文献出版社，

1999.

［12］徐云杰．社会调查设计与数据分析：从立题到发表［M］．重庆：重庆大学出版社，2011.

［13］张红坡，张海锋．SPSS 统计分析实用宝典［M］．北京：清华大学出版社，2012.

（二）中文学位论文

［1］柏帅蛟．基于计划行为理论视角的变革支持行为研究：以中国军工企业军民融合战略变革为例［D］．成都：电子科技大学，2016.

［2］陈燕仪．澳门人赌博的态度和意向特征之 TRA 和 TPB 理论模型的检验［D］．上海：上海体育学院，2009.

［3］陈奕霏．基于地方理论的古镇游客环境责任行为的影响机制研究：以西塘为例［D］．杭州：浙江工商大学，2017.

［4］傅碧天．城市共享交通行为的公众偏好、影响因素及碳减排潜力研究：以上海为例［D］．上海：华东师范大学，2018.

［5］高键．生活方式对消费行为的绿色转化研究：基于绿色心理路径的多重中介效应检验［D］．长春：吉林大学，2017.

［6］李超．旅游情境下游客酒店低碳消费感知及低碳消费意愿研究：以来杭游客为例［D］．杭州：浙江工商大学，2018.

［7］李华敏．乡村旅游行为意向形成机制研究：基于计划行为理论的拓展［D］．杭州：浙江大学，2007.

［8］李秋成．人地、人际互动视角下旅游者环境责任行为意愿的驱动因素研究［D］．杭州：浙江大学，2015.

［9］李文娟．影响个人环境保护行为的多因素分析：来自武夷山市的调查研究［D］．厦门：厦门大学，2006.

［10］李煜．生态旅游游客行为研究：以北京松山自然保护区为例［D］．北京：北京林业大学，2009.

［11］罗丞．消费者安全食品购买倾向研究：基于福建省的数据分析［D］．福州：福建农林大学，2009.

［12］马丹．环境知觉、环境态度和环境行为的关联性分析［D］．沈阳：东北大学，2013.

［13］毛志雄．中国部分项目运动员对兴奋剂的态度和意向：TRA 与 TPB 两个理论模型的检验［D］．北京：北京体育大学，2001.

［14］芈凌云．城市居民低碳化能源消费行为及政策引导研究［D］．徐州：中国矿业

大学，2011.

［15］沈梦英．中国成年人锻炼行为的干预策略：TPB 与 HAPA 两个模型的整合［D］．北京：北京体育大学，2011.

［16］孙岩．居民环境行为及其影响因素研究［D］．大连：大连理工大学，2006.

［17］王艳芝．影响顾客选择定制产品的因素及机制分析［D］．天津：南开大学，2012.

［18］魏华飞．授权型领导对知识型员工创新行为和创新绩效的影响机制研究［D］．合肥：中国科学技术大学，2018.

［19］温文正．台湾海洋环境教育、海洋环境知识、保护海洋环境态度及行为模式之探讨［D］．高雄：中山大学，2013.

［20］吴剑琳．消费者民族中心主义对购买意愿的影响研究［D］．合肥：中国科学技术大学，2011.

［21］吴幸泽．基于感知风险和感知利益的转基因技术接受度模型研究：以转基因食品为例的实证分析［D］．合肥：中国科学技术大学，2013.

［22］肖爽．基于 TAM/TPB 整合模型的移动广告用户使用动机研究［D］．武汉：武汉大学，2010.

［23］杨冉冉．城市居民绿色出行行为的驱动机理与政策研究［D］．徐州：中国矿业大学，2016.

［24］幺桂杰．儒家价值观、个人责任感对中国居民环保行为的影响研究：基于北京市居民样本数据［D］．北京：北京理工大学，2014.

［25］袁新华．生态旅游者环境态度与行为差异及其绿色营销管理研究［D］．长沙：中南林学院，2005.

［26］曾武灵．滨海生态旅游区游客重游意愿形成机制研究［D］．大连：大连理工大学，2011.

［27］赵明．基于行为意向的环境解说系统使用机制研究［D］．福州：福建师范大学，2010.

［28］周海滨．基于计划行为理论的环境治理研究：以川西少数民族地区为例［D］．合肥：中国科学技术大学，2018.

（三）中文期刊

［1］陈福亮，侯佩旭．国内外生态旅游者的生态意识调查研究：以三亚市南山旅游文化区为例［J］．海南大学学报（人文社会科学版），2005，23（1）：114－117.

［2］陈虎，梅青，王颖超，张博，李爽．历史街区旅游意象对环境责任行为的驱动性研究［J］．中国人口·资源与环境，2017，27（12）：106－116.

[3] 陈玲玲，陈江．国内生态旅游者的生态意识及行为特征调查研究：以南京将军山生态旅游景区为例 [J]．安徽农业科学，2011，39 (22)：13590 – 13593.

[4] 陈楠，乔光辉．大众旅游者与生态旅游者旅游动机比较研究：以云台山世界地质公园为例 [J]．地理科学进展，2010，29 (8)：1005 – 1010.

[5] 程璐，邹瑞雪．基于儒家价值观的农村居民网购行为研究 [J]．商业研究，2015，58 (8)：142 – 148.

[6] 程占红，牛莉芹．基于环境认知的生态旅游者对景区管理方式的态度测量 [J]．人文地理，2016，31 (2)：136 – 144.

[7] 党宁，吴必虎，张雯霞．计划行为还是理性行为：上海居民近城游憩行为研究 [J]．人文地理，2017，32 (6)：137 – 145.

[8] 董军，杨积祥．无为、知止、贵生、爱物：道家生态伦理思想探析 [J]．学术界，2008，23 (3)：202 – 205.

[9] 窦璐．旅游者感知价值、满意度与环境负责行为 [J]．干旱区资源与环境，2016，30 (1)：197 – 202.

[10] 樊杰．“人地关系地域系统”是综合研究地理格局形成与演变规律的理论基石 [J]．地理学报，2018，73 (4)：597 – 607.

[11] 范钧，邱宏亮，吴雪飞．旅游地意象、地方依恋与旅游者环境责任行为：以浙江省旅游度假区为例 [J]．旅游学刊，2014，29 (1)：55 – 66.

[12] 范香花，黄静波，程励．生态旅游地居民环境友好行为形成机制：以国家风景名胜区东江湖为例 [J]．经济地理，2016，36 (12)：177 – 182，188.

[13] 范香花，黄静波，程励，黄卉洁．生态旅游者旅游涉入对环境友好行为的影响机制 [J]．经济地理，2019，39 (1)：225 – 232.

[14] 冯忠垒，谢雄标，严良．社会网络情境下企业绿色行为的形成机制模型：基于社会认知论的社会网络、管理者认知与绿色行为三方互动分析 [J]．生态经济，2015，31 (10)：174 – 179.

[15] 葛米娜．游客参与、预期收益与旅游亲环境行为：一个扩展的 TPB 理论模型 [J]．中南林业大学学报（社会科学版），2016，10 (4)：65 – 70.

[16] 葛岳静．生态旅游与可持续发展 [J]．北京师范大学学报（自然科学版），1998，43 (3)：99 – 101.

[17] 古典，王鲁晓，蒋奖，孙颖，张玥．物欲之蔽：物质主义对亲环境态度及行为的影响 [J]．心理科学，2018，41 (4)：949 – 955.

[18] 郭爱君，毛锦凰．丝绸之路经济带：优势产业空间差异与产业空间布局战略研究 [J]．兰州大学学报（社会科学版），2014，42 (1)：40 – 49.

[19] 何磊．谈生态旅游者的判定、特征及培育 [J]．商业时代，2009，28 (4)：

49 – 50.

［20］何小芊，李超男，许甲甲．龙虎山世界地质公园科普教育的游客感知特征研究［J］．干旱区资源与环境，2018，32（8）：202 – 208.

［21］何学欢，胡东滨，粟路军．境外旅游者环境责任行为研究进展及启示［J］．旅游学刊，2017，32（9）：57 – 69.

［22］何学欢，胡东滨，粟路军．旅游地居民感知公平、关系质量与环境责任行为［J］．旅游学刊，2018，33（9）：117 – 131.

［23］何玮，高明．旅游型新农村的价值提升路径：从游客满意度到环境责任行为［J］．宁波大学学报（人文社科版），2017，30（2）：104 – 108.

［24］贺爱忠，杜静，陈美丽．零售企业绿色认知和绿色情感对绿色行为的影响机理［J］．中国软科学，2013，28（4）：117 – 127.

［25］洪大用．环境关心的测量：NEP 量表在中国的应用评估［J］．社会，2006，26（5）：71 – 92.

［26］洪学婷，张宏梅．国外环境责任行为研究进展及对中国的启示［J］．地理科学进展，2016，35（12）：1459 – 1471.

［27］洪学婷，张宏梅，张业臣．旅游体验对旅游者环境态度和环境行为影响的纵向追踪研究［J］．自然资源学报，2018，33（9）：1642 – 1656.

［28］胡化凯．简论道家思想的生态伦理学意义［J］．自然辩证法通讯，2010，32（1）：70 – 75.

［29］黄静波，范香花，黄卉洁．生态旅游地游客环境友好行为的形成机制：以莽山国家级自然保护区为例［J］．地理研究，2017，36（12）：2343 – 2354.

［30］黄蕊，李桦，杨扬，于艳丽．环境认知、榜样效应对半干旱区居民亲环境行为影响研究［J］．干旱区资源与环境，2018，32（12）：1 – 6.

［31］黄涛，刘晶岚，唐宁，张婷．价值观、景区政策对游客环境责任行为的影响：基于 TPB 的拓展模型［J］．干旱区资源与环境，2018，32（10）：88 – 94.

［32］黄炜，孟霏，徐月明．游客环境态度对其环境行为影响的实证研究：以世界自然遗产地张家界武陵源风景区为例［J］．吉首大学学报（社会科学版），2016，37（5）：101 – 108.

［33］黄雪丽，路正南，Wang Y S（Alex）．基于 TPB 和 VBN 的低碳旅游生活行为影响因素研究模型构建初探［J］．科技管理研究，2013，33（21）：181 – 190.

［34］黄羊山．生态旅游与生态旅游区［J］．地理学与国土研究，1995，11（5）：86 – 92.

［35］黄震方，陈志钢，张新峰．国内外生态旅游者行为特征的比较研究［J］．现代经济探讨，2003，22（12）：71 – 73.

［36］贾衍菊，林德荣．旅游者环境责任行为：驱动因素与影响机理：基于地方理论

的视角 [J]. 中国人口·资源与环境，2015，25 (7)：161－169.

[37] 贾衍菊，孙凤芝，刘瑞. 旅游目的地依恋与游客环境保护行为影响关系研究 [J]. 中国人口·资源与环境，2018，28 (12)：159－167.

[38] 劳可夫，吴佳. 基于 Ajzen 计划行为理论的绿色消费行为的影响机制 [J]. 财经科学，2013，57 (2)：91－100.

[39] 黎建新，王璐. 促进消费者环境责任行为的理论与策略分析 [J]. 求索，2011，29 (10)：78－79，75.

[40] 李玲. 整合生态价值观与计划行为理论预测顾客绿色饭店消费意向 [J]. 生态经济，2016，32 (7)：153－157.

[41] 李明辉，谢辉. 中外生态旅游者动机与行为的比较研究 [J]. 旅游科学，2008，22 (3)：18－23.

[42] 李秋成，周玲强. 社会资本对旅游者环境友好行为意愿的影响 [J]. 旅游学刊，2014，29 (9)：73－82.

[43] 李秋成，周玲强. 感知行为效能对旅游者环保行为决策的影响 [J]. 浙江大学学报（理学版），2015，42 (4)：459－465.

[44] 李文明，殷程强，唐文跃，李向明，杨东旭，张玉玲. 观鸟旅游游客地方依恋与亲环境行为：以自然共情与环境教育感知为中介变量 [J]. 经济地理，2019，39 (1)：215－224.

[45] 李小聪，王惠，孙爱军. 我国资源型企业绿色行为驱动因素研究：基于扎根理论的探索性研究 [J]. 管理现代化，2016，36 (2)：68－70.

[46] 李祝平. 消费者对企业环境责任行为认知维度研究 [J]. 长沙理工大学学报（社会科学版），2013，28 (3)：63－68.

[47] 李燕琴. 生态旅游者识别方法分类与演变 [J]. 宁夏社会科学，2006，24 (5)：131－133.

[48] 李燕琴. 生态旅游者与一般游客行为特征的比较：以北京市百花山自然保护区为例 [J]. 经济地理，2007，27 (4)：665－670.

[49] 李燕琴，蔡运龙. 北京市生态旅游者的行为特征调查与分析：以百花山自然保护区为例 [J]. 地理研究，2004，23 (6)：863－873.

[50] 梁佳，王金叶. 基于结构方程模型的猫儿山国家级自然保护区生态旅游者动机研究 [J]. 西北林学院学报，2013，28 (5)：227－233.

[51] 梁明珠，王婧雯，刘志宏，申艾青. 湿地景区游憩冲击感知与环境态度关系研究：以广州南沙湿地公园为例 [J]. 旅游科学，2015，29 (6)：34－49.

[52] 柳红波. 大学生环境意识与旅游环境责任行为意愿 [J]. 当代青年研究，2016，34 (2)：62－66.

[53] 柳红波，郭英之，李小民．世界遗产地旅游者文化遗产态度与遗产保护行为关系研究：以嘉峪关关城景区为例［J］．干旱区资源与环境，2018，32（1）：189－195.

[54] 柳红波，谢继忠，郭英之．绿洲城市居民休闲场所依恋与环境责任行为关系研究：以张掖国家湿地公园为例［J］．资源开发与市场，2017，33（1）：49－53.

[55] 刘静艳．从系统学角度透视生态旅游利益相关者结构关系［J］．旅游学刊，2006，21（5）：17－21.

[56] 刘毅．论中国人地关系演进的新时代特征："中国人地关系研究"专辑序言［J］．地理研究，2018，37（8）：1477－1484.

[57] 刘贤伟，吴建平．大学生环境价值观与亲环境行为：环境关心的中介作用［J］．心理与行为研究，2013，11（6）：780－785.

[58] 芦慧，刘霞，陈红．企业员工亲环境行为的内涵、结构与测量研究［J］．软科学，2016，30（8）：69－74.

[59] 鹿梦思，王兆峰．生态旅游者行为规律变化与自然环境变化相关性测度研究［J］．资源开发与市场，2018，34（3）：397－402.

[60] 鲁小波，陈晓颖．自然保护区生态旅游健康发展的问题与对策：以辽宁省3处国家级自然保护区为例［J］．林业调查规划，2018，43（5）：93－100.

[61] 鲁小波，李悦铮．从内部矛盾的角度探讨生态旅游的定义、条件和发展阶段［J］．经济地理，2008，28（3）：512－515.

[62] 罗芬，钟永德．武陵源世界自然遗产地生态旅游者细分研究：基于环境态度与环境行为视角［J］．经济地理，2011，31（2）：333－338.

[63] 罗文斌，张小花，钟诚，孟贝，TIMOTHY．城市自然景区游客环境责任行为影响因素研究［J］．中国人口·资源与环境，2017，27（5）：161－169.

[64] 潘丽丽，王晓宇．基于主观心理视角的游客环境行为意愿影响因素研究：以西溪国家湿地公园为例［J］．地理科学，2018，38（8）：1337－1345.

[65] 潘煜，高丽，张星，万岩．中国文化背景下的消费者价值观研究：量表开发与比较［J］．管理世界，2014（4）：90－106.

[66] 潘煜．中国传统价值观与顾客感知价值对中国消费者消费行为的影响［J］．上海交通大学学报（哲学社会科学版），2009，17（3）：53－61.

[67] 潘煌，高丽，王方华．中国消费者购实行为研究：基于儒家价值观与生活方式的视角［J］．中国工业经济，2009，27（9）：77－86.

[68] 彭珂珊．我国水土保持在生态文明建设中的实践与思考［J］．首都师范大学学报（自然科学版），2016，37（5）：58－69.

[69] 彭雷清，廖友亮，刘吉．环境态度和低碳消费态度对低碳消费意向的影响：基于生态价值观的调节机制［J］．生态经济，2016，32（9）：64－67.

［70］彭晓玲．自然遗产地游客环境态度与行为分析：以湖南武陵源风景名胜区为例［J］．中南林业大学学报，2010，30（7）：166－171.

［71］祁秋寅，张捷，杨旸，卢韶婧，张宏磊．自然遗产地游客环境态度与环境行为倾向研究：以九寨沟为例［J］．旅游学刊，2009，24（11）：41－46.

［72］祁潇潇，赵亮，胡迎春．敬畏情绪对旅游者实施环境责任行为的影响：以地方依恋为中介［J］．旅游学刊，2018，33（11）：110－121.

［73］邱宏亮．道德规范与旅游者文明旅游行为意愿：基于 TPB 的扩展模型［J］．浙江社会科学，2016，32（3）：96－103，159.

［74］邱宏亮．基于 TPB 拓展模型的出境游客文明旅游行为意向影响机制研究［J］．旅游学刊，2017，32（6）：75－85.

［75］邱宏亮，范钧，赵磊．旅游者环境责任行为研究述评与展望［J］．旅游学刊，2018，33（11）：122－138.

［76］邱宏亮，周国忠．旅游者环境责任行为：概念化、测量与有效性［J］．浙江社会科学，2017，33（12）：88－98.

［77］邵鹏，安启念．中国传统文化中的生态伦理思想及其当代启示［J］．理论月刊，2014，36（4）：69－72.

［78］盛科荣．壳牌环境责任行为的经济机理及其启示［J］．生态经济，2010，26（9）：146－148.

［79］是丽娜，王国聘．我国大学生旅游者环境意识与行为特征研究［J］．环境科学与技术，2012，35（9）：193－196.

［80］苏勤，钱树伟．世界遗产地旅游者地方感影响关系及机理分析：以苏州古典园林为例［J］．地理学报，2012，67（8）：131－142.

［81］万基财，张捷，卢韶婧，李莉．九寨沟地方特质与旅游者地方依恋和环保行为倾向的关系［J］．地理科学进展，2014，33（3）：411－421.

［82］王德胜．儒家价值观对消费者 CSR 行为意向影响研究［J］．山东大学学报（哲学社会科学版），2014，64（4）：52－61.

［83］王国猛，黎建新，廖水香．个人价值观、环境态度与消费者绿色购买行为关系的实证研究［J］．软科学，2010，24（4）：135－140.

［84］王华，李兰．生态旅游涉入、群体规范对旅游者环境友好行为意愿的影响：以观鸟旅游者为例［J］．旅游科学，2018，32（1）：86－95.

［85］陈平，高鹏，余志高．环境价值观与居民绿色消费行为关系研究［J］．江苏商论，2012，29（8）：18－21.

［86］王建国，杜伟强．基于行为推理理论的绿色消费行为实证研究［J］．大连理工大学学报（社会科学版），2018，37（2）：13－18.

［87］王建明，赵青芳．道家价值观对消费者循环回收行为影响的统计检验［J］．统计与决策，2017，33（18）：119－123.

［88］王建明，吴龙昌．家庭节水行为响应机制研究：道家价值观视域下的 TPB 拓展模型［J］．财经论丛，2016，32（5）：105－113.

［89］王建明，吴龙昌．亲环境行为研究中情感的类别、维度及其作用机理［J］．心理科学进展，2015，23（12）：2153－2166.

［90］王乾宇，彭坚．CEO 绿色变革型领导与企业绿色行为：环境责任文化和环保激情气氛的作用［J］．中国人力资源开发，2018，35（1）：83－93.

［91］王允瑞．“一带一路”背景下西北地区生态文明建设的困境和破解［J］．开发研究，2018，34（4）：27－32.

［92］魏静，方行明，王金哲．环境责任感、收入水平与责任厌恶［J］．财经科学，2018，62（8）：81－94.

［93］温小勇．现代生态文明与中国传统价值观［J］．南京政治学院学报，2013，29（5）：32－35.

［94］武春友，孙岩．环境态度与环境行为及其关系研究的进展［J］．预测，2006，25（4）：61－65.

［95］吴楚材，吴章文，郑群明，胡卫华．生态旅游概念的研究［J］．旅游学刊，2007，22（1）：67－71.

［96］吴章文，胡零云．生态旅游者的心理需求和行为特征研究：以武夷山国家级自然保护区为例［J］．中南林学院学报，2004，24（6）：42－48.

［97］夏凌云，于洪贤，王洪成，鞠永富．湿地公园生态教育对游客环境行为倾向的影响：以哈尔滨市 5 个湿地公园为例［J］．湿地科学，2016，14（1）：72－81.

［98］夏赞才，陈双兰．生态游客感知价值对环境友好行为意向的影响［J］．中南林业大学学报（社会科学版），2015，9（1）：27－32.

［99］谢婷．顾客选择入住绿色饭店的行为意向研究：基于计划行为理论角度［J］．旅游学刊，2016，31（6）：94－103.

［100］向宝惠．加强旅游业生态文明建设，实现美丽中国［J］．旅游学刊，2016，31（10）：5－7.

［101］肖朝霞，杨桂华．国内生态旅游者的生态意识调查研查：以香格里拉碧塔海生态旅游景区为例［J］．旅游学刊，2004，19（1）：67－71.

［102］徐菲菲，何云梦．环境伦理观与可持续旅游行为研究进展［J］．地理科学进展，2016，35（6）：724－736.

［103］徐荣林，王建琼．国内外生态旅游者的旅游动机与行为差异研究：以九寨沟为例［J］．西南交通大学学报（社会科学版），2018，19（3）：71－77.

[104] 杨奎臣，胡鹏辉．社会公平感、主观幸福感与亲环境行为：基于 CGSS2013 的机制分析 [J]. 干旱区资源与环境，2018，32（2）：15-22.

[105] 杨雅莉，李怡林，庄子豪，邱锋露，刘飞翔．生境共生与产业融合视角下的休闲园区规划评价：以南安市海西向阳慢生活示范基地为例 [J]. 台湾农业探索，2018，35（3）：75-60.

[106] 杨智，董学兵．价值观对绿色消费行为的影响研究 [J]. 华东经济管理，2010，24（10）：131-133.

[107] 姚丽芬，龙如银．基于扎根理论的游客环保行为影响因素研究 [J]. 重庆大学学报（社会科学版），2017，23（1）：17-25.

[108] 游敏惠，苗方青，李忆．传统价值观真的会抑制员工建言吗：以儒家价值观为基础 [J]. 天津大学学报（社会科学版），2016，18（6）：487-493.

[109] 余凤龙，黄震方，侯兵．价值观与旅游消费行为关系研究进展与启示 [J]. 旅游学刊，2017，32（2）：117-126.

[110] 余晓婷，吴小根，张玉玲，王媛．游客环境责任行为驱动因素研究：以台湾为例 [J]. 旅游学刊，2015，30（7）：49-59.

[111] 曾菲菲，罗艳菊，毕华，赵志忠．生态旅游者：甄别与环境友好行为意向 [J]. 经济地理，2014，34（6）：182-186.

[112] 张安民，李永文．游憩涉入对游客亲环境行为的影响研究：以地方依附为中介变量 [J]. 中南林业大学学报（社会科学版），2016，10（1）：70-78.

[113] 张海霞，赵振斌．基于行为与态度的生态旅游市场构成研究：以太白山国家森林公园为例 [J]. 旅游学刊，2005，20（5）：34-38.

[114] 张宏，黄震方，方叶林，涂玮，王坤．湿地自然保护区旅游者环境教育感知研究：以盐城丹顶鹤、麋鹿国家自然保护区为例 [J]. 生态学报，2015，35（23）：7899-7911.

[115] 张环宙，李秋成，吴茂英．自然旅游地游客生态行为内生驱动机制实证研究：以张家界景区和西溪湿地为例 [J]. 经济地理，2016，36（12）：204-210.

[116] 张辉，白长虹，李储凤．消费者网络购物意向分析：理性行为理论与计划行为理论的比较 [J]. 软科学，2011，25（9）：130-135.

[117] 张丽霞．生态文明视角下外资企业环境责任行为驱动因素实证研究 [J]. 生态经济，2017，33（12）：97-100.

[118] 张梦霞．绿色购买行为的道家价值观因素分析：概念界定、度量、建模和营销策略建议 [J]. 经济管理，2005，27（4）：34-41.

[119] 张梦霞．实用购买行为的佛家文化价值观因素分析：概念界定、度量、建模和营销策略建议 [J]. 首都经济贸易大学学报，2005，7（3）：14-20.

［120］张茜，杨东旭，李文明．森林公园游客亲环境行为的驱动因素：以张家界国家森林公园为例［J］．地域研究与开发，2018，37（3）：101－106.

［121］张琼锐，王忠君．基于 TPB 的游客环境责任行为驱动因素研究：以北京八家郊野公园为例［J］．干旱区资源与环境，2018，32（3）：203－208.

［122］张圆刚，程静静，朱国兴，刘云霞，余向洋．古村落旅游者怀旧情感对环境负责任行为的影响机理研究［J］．干旱区资源与环境，2019，33（5）：190－196.

［123］张书颖，刘家明，朱鹤，李涛．国外生态旅游研究进展及启示［J］．地理科学进展，2018，37（9）：1201－1215.

［124］张维梅，郎丽琼．湖南省生态旅游者的生态意识调查研究：以长沙市岳麓山景区为例［J］．特区经济，2007，25（11）：194－195.

［125］张永强，蒲晨曦，彭有幸．农民绿色消费意识对其消费行为的影响研究［J］．商业研究，2018，61（7）：168－176.

［126］张玉玲，郭永锐，郑春晖．游客价值观对环保行为的影响：基于客源市场空间距离与区域经济水平的分组探讨［J］．旅游科学，2017，31（2）：1－14.

［127］张玉玲，张捷，张宏磊，程绍文，咎梅，马金海，孙景荣，郭永锐．文化与自然灾害对四川居民保护旅游地生态环境行为的影响［J］．生态学报，2014，34（17）：5103－5113.

［128］钟洁、杨桂华．中国大学生生态旅游者的生态意识调查分析研究：以云南大学为例［J］．旅游学刊，2005，20（1）：53－57.

［129］钟林生．试论生态旅游者的教育［J］．思想战线（云南大学人文社会科学学报），1999，25（6）：39－42.

［130］钟林生，马向远，曾瑜皙．中国生态旅游研究进展与展望［J］．地理科学进展，2016，35（6）：679－690.

［131］钟林生，宋增文．游客生态旅游认知及其对环境管理措施的态度：以井冈山风景区为例［J］．地理研究，2010，29（10）：1814－1821.

［132］钟林生，肖笃宁．生态旅游及其规划与管理研究综述［J］．生态学报，2000，20（5）：841－848.

［133］周玲强，李秋成，朱琳．行为效能、人地情感与旅游者环境责任行为意愿：一个基于计划行为理论的改进模型［J］．浙江大学学报（人文社会科学版），2013，29（12）：1－11.

［134］朱梅．基于多样本潜在类别的旅游者生态文明行为分析：以苏州市为例［J］．干旱区资源与环境，2016，35（7）：1329－1343.

［135］朱梅，汪德根．旅游生态效率优化中旅游者参与的困境及出路［J］．旅游学刊，2016，31（10）：11－13.

[136] 朱梅，汪德根．旅游地生态文明形象感知的测度与差异：基于不同行为类型旅游者比较 [J]. 西南师范大学学报（自然科学版），2018，43（8）：44-51.

（四）中文报纸

[1] 崔晶．《世界旅游经济趋势报告（2019）》在京发布 全球旅游经济稳步上涨 [N]. 中国旅游报，2019-01-17（1）.

[2] 邓敏敏．七彩丹霞被踩踏 文明旅游再引热议 [N]. 中国旅游报，2018-09-10（A1）.

[3] 郭航．2018年全国实现旅游总收入5.97万亿元 [N]. 中国产经新闻，2019-02-14（1）.

[4] 刘圆圆．刘剑虹，尹怀斌．把握人与自然和谐共生的丰富内涵 [N]. 经济日报，2018-05-17（13）.

[5] 世界旅游经济趋势报告发布．今年全球旅游总人次将达127.6亿 [N]. 人民政协报，2019-01-18（9）.

[6] 齐兴福．张掖市4A级旅游景区数量位居全省第一 [N]. 甘肃日报，2018-04-23（6）.

[7] 秦娜．旅游业快速增长成经济发展亮点 [N]. 甘肃日报，2018-02-06（1）.

[8] 秦娜．张掖市文化旅游产业持续快速增长 前10个月游客接待量突破3000万人次 [N]. 甘肃日报，2018-11-12（1）.

[9] 沈仲亮．旅游不文明行为记录再添3人 [N]. 中国旅游报，2018-02-08（1）.

[10] 谭安丽．甘肃旅游收入增速连续5年排全国前五 嘉市增长居首 [N]. 兰州晨报，2016-02-29（1）.

[11] 武媛媛．中国七年旅游总收入居全球前五 [N]. 北京商报，2019-01-17（4）.

[12] 徐万佳．治理不文明旅游行为不妨“变堵为疏” [N]. 中国旅游报，2018-08-06（3）.

[13] 徐万佳．治理不文明旅游行为要柔性引导更需刚性惩戒 [N]. 中国旅游报，2018-09-14（3）.

[14] 鄢光哲．首届世界旅游发展大会 推动可持续旅游 [N]. 中国青年报，2016-05-26（8）.

[15] 杨劲松．遏制不文明行为教育与惩罚都不能少 [N]. 中国旅游报，2018-10-17（3）.

[16] 杨劲松．遏制旅游不文明行为应疏堵结合 [N]. 中国旅游报，2018-11-14（3）.

[17] 佚名．洱海流域无序开发 严重破坏生态环境 [N]. 中国环境报，2018-10-23

(7).

[18] 张广瑞. 让可持续旅游理念成为行动自觉 [N]. 中国旅游报, 2017-09-27 (3).

[19] 张栎. 2019年甘肃旅游目标任务确定 旅游综合收入达到2680亿元 [N]. 甘肃经济日报, 2019-01-18 (1).

(五) 中文网络文献

[1] 安浩. 女游客翻越护栏脚踩丹霞地貌拍照景区：一个脚印需要60年恢复 [EB/OL]. http://v.ifeng.com/video_21234418.shtml, 2018-8-17.

[2] 甘肃省统计局. 甘肃发展年鉴2017 [EB/OL]. http://www.gstj.gov.cn/tjnj/2017/html/w05.htm, 2018-08-09.

[3] 国务院办公厅. 国务院办公厅关于促进全域旅游发展的指导意见 [EB/OL]. http://www.gov.cn/zhengce/content/2018-03/22/content_5276447.htm, 2018-10-13.

[4] 柯素芳. 2018年全球旅游业发展现状分析 旅游业三足鼎立格局明显 [EB/OL]. https://www.qianzhan.com/analyst/detail/220/180905-fb2641be.html, 2018-09-05.

[5] 潘彬彬, 汪晓青. 2017年青海旅游收入突破350亿元 助力2万人口脱贫 [EB/OL]. http://www.sohu.com/a/234814398_267106, 2018-11-29.

[6] 青海省统计局. 青海省2018年国民经济和社会发展统计公报 [EB/OL]. http://www.qhtjj.gov.cn/tjData/ yearBulletin/201903/t20190301_59809.html, 2019-02-29.

[7] 任江. 2018年新疆接待游客人数、实现旅游总收入同比增长均超40% [EB/OL]. http://www.sohu.com/a/292734342_374753, 2019-01-31.

[8] 任开明. 张掖七彩丹霞景区2018年游客突破230万人次 [EB/OL]. http://www.zgzyw.com.cn/zgzyw/system/2019/01/02/030060966.shtml, 2019-01-05.

[9] 沈仲亮. 《"十三五"旅游业发展规划》解读：理念创新推动旅游业再上新台阶 [EB/OL]. http://www.gov.cn/zhengce/2017-01/03/content_5156134.htm, 2018-12-11.

[10] 台湾生态旅游协会. 台湾生态旅游协会简介 [EB/OL]. http://www.ecotour.org.tw/p/blog-page_04.html, 2018-12-23.

[11] 伍策, 高峰. 2018年陕西旅游总收入达到5994.66亿元 [EB/OL]. http://travel.china.com.cn/txt/2019-01/25/content_74408711.htm, 2019-01-25.

[12] 习近平. 决胜全面建成小康社会 夺取新时代中国特色社会主义伟大胜利：在中国共产党第十九次全国代表大会上的报告 [EB/OL]. http://cpc.people.com.cn/n1/2017/1028/c64094-29613660.html, 2017-10-28.

[13] 张林涛, 王学礼. 著名演员黄轩担任甘肃旅游形象大使 [EB/OL]. http://www.gsta.gov.cn/jx/fslnews/26525.htm, 2018-10-31.

［14］ 张文斌．七彩丹霞景区营业收入突破亿元大关［EB/OL］．http：//www. zydanxia. com/a/zoujindanxia/jingqudongtai/2018/0910/372. html，2018－09－15.

［15］ 张雪梅．2017 年宁夏旅游的统计数据全在这儿［EB/OL］．http：//www. nxta. gov. cn/lyzx/10086. jhtml，2018－03－27.

二、英文文献

（一）英文专著

［1］ Ajzen I，Fishbein M. Understanding Attitudes and Predicting Social Behavior［M］. Englewood Cliffs，NJ：Prentice-Hall，1980.

［2］ De Groot J I M，Steg L，Dicke M. Morality and Reducing Car Use：Testing the Norm Activation Model of Prosocial Behavior［M］. Behavior. In F. Columbus（Ed.），Transportation Research Trends（in press），NOVA Publishers，2007：369－411.

［3］ De Groot J I M，Steg L，Dicke M. Morality and Reducing Car Use：Testing the Norm Activation Model of Prosocial Behavior［M］. Behavior. In F. Columbus（Ed.），Transportation Research Trends（in press），NOVA Publishers，2007：411－413.

［4］ Hungerford H R，Peyton R B. Teaching Environmental Education［M］. Portland，ME：J. Weston Walch，1976.

［5］ Laarman J G，Durst P B. Nature Travel and Tropical Forests［M］. Raleigh，NC，USA：Southeastern Center for Forest Economics Research，North Carolina State University，1987.

［6］ Lewis M A. Self-Conscious Emotions：Embarrassment，Pride，Shame，And Guilt［M］// Lewis M，Haviland JM，Barr ett LF.（Ed.）. Handbook of Emotions. New York，NY：The Guilford Press，1993：147－159.

［7］ Lindberg K. Policies for Maximising Nature Tourism's Ecological and Economic Benefits［M］. Washington，DC：world Resources Institue，1991.

［8］ Page S，Dowling R. Ecotourism［M］. Harlow：Pearson Education Ltd，2002.

［9］ Schwartz S H. Normative Influence on Altruism［M］// Berkowitz L. Advances in Experimental Social Psychology. New York，NY：Academic Press，1977：221－279.

［10］ Vinzi V，Chin W W，Henseler J，et al. Handbook of Partial Least Squares［M］. Berling：Springer，2010.

［11］ Zurick D，Errant J. Adventure Travel in a Modern Age［M］. Austin：University of

Texas Press, 1995.

（二）英文期刊论文

[1] Acott T G, Trobe H L, Howard S H. An evaluation of deep ecotourism and shallow ecotourism [J]. Journal of Sustainable Tourism, 1998, 6 (3): 238 - 253.

[2] Ajzen I, Madden T J. Prediction of goal-directed behavior: Attitudes, intentions, and perceived behavioral control [J]. Journal of Experimental Social Psychology, 1986, 22 (2), 453 - 474.

[3] Ajzen I. The theory of planned behavior [J]. Organizational Behavior and Human Decision Processes, 1991, 50 (1), 179 - 211.

[4] Allen J B, Ferrand J L. Environmental locus of control, sympathy, and pro-environmental behavior: A test of Geller's actively caring hypothesis [J]. Environment and Behavior, 1999, 31 (3): 338 - 353.

[5] Alzahrani A I, Mahmud I, Ramayah T, Alfarraj O, Alalwan N. Extending the theory of planned behavior (TPB) to explain online game playing among Malaysian undergraduate students [J]. Telematics and Informatics, 2017, 34 (1): 239 - 251.

[6] Amaro S, Duarte P. An integrative model of consumers' intentions to purchase travel online [J]. Tourism Management, 2015, 46 (1): 64 - 79.

[7] Bamberg S. How does environmental concern influence specific environmentally related behaviors? A new answer to an old question [J]. Journal of Environmental Psychology, 2003, 23 (1): 21 - 32.

[8] Bamberg S, Hunecke M, Blöbaum A. Social context, personal norms and the use of public transportation: Two field studies [J]. Journal of Environmental Psychology, 2007, 27 (3): 190 - 203.

[9] Bamberg S, Möser G. Twenty years after Hines, Hungerford, and Tomera: A new meta-analysis of psycho-social determinants of pro-environmental behaviour [J]. Journal of Environmental Psychology, 2007, 27 (1): 14 - 25.

[10] Bandura A. Self-efficacy mechanism in human agency [J]. Amecian Psychologist, 1982, 37 (1), 122 - 147.

[11] Beh A, Bruyere B L. Segmentation by visitor motivation in three Kenyan national reserves [J]. Tourism Management, 2007, 28 (6): 1464 - 1471.

[12] Beldad A, Hegner S. Determinants of fair trade product purchase intention of Dutch consumers according to the extended theory of planned behaviour: The moderating role of gender [J]. Journal of Consumer Policy, 2018, 41 (3): 191 - 210.

[13] Bianchi C, Milberg S, Cúneo A. Understanding travelers' intentions to visit a short versus long-haul emerging vacation destination: The case of Chile [J]. Tourism Management, 2017, 59 (1): 312 - 324.

[14] Bissing-Olson M, Fielding K S, Iyer A. Experiences of pride, not guilt, predict pro-environmental behavior when pro-environmental descriptive norms are more positive [J]. Journal of Environmental Psychology, 2016, 45 (1): 145 - 153.

[15] Blangy S, Mehta H. Ecotourism and ecological restoration [J]. Journal for Nature Conservation, 2006, 14 (4): 233 - 236.

[16] Borden R J, Schettino A P. Determinants of environmentally responsible behavior [J]. The Journal of Environmental Education, 1979, 10 (4): 35 - 39.

[17] Brandt J S, Buckley R C. A global systematic review of empirical evidence of ecotourism impacts on forests in biodiversity hotspots [J]. Current Opinion in Environmental Sustainability, 2018, 32 (1): 112 - 118.

[18] Brick C, Lai C K. Explicit (but not implicit) environmentalist identity predicts pro-environmental behavior and policy preferences [J]. Journal of Environmental Psychology, 2018, 58 (1): 8 - 17.

[19] Burger J, Gochfeld M, Niles L. Ecotourism and birds in coastal New Jersey [J]. Environmental Conservation 1995, 22 (1), 56 - 65.

[20] Buckley R, Zhong L S, Ma X Y. Visitors to protected areas in China [J]. Biological Conservation, 2017, 209 (1): 83 - 88.

[21] Buunk B. Knowledge, utility sence of efficacy as deteeminants of environmentally' responsible behavior [J]. Psychological Reports, 1981, 48 (1): 9 - 10.

[22] Buonincontri P, Marasco A, Ramkissoon H. Visitors' experience, place attachment and sustainable behaviour at cultural heritage sites: A conceptual framework [J]. Sustainability, 2017, 9 (7): 1112 - 1130.

[23] Castellanos-Verdugo M, Vega-Vázquez M, Oviedo-García MA, Orgaz-Agüera F. The relevance of psychological factors in the ecotourist experience satisfaction through ecotourist site perceived value [J]. Journal of Cleaner Production, 2016, 124 (1): 226 - 235.

[24] Chan C S, Chiu H Y, Marafa L M. The mainland chinese market for nature tourism in Hong Kong [J]. Tourism Geographies, 2017, 19 (5): 1 - 22.

[25] Chan L, Bishop B. A moral basis for recycling: Extending the theory of planned behaviour [J]. Journal of Environmental Psychology, 2013, 36 (1): 96 - 102.

[26] Chen A, Peng N. Green hotel knowledge and tourists' staying behavior [J]. Annals of Tourism Research, 2012, 39 (4), 2203 - 2219.

[27] Chen M F, Tung P J. Developing an extended theory of planned behavior model to predict consumers' intention to visit green hotels [J]. International Journal of Hospitality Management, 2014, 36 (1): 221 - 230.

[28] Cheng T E, Wang J, Cao M M, Zhang D J, Bai H X. The relationships among interpretive service quality, satisfaction, place attachment and environmentally responsible behavior at the cultural heritage sites in Xi'an, China [J]. Applied Ecology and Environmental Research, 2018, 16 (5): 6317 - 6339.

[29] Chen L Y. Applying the extended theory of planned behaviour to predict Chinese people's non-remunerated blood donation intention and behaviour: The roles of perceived risk and trust in blood collection agencies [J]. Asian Journal of Social Psychology, 2017, 20 (4): 221 - 231.

[30] Chen N, Dwyer L, Firth T. Residents' place attachment and word-of-mouth behaviours: A tale of two cities [J]. Journal of Hospitality and Tourism Management, 2018, 36 (1): 1 - 11.

[31] Cheng T M, Wu H C. How do environmental knowledge, environmental sensitivity, and place attachment affect environmentally responsible behavior? An integrated approach for sustainable island tourism [J]. Journal of Sustainable Tourism, 2015, 23 (4): 557 - 576.

[32] Cheng T M, Wu H C, Huang L - M. The influence of place attachment on the relationship between destination attractiveness and environmentally responsible behavior for island tourism in Penghu, Taiwan [J]. Journal of Sustainable Tourism, 2013, 21 (8): 1166 - 1187.

[33] Cheon J, Lee S, Crooks S M, Song J. An investigation of mobile learning readiness in higher education based on the theory of planned behavior [J]. Computers & Education, 2012, 59 (3): 1054 - 1064.

[34] Cheung L T O, Jim C Y. Ecotourism service preference and management in Hong Kong [J]. International Journal of Sustainable Development & World Ecology, 2013, 20 (2): 182 - 194.

[35] Cheung L T O, Lo A Y H, Fok L. Recreational specialization and ecologically responsible behavior of Chinese birdwatchers in Hong Kong [J]. Journal of Sustainable Tourism, 2017, 25 (6): 817 - 831.

[36] Chiu Y T H, Lee W I, Chen T H. Environmentally responsible behavior in ecotourism: Antecedents and implications [J]. Tourism Management, 2014, 40 (1): 321 - 329.

[37] Choi H, Jang J, Kandampully J. Application of the extended VBN theory to understand consumers' decisions about green hotels [J]. International Journal of Hospitality Management, 2015, 51 (1): 87 - 95.

[38] Collins C M, Steg L, Koning M A S. Customers' values, beliefs on sustainable corpo-

rate performance, and buying behavior [J]. Psychology & Marketing, 2007, 24 (6): 555 - 577.

[39] Conner M, McEachan R, Lawton R, Gardner P. Applying the reasoned action approach to understanding health protection and health risk behaviors [J]. Social Science & Medicine, 2017, 195 (1): 140 - 148.

[40] De Groot J I M, Steg L. Morality and prosocial behavior: The role of awareness, responsibility, and norms in the norm activation model [J]. The Journal of Social Psychology, 2009, 149 (4): 425 - 449.

[41] De Groot J I M, Steg L. Value orientations and environmental beliefs in five countries: Validity of an instrument to measure egoistic, altruistic and biospheric value orientations [J]. Journal of Cross - Cultural Psychology, 2007, 38 (3): 318 - 332.

[42] De Groot J I M, Steg L. Value orientations to explain beliefs related to environmental significant behavior: How to measure egoistic, altruistic, and biospheric value orientations [J]. Environment and Behavior, 2008, 40 (3): 330 - 354.

[43] Dippel E A, Hanson J D, McMahon T R, Griese E R, Kenyon D B. Applying the theory of reasoned action to understanding teen pregnancy with American Indian communities [J]. Maternal and Child Health Journal, 2017, 21 (7): 1449 - 1456.

[44] Dono J, Webb J, Richardson B. The relationship between environmental activism, pro-environmental behaviour and social identity [J]. Journal of Environmental Psychology, 2010, 30 (2): 178 - 186.

[45] Duan W - J, Sheng J - R. How can environmental knowledge transfer into pro-environmental behavior among Chinese individuals? Environmental pollution perception matters [J]. Journal of Public Health, 2017, 26 (3): 289 - 300.

[46] Dunlap R E, Van Liere K D, Mertig A G, Jones R E. Measuring endorsement of the new ecological paradigm: A revised NEP scale [J]. Journal of Social Issues, 2000, 56 (3): 425 - 442.

[47] Dunlap R E, Van Liere K D. The "New Environmental Paradigm": A proposed measuring instrument and preliminary results [J]. The Journal of Environmental Education, 1978, 9 (4), 10 - 19.

[48] Dunlap R E, Van Liere K D, Mertig A G, Jones R E. Measuring endorsement of the new ecological paradigm: A revised NEP scale [J]. Journal of Social Issues, 2000, 56 (3): 425 - 442.

[49] Dwyer L, Forsyth P, Spurr R, Hoque S. Estimating the carbon footprint of Australian tourism [J]. Journal of Sustainable Tourism, 2010, 18 (3): 355 - 376.

[50] Eagles P F. The travel motivations of Canadian ecotourists [J]. Journal of Travel Research, 1992, 31 (2): 3-7.

[51] Eagles P F, Cascagnette J W. Canadian ecotourists: who are they? [J]. Tourism Recreations Research, 1995, 20 (1): 22-28.

[52] Elliott M A, Armitage C J, Baughan C J. Drivers' compliance with speed limits: An application of the theory of planned behavior [J]. Journal of Applied Psychology, 2003, 88 (5): 964-972.

[53] Enzler H B. Future consequences as a predictor of environmentally responsible behavior: Evidence from a general population study [J]. Environment and Behavior, 2013, 47 (6): 618-643.

[54] Fang W T, Ng E, Zhan Y S. Determinants of pro-environmental behavior among young and older farmers in Taiwan [J]. Sustainability, 2018, 10 (7): 1-15.

[55] Fairweather J R, Maslin C, Simmons D G. Environmental values and response to eco-labels among international visitors to New Zealand [J]. Journal of Sustainable Tourism, 2005, 13 (1): 82-98.

[56] Fennell D A, Eagles P F. Ecotourism in Costa Rica: a conceptual framework [J]. Journal of Parks and Recreation Administration, 1990, 8 (1): 23-34.

[57] Fennell D A, Smale B J A. Ecotourism and natural resource protection: implications of an alternative form of tourism for host nations [J]. Tourism Recreation Research, 2014, 17 (1): 21-32.

[58] Flack M, Morris M. Gambling-related beliefs and gambling behaviour: Explaining gambling problems with the theory of planned behaviour [J]. International Journal of Mental Health and Addiction, 2017, 15 (1): 130-142.

[59] Fornara F, Pattitoni P, Mura M, Strazzera E. Predicting intention to improve household energy efficiency: The role of value-belief-norm theory, normative and informational influence, and specific attitude [J]. Journal of Environmental Psychology, 2016, 45 (1): 1-10.

[60] Fornell, C., Larcker, D. F. Evaluating structure equations models with unobservable and measurement error [J]. Journal of Marketing Research, 1981, 18 (1): 39-50.

[61] Fujii S. Environmental concern, attitude toward frugality, and ease of behavior as determinants of pro-environmental behavior intentions [J]. Journal of Environmental Psychology, 2006, 26 (4): 262-268.

[62] Galley G. The motivational and demographic characteristics of research ecotourists: operation Wallacea Volunteers in Southeast Sulawesi, Indonesia [J]. Journal of Ecotourism, 2004, 3 (1): 69-72.

[63] Galloway G. Psychographic segmentation of park visitor markets: evidence for the utility of sensation seeking [J]. Tourism Management, 2002, 23 (6): 581 - 596.

[64] Gao J, Huang Z W, Zhang C Z. Tourists' perceptions of responsibility: An application of norm-activation theory [J]. Journal of Sustainable Tourism, 2017, 25 (2): 276 - 291.

[65] Goh E, Ritchie B, Wang J. Non - compliance in national parks: An extension of the theory of planned behaviour model with pro-environmental values [J]. Tourism Management, 2017, 59 (1): 123 - 127.

[66] Graves L M, Sarkis J. The role of employees' leadership perceptions, values, and motivation in employees' pro-environmental behaviors [J]. Journal of Cleaner Production, 2018, 196 (1): 576 - 587.

[67] Grossberg R, Treves A, Naughton - Treves L. The incidental ecotourist: measuring visitor impacts on endangered howler monkeys at a Belizean archaeological site [J]. Environmental Conservation, 2003, 30 (1): 40 - 51.

[68] Gulinck H, Vyverman N, Van Bouchout K, Gobin A. Landscape as framework for integrating local subsistence and ecotourism: a case study in Zimbabwe [J]. Landscape and Urban Planning, 2001, 53 (2): 173 - 182.

[69] Han H, Kim W, Kiatkawsin K. Emerging youth tourism: fostering young travelers' conservation intentions [J]. Journal of Travel & Tourism Marketing, 2016b, 34 (7): 905 - 918.

[70] Han H, Hwang J S, Kim J H, Jung H Y. Guests' pro-environmental decision-making process: Broadening the norm activation framework in a lodging context [J]. International Journal of Hospitality Management, 2015c, 47 (1): 96 - 107.

[71] Han H, Hwang J S, Lee M J, Kim J H. Word-of-mouth, buying, and sacrifice intentions for eco-cruises: Exploring the function of norm activation and value-attitude-behavior [J]. Tourism Management, 2019, 70 (1): 430 - 443.

[72] Han H, Hwang J S, Lee M J. The value-belief-emotion-norm model: Investigating customers' eco-friendly behavior [J]. Journal of Travel & Tourism Marketing, 2017c, 34 (5): 590 - 607.

[73] Han H, Hwang J S, Lee S. Cognitive, affective, normative, and moral triggers of sustainable intentions among convention-goers [J]. Journal of Environmental Psychology, 2017f, 51 (1): 1 - 13.

[74] Han H, Hyun S S. Drivers of customer decision to visit an environmentally responsible museum: merging the theory of planned behavior and norm activation theory [J]. Journal of Travel & Tourism Marketing, 2017a, 34 (3): 1 - 14.

[75] Han H, Hyun S S. Fostering customers' pro-environmental behavior at a museum [J]. Journal of Sustainable Tourism, 2017d, 25 (9): 1240 - 1256.

[76] Han H, Hyun S S. Drivers of customer decision to visit an environmentally responsible museum: merging the theory of planned behavior and norm activation theory [J]. Journal of Travel & Tourism Marketing, 2017e, 34 (9): 1155 - 1168.

[77] Han H, Kim W, Lee S. Stimulating visitors' goal-directed behavior for environmentally responsible museums: Testing the role of moderator variables [J]. Journal of Destination Marketing & Management, 2018a, 8 (1): 290 - 300.

[78] Han H, Kim Y. An investigation of green hotel customers' decision formation: Developing an extended model of the theory of planned behavior [J]. International Journal of Hospitality Management, 2010, 29 (1): 656 - 668.

[79] Han H, Meng B, Kim W. Emerging bicycle tourism and the theory of planned behavior [J]. Journal of Sustainable Tourism, 2017b, 25 (2): 292 - 309.

[80] Han H, Myong J, Hwang J. Cruise travelers' environmentally responsible decision-making: An integrative framework of goal-directed behavior and norm activation process [J]. International Journal of Hospitality Management, 2016a, 53 (1): 94 - 105.

[81] Han H, Olya H G T, Cho S - b, Kim W. Understanding museum vacationers' eco-friendly decision-making process: strengthening the VBN framework [J]. Journal of Sustainable Tourism, 2018c, 26 (6): 855 - 872.

[82] Han H. The norm activation model and theory-broadening: Individuals' decision-making on environmentally-responsible convention attendance [J]. Journal of Environmental Psychology, 2014a, 40 (1): 462 - 471.

[83] Han H. Traveler's pro-environmental behavior in a green lodging context: Converging value-belief-norm theory and the theory of planned behavior [J]. Tourism Management, 2015b, 47 (1): 164 - 177.

[84] Han H, Yoon H J. Hotel customers' environmentally responsible behavioral intention: Impact of key constructs on decision in green consumerism [J]. International Journal of Hospitality Management, 2015a, 45 (1): 22 - 33.

[85] Han H, Yu J, Kim W. Youth travelers and waste reduction behaviors while traveling to tourist destinations [J]. Journal of Travel & Tourism Marketing, 2018b, 35 (9): 1119 - 1131.

[86] Hartmann P, Apaolaza V, D'Souza C. The role of psychological empowerment in climate-protective consumer behaviour: An extension of the value-belief-norm framework [J]. European Journal of Marketing, 2018, 52 (1/2): 392 - 417.

[87] Hatipoglu B, Alvarez M D, Ertuna B. Barriers to stakeholder involvement in the planning of sustainable tourism: The case of the Thrace region in Turkey [J]. Journal of Cleaner Production, 2016, 111 (1): 306 - 317.

[88] Hedlund T. The impact of values, environmental concern, and willingness to accept economic sacrifices to protect the environment on tourists' intentions to buy ecologically sustainable tourism alternatives [J]. Tourism and Hospitality Research, 2011, 11 (4): 278 - 288.

[89] He X H, Hu D B, Swanson S R, Su L J, Chen X H. Destination perceptions, relationship quality, and tourist environmentally responsible behavior [J]. Tourism Management Perspectives , 2018, 28 (1): 93 - 104.

[90] He Y, Huang P, Xu H. Simulation of a dynamical ecotourism system with low carbon activity: A case from western China [J]. Journal of Environmental Management, 2018, 206 (1): 1243 - 1252.

[91] Hines J M, Hungerford H R, Tomera A N. Analysis and synthesis of research on responsible environmental behavior: A meta-analysis [J]. The Journal of Environmental Education, 1987, 18 (2): 1 - 8.

[92] Hiratsuka J, Perlaviciute G, Steg L. Testing VBN theory in Japan: Relationships between values, beliefs, norms, and acceptability and expected effects of a car pricing policy [J]. Transportation Research Part F: Traffic Psychology and Behaviour, 2018, 53 (1): 74 - 83.

[93] Hong Z, Park I K. The effects of regional characteristics and policies on individual pro-environmental behavior in China [J]. Sustainability, 2018, 10 (10): 1 - 17.

[94] Hovardas T, Poirazidis K. Evaluation of the environmentalist dimension of ecotourism at the Dadia Forest Reserve (Greece) [J]. Environmental Management, 2006, 38 (4): 810 - 822.

[95] Hrubes D, Ajzen I, Daigle J. Predicting hunting intentions and behavior: An application of the theory of planned behavior [J]. Leisure Sciences, 2001, 23 (3): 165 - 178.

[96] Hvenegaard G, Dearden P. Ecotourism versus tourism in a Thai National Park [J]. Annals of Tourism Research, 1998, 25 (6), 700 - 720.

[97] Iwata O. Coping style and three psychology measures associated with environmentally responsible behavior [J]. Social Behavior and Personality: An International Journal, 2002, 30 (7): 661 - 669.

[98] Iwata Q. Attitudinal determinants of environmentally responsible behavior [J]. Social Behavior and Personality: An International Journal , 2001, 29 (2), 183 - 190.

[99] Jones S. Community-based ecotourism: The significance of social capital [J]. Annals of Tourism Research, 2005, 32 (2): 303 - 324.

[100] Kachel U, Jennings G. Exploring tourists' environmental learning, values and travel

experiences in relation to climate change: a postmodern constructivist research agenda [J]. Tourism and Hospitality Research, 2010, 10 (2): 130 - 140.

[101] Kaise F G. A general measure of ecological behavior [J]. Journal of Applied Social Psychology, 1998, 28 (5): 395 - 422.

[102] Kaiser F G, Wilson M. Goal-directed conservation behavior: The specific composition of a general performance [J]. Personality and Individual Differences, 2004, 36 (7): 1531 - 1544.

[103] Kalof L, Dietz T, Stern P C, Guagnano G A. Social psychological and structural influences on vegetarian beliefs [J]. Rural Sociology, 1999, 64 (3): 500 - 511.

[104] Kiatkawsin K, Han H. Young travelers' intention to behave pro-environmentally: Merging the value-belief-norm theory and the expectancy theory [J]. Tourism Management, 2017, 59 (1): 76 - 88.

[105] Kilbourne W, Pickett G. How materialism affects environmental beliefs, concern, and environmentally responsible behavior [J]. Journal of Business Research, 2008, 61 (5): 885 - 893.

[106] Kim A K, Airey D, Szivas E. The multiple assessment of interpretation effectiveness: Promoting visitors' environmental attitudes and behavior [J]. Journal of Travel Research, 2011, 50 (3): 321 - 334.

[107] Kim A K J, Weiler B. Visitors' attitudes towards responsible fossil collecting behaviour: An environmental attitude-based segmentation approach [J]. Tourism Management, 2013, 36 (3): 602 - 612.

[108] Kim H J, Kim J Y, Oh K W, Jung H J. Adoption of eco-friendly faux leather: Examining consumer attitude with the value-belief-norm framework [J]. Clothing and Textiles Research Journal, 2016, 34 (4): 239 - 256.

[109] Kim M S, Kim J, Thapa B. Influence of environmental knowledge on affect, nature affiliation and pro-environmental behaviors among tourists [J]. Sustainability, 2018, 10 (9): 3109 - 3125.

[110] Kim Y H, Han H. Intention to pay conventional-hotel prices at a green hotel—a modification of the theory of planned behavior [J]. Journal of Sustainable Tourism, 2010, 18 (8): 997 - 1014.

[111] Kim Y H, Kim M, Goh B K. An examination of food tourist's behavior: Using the modified theory of reasoned action [J]. Tourism Management, 2011, 32 (5): 1159 - 1165.

[112] Kim Y, Njite D, Hancer M. Anticipated emotion in consumers' intentions to select eco-friendly restaurants: augmenting the theory of planned behavior [J]. International Journal of

Hospitality Management, 2013, 34 (1): 255 - 262.

[113] Klöckner C A. A comprehensive model of the psychology of environmental behaviour—A meta-analysis [J]. Global Environmental Change, 2013, 23 (5): 1028 - 1038.

[114] Klöckner C A, Matthies E. How habits interfere with norm-directed behaviour: A normative decision-making model for travel mode choice [J]. Journal of Environmental Psychology, 2004, 24 (3): 319 - 327.

[115] Kollmuss A, Agyeman J. Mind the gap: Why do people act environmentally and what are the barriers to pro-environmental behavior? [J]. Environmental Education Research, 2002, 8 (3): 239 - 260.

[116] Lam T, Hsu C H C. Predicting behavioral intention of choosing a travel destination [J]. Tourism Management, 2006, 27 (4): 589 - 599.

[117] Landon A C, Woosnam K M, Boley B B. Modeling the psychological antecedents to tourists' prosustainable behaviors: An application of the value-belief-norm model [J]. Journal of Sustainable Tourism, 2018, 26 (6): 957 - 972.

[118] Lawrence E K. Visitation to natural areas on campus and its relation to place identity and environmentally responsible behaviors [J]. The Journal of Environmental Education, 2012, 43 (2): 93 - 106.

[119] Lee J S H, Oh C O. The causal effects of place attachment and tourism development on coastal residents' environmentally responsible behavior [J]. Coastal Management, 2018, 46 (3): 176 - 190.

[120] Lee J S, Hsu L T (Jane), Han H, Kim Y. Understanding how consumers view green hotels: how a hotel's green image can influence behavioral intentions [J]. Journal of Sustainable Tourism, 2010, 18 (7): 901 - 914.

[121] Lee T H. How recreation involvement, place attachment and conservation commitment affect environmentally responsible behavior [J]. Journal of Sustainable Tourism, 2011, 19 (7): 895 - 915.

[122] Lee T H, Jan F H. Ecotourism behavior of nature-based tourists: An integrative framework [J]. Journal of Travel Research, 2018, 57 (6): 792 - 810.

[123] Lee T H, Jan F H. The influence of recreation experience and environmental attitude on the environmentally responsible behavior of community-based tourists in Taiwan [J]. Journal of Sustainable Tourism, 2015, 23 (7): 1063 - 1094.

[124] Lee T H, Jan F H, Yang C C. Conceptualizing and measuring environmentally responsible behaviors from the perspective of community-based tourists [J]. Tourism Management, 2013b, 36 (1): 454 - 468.

[125] Lee T H, Jan F H, Yang C C. Environmentally responsible behavior of nature-based tourists: A review [J]. International Journal of Development and Sustainability, 2013a, 2 (1): 100 – 115.

[126] Lee Y S, Lawton L J, Weaver D B. Evidence for a South Korean model of ecotourism [J]. Journal of Travel Research, 2012, 52 (4): 520 – 533.

[127] Lind H B, Nordfjærn T, Jørgensen S H, Rundmo T. The value-belief-norm theory, personal norms and sustainable travel mode choice in urban areas [J]. Journal of Environmental Psychology, 2015, 44 (1): 119 – 125.

[128] Liobikiene G, Juknys R. The role of values, environmental risk perception, awareness of consequences, and willingness to assume responsibility for environmentally-friendly behaviour: the Lithuanian case [J]. Journal of Cleaner Production, 2016, 112 (4): 3413 – 3422.

[129] Li R, Lu Z, Li J. Quantitative calculation of eco-tourist's landscape perception: Strength, and spatial variation within ecotourism destination [J]. Ecological Informatics, 2012, 10 (1): 73 – 80.

[130] Lu A C, Gursoy D, Chiappa G D. The influence of materialism on ecotourism attitudes and behaviors [J]. Journal of Travel Research, 2014, 54 (7): 1 – 14.

[131] Luo Y J, Deng J Y. The new environmental paradigm and nature-based tourism motivation [J]. Journal of Travel Research, 2008, 46 (4): 392 – 402.

[132] Lòpez-Mosquera N, Sánchez M. Thoery of planned behavior and the value-belief-norm thoery explaining willingness to pay for a suburban park [J]. Journal of Environmental Management, 2012, 113 (1): 251 – 262.

[133] Madden T J, Ellen P S, Ajzen I. A comparison of the theory of planned behavior and the theory of reasoned action [J]. Personality and Social Psychology Bulletin, 1992, 18 (1): 3 – 9.

[134] Maxim C. Sustainable tourism implementation in urban areas: a case study of London [J]. Journal of Sustainable Tourism, 2016, 24 (7): 971 – 989.

[135] Mensah I. Environmental education and environmentally responsible behavior: The case of international tourists in accra hotels [J]. International Journal of Tourism Sciences, 2012, 12 (3): 69 – 89.

[136] Meric H J, Hunt J. Ecotourists' motivational and demographic characteristics: a case of north carolina travelers [J]. Journal of Travel Research, 1998, 36 (4): 57 – 61.

[137] Miller D, Merrilees B, Coghlan A. Sustainable urban tourism: Understanding and developing visitor pro-environmental behaviours [J]. Journal of Sustainable Tourism, 2014, 23 (1): 26 – 46.

[138] Moan I S, Rise J. Predicting smoking reduction among adolescents using an extended

version of the theory of planned behaviour [J]. Psychology & Health, 2006, 21 (6): 717 - 738.

[139] Mobley C, Vagias W M, DeWard S L. Exploring additional determinants of environmentally responsible behavior: the influence of environmental literature and environmental attitudes [J]. Environment and Behavior, 2010, 42 (4): 420 - 447.

[140] Moser S, Kleinhückelkotten S. Good Intents, but low impacts: Diverging importance of motivational and socioeconomic determinants explaining pro-environmental behavior, energy use, and carbon footprint [J]. Environment and Behavior, 2017, 50 (6): 626 - 656.

[141] Mishra D, Akman I, Mishra A. Theory of reasoned action application for green information technology acceptance [J]. Computers in Human Behavior, 2014, 36 (1): 29 - 40.

[142] Nordfjærn T, Zavareh M F. Does the value-belief-norm theory predict acceptance of disincentives to driving and active mode choice preferences for children's school travels among Chinese parents? [J]. Journal of Environmental Psychology, 2017, 53 (1): 31 - 39.

[143] Nordlund A M, Garvill J. Value structures behind pro-environmental behavior [J]. Environment and Behavior, 2002, 34 (6): 740 - 756.

[144] Obeng E A, Aguilar F X. Value orientation and payment for ecosystem services: Perceived detrimental consequences lead to willingness-to-pay for ecosystem services [J]. Journal of Environmental Management, 2018, 206 (1): 458 - 471.

[145] Oluyinka O. Attitude towards littering as a mediator of the relationship between personality attributes and responsible environmental behavior [J]. Waste Management, 2011, 31 (12): 2601 - 2611.

[146] Onwezen M C, Antonides G, Bartels J. The norm activation model: An exploration of the functions of anticipated pride and guilt in pro-environmental behaviour [J]. Journal of Economic Psychology, 2013, 39 (1): 141 - 153.

[147] Onwezen M C, Bartels J, Antonides G. Environmentally friendly consumer choices: Cultural differences in the self-regulatory function of anticipated pride and guilt [J]. Journal of Environmenta Psychology, 2014, 40 (1): 239 - 248.

[148] Osbaldiston R, Sheldon K M. Promoting internalized motivation for environmentally responsible behavior: A prospective study of environmental goals [J]. Journal of Environmental Psychology, 2003, 23 (4): 349 - 357.

[149] Oviedo-García M A, Castellanos-Verdugo M, Vega-Vάzquez M, Orgaz-Agüera F. The mediating roles of the overall perceived value of the ecotourism site and attitudes towards ecotourism in sustainability through the key relationship ecotourism knowledge-ecotourist satisfaction [J]. International Journal of Tourism Research, 2016, 19 (2): 203 - 213.

[150] Paço A, Lavrador T. Environmental knowledge and attitudes and behaviours towards energy consumption [J]. Journal of Environmental Management, 2017, 197 (1): 384-392.

[151] Pan Y, Liu J G. Antecedents for college students' environmentally responsible behavior: Implications for collective impact and sustainable tourism [J]. Sustainability, 2018, 10 (6): 1-14.

[152] Papadopoulos P, Vlouhou O, Terzoglou M. The theory of reasoned action: Implications for promoting recreational sport programs [J]. Studies in Physical Culture and Tourism, 2008, 15 (2): 133-139.

[153] Parker D, Manstead A S R, Stradling S G. Extending the theory of planned behaviour: The role of personal norm [J]. British Journal of Social Psychology, 1995, 34 (2): 127-138.

[154] Paul J, Modi A, Patel J. Predicting green product consumption using theory of planned behavior and reasoned action [J]. Journal of Retailing and Consumer Services, 2016, 29 (1): 123-134.

[155] Perkins H E, Brown P R. Environmental values and the so-called true ecotourist [J]. Journal of Travel Research, 2012, 51 (6): 793-803.

[156] Perugini M, Bagozzi R P. The role of desires and anticipated emotions in goal-directed behaviours: Broadening and deepening the theory of planned behaviour [J]. British Journal of Social Psychology, 2001, 40 (1): 79-98.

[157] Pizam A, Fleischer A, Mansfeld Y. Tourism and social change: The case of Israeli ecotourists visiting Jordan [J]. Journal of Travel Research, 2002, 41 (2): 177-184.

[158] Poudel S, Nyaupane G P. Understanding environmentally responsible behaviour of ecotourists: The reasoned action approach [J]. Tourism Planning & Development, 2016, 12 (1): 1-16.

[159] Prati G, Zani B. The effect of the fukushima nuclear accident on risk perception, antinuclear behavioral intentions, attitude, trust, environmental beliefs, and values [J]. Environment and Behavior, 2012, 45 (6): 782-798.

[160] Quinta V A, Lee J A, Soutar G N. Risk, uncertainty and the theory of planned behavior: A tourism example [J]. Tourism Management, 2010, 31 (6): 797-805.

[161] Rahimah A, Khalil S, Cheng J M-S, Tran M D, Panwar V. Understanding green purchase behavior through death anxiety and individual social responsibility: Mastery as a moderator [J]. Journal of Consumer Behavior, 2018, 17 (5): 477-490.

[162] Ramkissoon H, Smith L D G, Weiler B. Relationships between place attachment, place satisfaction and pro-environmental behaviour in an Australian national park [J]. Journal of

Sustainable Tourism, 2013b, 21 (3): 434 -457.

[163] Ramkissoon H, Smith L D G, Weiler B. Testing the dimensionality of place attachment and its relationships with place satisfaction and pro-environmental behaviours: A structural equation modeling approach [J]. Tourism Management, 2013a, 36 (1): 552 -566.

[164] Rashid N A, Mohammad N. A discussion of underlying theories explaining the spillover of environmentally friendly behavior phenomenon [J]. Procedia – Social and Behavioral Sciences, 2012, 50 (6): 1061 -1072.

[165] Raymond C M, Brown G, Robinson G M. The influence of place attachment, and moral and normative concerns on the conservation of native vegetation: A test of two behavioural models [J]. Journal of Environmental Psychology, 2011, 31 (4): 323 -335.

[166] Reid L, Sutton P, Hunter C. Theorizing the meso level: The household as a crucible of pro-environmental behavior [J]. Progress in Human Geography, 2010, 34 (3): 309 - 327.

[167] Reid M, Sparks P, Jessop D C. The effect of self-identity alongside perceived importance within the theory of planned behaviour [J]. European Journal of Social Psychology, 2018, 48 (6): 883 -889.

[168] Reimer J K, Walter P. How do you know it when you see it? Community-based ecotourism in the Cardamom Mountains of southwestern Cambodia [J]. Tourism Management, 2013, 34 (1): 122 -132.

[169] Ribeiro M A, Pinto P, Silva J A, Woosnam K M. Residents' attitudes and the adoption of pro-tourism behaviours: The case of developing island countries [J]. Tourism Management, 2017, 61 (1): 523 -537.

[170] Rivis A, Sheeran P, Armitage C J. Expanding the affective and normative components of the theory of planned behavior: A meta-analysis of anticipated affect and moral norms [J]. Journal of Applied Social Psychology, 2009, 39 (12): 2985 -3019.

[171] Robertson D. Ecotourist's progress [J]. Organization $ Environment, 1997, 10 (4): 432 -440.

[172] Rohan M. J. A rose by any name? The values construct [J]. Personality and Social Psychology Review, 2000, 4 (3): 255 -277.

[173] Sabuhoro E, Wright B, Munanura I E, Nyakabwa I N, Nibigira C. The potential of ecotourism opportunities to generate support for mountain gorilla conservation among local communities neighboring Volcanoes National Park in Rwanda [J]. Journal of Ecotourism, 2017, 16 (2): 1 -17.

[174] Sadachar A, Feng F, Karpova E E, Manchiraju S. Predicting environmentally re-

sponsible apparel consumption behavior of future apparel industry professionals: The role of environmental apparel knowledge, environmentalism and materialism [J]. Journal of Global Fashion Marketing, 2016, 7 (2): 76 - 88.

[175] Scannell L, Gifford R. The relations between natural and civic place attachment and pro-environmental behavior [J]. Journal of Environmental Psychology, 2010, 30 (3): 289 - 297.

[176] Schwartz S H. Are there universal aspects in the structure and contents of human values? [J]. Journal of Social Issues, 1994, 50 (4): 19 - 45.

[177] Schwartz S H. Normative influences on altruism [J]. Advances in experimental social psychology, 1977, 10 (2): 221 - 279.

[178] Schwartz S H. Universal in the content and structure of values: theoretical advances and empirical teste in 20 countries [J]. Advances in Experimental Social Psychology, 1992, 25 (1): 1 - 65.

[179] Sereenonchai S, Arunrat N, Xu P, Yu X. Diffusion and adoption behavior of environmentally friendly innovation: sharing from Chinese society [J]. International Journal of Behavioral Science, 2017, 12 (2): 90 - 109.

[180] Sivek D J, Hungerford H. Predictors of responsible behavior in members of three Wisconsin conservation organizations [J]. The Journal of Environmental Education, 1990, 21 (2): 35 - 40.

[181] Shaker R S. The spatial distribution of development in Europe and its underlying sustainability correlations [J]. Applied Geography, 2015, 63 (1): 301 - 314.

[182] Shapiro M A, Porticella N, Jiang C L, Gravani R B. Predicting intentions to adopt safe home food handling practices: Applying the theory of planned behavior [J]. Appetite, 2011, 56: 96 - 103.

[183] Sharpley R. Ecotourism: A consumption perspective [J]. Journal of Ecotourism, 2006, 5 (1): 7 - 22.

[184] Sheena B, Mariapan M, Aziz A. Characteristics of Malaysian ecotourist segments in Kinabalu Park, Sabah [J]. Tourism Geographies, 2015, 17 (1): 1 - 18.

[185] Shi F F, Weaver D, Zhao Y Z, Huang M F, Tang C Z, Liu Y. Toward an ecological civilization: Mass comprehensive ecotourism indications among domestic visitors to a Chinese wetland protected area [J]. Tourism Management, 2019, 70 (1): 59 - 68.

[186] Sivek D J, Hungerford H. Predictors of responsible behavior in members of three Wisconsin conservation organizations [J]. The Journal of Environmental Education, 1990, 21 (2): 35 - 40.

[187] Singh T, Slotkin M H, Vamosi A R. Attitude towards ecotourism and environmental

advocacy: Profiling the dimensions of sustainability [J]. Journal of Vacation Marketing, 2007, 13 (2): 119 - 134.

[188] Smith-Sebasto N J, D'Costa A. Designing a Likert-type scale to predict environmentally responsible behavior in undergraduate students: A multistep process [J]. The Journal of Environmental Education, 1995, 27 (1): 14 - 20.

[189] Soliman M S A, Abou-Shouk M A. Predicting behavioural intention of international tourists towards geotours [J]. Geoheritage, 2017, 9 (4): 505 - 517.

[190] Song H J, Lee C K, Kang S K, Boo S J. The effect of environmentally friendly perceptions on festival visitors' decision-making process using an extended model of goal-directed behavior [J]. Tourism Management, 2012, 33 (6): 1417 - 1428.

[191] Steg L, De Groot J I M. Explaining prosocial intentions: Testing causal relationships in the norm activation model [J]. British Journal of Social Psychology, 2010, 49 (4): 725 - 743.

[192] Steg L, Perlaviciute G, Van der Werff E, Lurvink J. The significance of hedonic values for environmentally relevant attitudes, preferences, and actions [J]. Environment and Behavior, 2012, supp: 1 - 30.

[193] Steg L, Vlek C. Encouraging pro-environmental behavior: An integrative review and research agenda [J]. Journal of Environmental Psychology, 2009, 29 (3): 309 - 317.

[194] Steinhorst J, Klöckner C A. Effects of monetary versus environmental information framing: implications for long-term pro-environmental behavior and intrinsic motivation [J]. Environment and Behavior, 2017, 50 (9): 997 - 1031.

[195] Stern P C, Dietz T, Abel T, Guagnano G A, Kalof L. A value-belief-norm theory of support for social movements: The case of environmentalism [J]. Research in Human Ecology, 1999, 6 (2): 81 - 97.

[196] Stern P C, Dietz T. The value basis of environmental concern [J]. Journal of Social Issues, 1994, 50 (3): 65 - 84.

[197] Stern P C. Toward a coherent theory of environmentally significant behavior [J]. Journal of Social Issues, 2000, 56 (3): 407 - 424.

[198] Strydom W F. Applying the theory of planned behavior to recycling behavior in South Africa [J]. Recycling, 2018, 43 (3): 1 - 20.

[199] Su L J, Swanson S R. The effect of destination social responsibility on tourist environmentally responsible behavior: Compared analysis of first time and repeat tourists [J]. Tourism Management, 2017, 60 (1): 308 - 321.

[200] Su L J, Huang S S (Sam), Pearce J. How does destination social responsibility

contribute to environmentally responsible behaviour? A destination resident perspective [J]. Journal of Business Research, 2018, 86 (1): 179 - 189.

[201] Tabernero C, Hernández B. A motivational model for environmentally responsible behavior [J]. The Spanish Journal of Psychology, 2012, 15 (2): 648 - 658.

[202] Tariq J, Sajjad A, Usman A, Amjad A. The role of intentions in facebook usage among educated youth in Pakistan: An extension of the theory of planned behavior [J]. Computers in Human Behavior, 2017, 74 (1): 188 - 195.

[203] Thøgersen J. A cognitive dissonance interpretation of consistencies and inconsistencies in environmentally responsible behavior [J]. Journal of Environmental Psychology, 2004, 24 (1): 93 - 103.

[204] Thøgersen J. The motivational roots of norms for environmentally responsible behavior [J]. Basic and Applied Social Psychology, 2009, 31 (4): 348 - 362.

[205] Theberge M M, Dearden P. Detecting a decline in whale shark Rhincodon typus sightings in the Andaman Sea, Thailand, using ecotourist operator-collected data [J]. Oryx, 2006, 40 (3): 337 - 342.

[206] Tiberghien G, Bremner H, Milne S. Performance and visitors' perception of authenticity in ecocultural tourism [J]. Tourism Geographies, 2017, 19 (2): 287 - 300.

[207] Tran L, Walter P. Ecotourism, gender and development in northern Vietnam [J]. Annals of Tourism Research, 2014, 44 (1): 116 - 130.

[208] Untaru E N, Ispas A, Candrea A N, Luca M, Epuran G. Predictors of individuals' intention to conserve water in a lodging context: The application of an extended Theory of Reasoned Action [J]. International Journal of Hospitality Management, 2016, 59 (1): 50 - 59.

[209] Van der Werff E, Steg L, Keizer K. It is a moral issue: The relationship between environmental self-identity, obligation-based intrinsic motivation and pro-environmental behaviour [J]. Global Environmental Change, 2013, 23 (6): 1258 - 1265.

[210] Van Riper C J, Kyle G T. Understanding the internal processes of behavioral engagement in a national park: A latent variable path analysis of the value-belief-norm theory [J]. Journal of Environmental Psychology, 2014, 38 (1): 288 - 297.

[211] Vaske J J, Kobrin K C. Place attachment and environmentally responsible behavior [J]. The Journal of Environmental Education, 2001, 32 (4): 16 - 21.

[212] Wang C, Zhang J H, Yu P, Hu H. The theory of planned behavior as a model for understanding tourists' responsible environmental behaviors: The moderating role of environmental interpretations [J]. Journal of Cleaner Production, 2018, 194 (1): 425 - 434.

[213] Wang J, Ritchie B W. Understanding accommodation managers' crisis planning inten-

tion: An application of the theory of planned behaviour [J]. Tourism Management, 2012, 33 (5): 1057 - 1067.

[214] Weaver D B. Comprehensive and minimalist dimensions of ecotourism [J]. Annals of Tourism Research, 2005, 32 (2): 439 - 455.

[215] Weaver D B, Lawton L J. Overnight ecotourist market segmentation in the Gold Coast Hinterland of Australia [J]. Journal of Travel Research, 2002, 40 (3): 270 - 280.

[216] Weaver D B, Lawton L J. Visitor attitudes toward tourism development and product integration in an Australian Urban-Rural Fringe [J]. Journal of Travel Research, 2004, 42 (3): 286 - 296.

[217] Weaver D B. Protected area visitor willingness to participate in site enhancement activities [J]. Journal of Travel Research, 2012, 52 (3): 377 - 391.

[218] Werff E V D, Steg L. The psychology of participation and interest in smart energy systems: Comparing the value-belief-norm theory and the value-identity-personal norm model [J]. Energy Research & Social Science, 2016, 22 (1): 107 - 114.

[219] Wight P. Ecotourism: Ethics or eco-sell? [J]. Journal of Travel Research, 1993, 31 (1): 3 - 9.

[220] Williams A, Kusumaningrum S, Bennouna C, Usman R, Wandasari W, Stark L. Using the theory of planned behaviour to understand motivation to register births in Lombok, Indonesia [J]. Children & Society, 2018, 32 (5): 368 - 380.

[221] Wurzinger S, Johansson M. Environmental concern and knowledge of ecotourism among three groups of swedish tourists [J]. Journal of Travel Research, 2006, 45 (2): 217 - 226.

[222] Ye S, Soutar G N, Sneddon J N, Lee J A. Personal values and the theory of planned behaviour: A study of values and holiday trade-offs in young adults [J]. Tourism Management, 2017, 62 (1): 107 - 109.

[223] Zanotti L, Chernela J. Conflicting cultures of nature: Ecotourism, education and the Kayapó of the Brazilian Amazon [J]. Tourism Geographies, 2008, 10 (4): 495 - 521.

[224] Zeng Y X, Zhong L S. Impact of Tourist Environmental Awareness on Environmental Friendly Behaviors: A Case Study from Qinghai Lake, China [J]. Journal of Resources and Ecology, 2017, 8 (5): 502 - 503.

[225] Zin M, Kraemer A, Kolenic G. Evaluating meaningful watershed educational experiences: An exploration into the effects on participating students' environmental stewardship characteristics and the relationships between these predictors of environmentally responsible behavior [J]. Studies in Educational Evaluation, 2014, 41 (1): 4 - 17.

[226] Zhang H M, Chen W, Zhang Y C, Buhalis D, Lu L. National park visitors' car-use

intention: A norm-neutralization model [J]. Tourism Management, 2018, 69 (1): 97 - 108.

[227] Zheng Q M, Tang R, Mo T, Duan N J, Liu J. Flow experience study of eco-tourists: A case study of Hunan Daweishan Mountain ski area [J]. Journal of Resources and Ecology, 2017, 8 (5): 494 - 501.

(三) 英文论文析出文献

[1] Ajzen I. From Intention to Actions: A Theory of Planned Behavior [M]// Kuhl J. , Beckman J. eds. Action Control: From Cognitionsto Behavior [C]. NewYork: Springer-Verlag, 1985: 11 - 39.

[2] Calvin P B. Ecotourism and resource conservation: introduction to issues' [C]// Kusler J A. Ecotourism and resource conservation: A collection of Papers, 1991: 221 - 238.

[3] Horwich R. H. Ecotourism and community development: A view from belize [C]// Lindberg K. , Hawkins D. Ecotourism: A guide for planners and managers [C]. North Bennington, VT: The Ecotourism Society, 1993: 152 - 168.

[4] Lemelin H, McCarville R, Smale B. The effects of context on price expectations for wildlife viewing opportunities in Churchill, Manitoba [C]// Report for the Manitoba Department of conservation, and Parks Canada, Waterloo, Ontario, 2002: 312 - 318.

后　记

本书是在我的博士论文基础上修改而成，著作即将出版，谨以后记来由衷感谢在本书撰写过程中给予我帮助的导师、老师、同门、领导、同事、朋友和亲人，正是有你们的无私帮助和支持才有本书的出版。

感谢我的导师郭英之教授，导师严谨的治学态度、认真的学术作风和深邃的学术观点无不影响着我。本书从研究设计、问卷调查和数据分析等方面无不凝结着导师的心血，在此表示深深的谢意；感谢导师提供的参加各类学术会议、科研项目和市场调研的机会，使我拓宽了学术视野和提高了学术能力。

感谢复旦大学旅游学系的巴兆祥老师、顾晓鸣老师、沈涵老师、孙云龙老师、吴本老师、翁瑾老师、郭旸老师在课堂给予的启发，以及在博士论文开题和撰写过程中提出的中肯建议，使我能够不断完善论文薄弱之处。

感谢胡田、陈芸、黄剑锋、李小民、董坤、李海军、徐宁宁、王秋霖等同门对调查问卷提出的宝贵意见和建议，从你们身上我学会了团队合作、精益求精的宝贵品质。

感谢河西学院历史文化与旅游学院各位领导和同事在本书撰写过程中给予的各种帮助和鼓励；感谢张掖丹霞文化旅游股份有限公司何永刚总经理、张掖七彩山旅游有限公司李红学总经理在本书调研过程中提供的支持和帮助。

最后，感谢我的家庭给予我最大的支持和理解，感谢年逾古稀的父母帮我照顾孩子和料理家务，你们的叮嘱是对我无形的鞭策；感谢妻子王晓晶和儿子柳思成对我的理解和包容，为了这本书，我在工作室度过了许多夜晚和周末，你们的默默支持是我不断前行的最大动力。

柳红波